高等职业教育系列教材

以工作实践为主线 | 以真实项目为案例

HTML5+CSS3网页设计与制作基础教程 第2版

主　编 | 刘万辉

参　编 | 常村红　顾理琴

本书以培养职业能力为核心，以工作实践为主线，基于现代职业教育课程结构构建模块化教学内容，将 HTML5 与 CSS3 进行整合。全书分为网页设计与策划、网站效果图设计与制作、HTML 图文混排的实现、使用 HTML5 元素实现页面布局、使用层叠样式表、使用 CSS 美化页面效果、使用 CSS 实现页面布局、使用 HTML 实现网页表单、使用 CSS 实现动态效果 9 个任务。除"制作历代优秀墨竹作品学习网站"项目贯穿全书外，每个任务的知识点均设有相应的应用实例。本书所有教学内容均符合岗位需求，初学者通过本书的系统学习和实践，可以更加熟悉网页前端工程师的工作。

本书内容丰富，实用性强，可作为高职高专计算机软件技术、移动应用开发、数字媒体技术、计算机应用技术、电子商务等专业"网页设计与制作"课程的教材，也可作为网页设计爱好者的学习参考书。

本书提供微课视频，扫描书中二维码即可观看。另外，本书还提供了案例源文件、课程标准、授课计划、电子课件、电子教案等资源，需要的教师可登录机械工业出版社教育服务网（www.cmpedu.com）免费注册，审核通过后下载，或联系编辑索取（微信：13261377872，电话：010-88379739）。

图书在版编目（CIP）数据

HTML5+CSS3 网页设计与制作基础教程 / 刘万辉主编. 2 版. -- 北京：机械工业出版社，2025.5. --（高等职业教育系列教材）. -- ISBN 978-7-111-78283-4

Ⅰ. TP312.8；TP393.092.2

中国国家版本馆 CIP 数据核字第 2025A2W967 号

机械工业出版社（北京市百万庄大街 22 号　邮政编码 100037）
策划编辑：赵小花　　　　　　　　责任编辑：赵小花　章承林
责任校对：邓冰蓉　马荣华　景　飞　责任印制：单爱军
北京盛通数码印刷有限公司印刷
2025 年 7 月第 2 版第 1 次印刷
184mm×260mm・17.75 印张・462 千字
标准书号：ISBN 978-7-111-78283-4
定价：69.90 元

电话服务　　　　　　　　　网络服务
客服电话：010-88361066　　机　工　官　网：www.cmpbook.com
　　　　　010-88379833　　机　工　官　博：weibo.com/cmp1952
　　　　　010-68326294　　金　书　网：www.golden-book.com
封底无防伪标均为盗版　　　机工教育服务网：www.cmpedu.com

Preface 前 言

党的二十大报告指出,"全面建设社会主义现代化国家,必须坚持中国特色社会主义文化发展道路,增强文化自信。"在当前的信息时代,网络使人们的生活丰富多彩,网站可以被看作信息交流的载体,网页则是人与人交流的主要窗口,而网页设计前端技术层出不穷,HTML5 与 CSS3 技术已经成为主流的前端技术。因此,无论是专业的网站设计人员,还是网站爱好者,都应该掌握一定的网站建设与制作技术。

本书在介绍 HTML5 与 CSS3 知识技能体系的基础上,特别选取了注重提升读者综合素养的案例,如社会主义核心价值观页面制作、历代优秀墨竹作品学习页面设计与制作等,旨在加强文化传承与创新,增强文化自信,普及社会主义核心价值观。

本书以培养职业能力为核心,以工作实践为主线,以真实项目驱动的方式贯穿整个过程,基于现代职业教育课程结构构建模块化教学内容,面向网页前端工程师岗位要求细化课程内容。全书包含网页设计与策划、网站效果图设计与制作、HTML 图文混排的实现、使用 HTML5 元素实现页面布局、使用层叠样式表、使用 CSS 美化页面效果、使用 CSS 实现页面布局、使用 HTML 实现网页表单、使用 CSS 实现动态效果等内容。本书所有教学内容符合岗位需求,同时以应用实例和项目实现贯穿各个知识模块,初学者通过本书的学习和项目实训的系统练习,可以更加熟悉网页前端工程师的工作。

本书由江苏电子信息职业学院刘万辉主编,常村红、顾理琴参编,刘万辉编写任务 1~任务 3、任务 7、任务 9,常村红编写任务 4、任务 5,顾理琴编写任务 6、任务 8。

本书提供微课视频,读者可通过扫描书中二维码直接观看。本书配套资源还包括案例源文件、课程标准、授课计划、电子课件、电子教案等。

由于编者水平有限,书中难免存在不妥之处,请广大读者谅解,并提出宝贵意见。

编 者

目录 Contents

前言

任务 1　网页设计与策划 ………………………………………… 1

【知识准备】 ………………………… 1
1.1　网页和网站 ……………………… 1
　1.1.1　网页和网站的概念 ………… 1
　1.1.2　网页中的常用技术 ………… 3
1.2　网站开发流程 …………………… 4
　1.2.1　前期策划与组织 …………… 4
　1.2.2　网页效果图的设计制作 …… 5
　1.2.3　网页制作 …………………… 5
　1.2.4　网站测试与发布 …………… 6
1.3　常用网页制作软件 ……………… 6
　1.3.1　网页图像处理工具 ………… 6
　1.3.2　网页编辑工具 ……………… 6

【任务实施】 ………………………… 8
1.4　初次体验网页编程 ……………… 8
　1.4.1　编写第一个 HTML5 页面 … 8
　1.4.2　编写第一个 HTML+CSS 页面 … 8
1.5　历代优秀墨竹作品学习网站设计策划 …………………………… 11
　1.5.1　网站开发需求 ……………… 11
　1.5.2　网站草图绘制 ……………… 12

【习题与拓展实践】 ………………… 12

任务 2　网站效果图设计与制作 ……………………………… 14

【知识准备】 ………………………… 14
2.1　Photoshop 应用基础 …………… 14
　2.1.1　认识 Photoshop 界面 ……… 14
　2.1.2　Photoshop 的基本操作 …… 14
　2.1.3　图层的相关应用 …………… 23
　2.1.4　图层样式的应用 …………… 24
　2.1.5　图层混合模式的应用 ……… 24
　2.1.6　Photoshop 的常用快捷键 … 27
2.2　Photoshop 高级应用 …………… 28
　2.2.1　通道的概念与使用技巧 …… 28
　2.2.2　蒙版的概念与使用技巧 …… 31

【任务实施】 ………………………… 32
2.3　历代优秀墨竹作品学习网站页面效果图设计与制作 ……………… 32
　2.3.1　页面效果图展示 …………… 32
　2.3.2　页面顶部与导航条的制作 … 33
　2.3.3　页面 banner 区域的制作 …… 35
　2.3.4　"传统墨竹画源流析"区域的实现 … 37
　2.3.5　"作品赏析"区域的实现 … 38
　2.3.6　"郑板桥墨竹作品展示"区域的实现 ………………………… 40
　2.3.7　版权板块的实现 …………… 41

【习题与拓展实践】 ………………… 41

任务 3 HTML 图文混排的实现 ························ 43

【知识准备】···································· 43

3.1 HTML5 简介 ································ 43
    3.1.1 HTML5 的发展史 ·················· 43
    3.1.2 HTML5 的优势 ······················ 43
    3.1.3 浏览器与浏览器内核 ··············· 44

3.2 HTML5 基础 ································ 45
    3.2.1 HTML5 基本结构 ··················· 45
    3.2.2 HTML5 基本语法 ··················· 48

3.3 文字与段落标签 ························· 50
    3.3.1 标题与段落标签 ··················· 50
    3.3.2 文本的格式化标签 ················ 51
    3.3.3 特殊字符标签 ······················ 52

3.4 列表标签 ····································· 53
    3.4.1 无序列表 ····························· 53
    3.4.2 有序列表 ····························· 54
    3.4.3 嵌套列表 ····························· 54
    3.4.4 定义列表 ····························· 55

3.5 图像标签 ····································· 56

3.6 超链接标签 ································· 58
    3.6.1 认识与创建超链接 ················ 58
    3.6.2 锚点链接 ····························· 60
    3.6.3 图像热区链接 ······················ 63

3.7 表格标签 ····································· 65

3.8 HTML 的块级元素与内联元素 ····· 69

【任务实施】···································· 69

3.9 使用 HTML 标签构建历代优秀墨竹作品学习页面 ··············· 69
    3.9.1 页面效果展示 ······················ 69
    3.9.2 页面实现分析 ······················ 70
    3.9.3 页面实现过程 ······················ 71

【习题与拓展实践】······················ 73

任务 4 使用 HTML5 元素实现页面布局 ·········· 75

【知识准备】···································· 75

4.1 HTML5 的元素分类 ····················· 75

4.2 结构性元素 ································· 76
    4.2.1 认知结构性元素 ··················· 76
    4.2.2 <header>标签 ······················ 77
    4.2.3 <article>标签 ······················ 77
    4.2.4 <section>标签 ····················· 78
    4.2.5 <nav>标签 ··························· 79
    4.2.6 <footer>标签 ······················· 80
    4.2.7 <aside>标签 ························ 80
    4.2.8 <figure>标签 ······················· 82

4.3 行内语义性元素 ························· 82
    4.3.1 <progress>标签 ··················· 82
    4.3.2 <meter>标签 ······················· 83
    4.3.3 <time>标签 ························· 84

4.4 交互性元素 ································· 85
    4.4.1 <details>标签和<summary>标签 ··· 85
    4.4.2 <menu>标签与<command>标签 ··· 86

4.5 多媒体对象的使用 ····················· 86
    4.5.1 视频与音频格式 ··················· 86

4.5.2	使用<video>标签插入视频 ……… 87
4.5.3	使用<audio>标签插入音频 ……… 88

【任务实施】………………………… 89

4.6 使用 HTML5 结构性标签构建墨竹作品赏析页面 ………… 89

4.6.1 页面效果展示 ………………… 89
4.6.2 页面实现分析 ………………… 90
4.6.3 页面实现过程 ………………… 91

【习题与拓展实践】………………… 94

任务 5 使用层叠样式表 ……………………………………… 95

【知识准备】………………………… 95

5.1 CSS3 的介绍 ………………… 95

5.2 CSS 样式 ……………………… 95

5.2.1 CSS 样式设置规则 …………… 95
5.2.2 CSS 样式的引入方法 ………… 96

5.3 CSS 基本选择器 ……………… 99

5.3.1 标签选择器 …………………… 100
5.3.2 类选择器 ……………………… 100
5.3.3 ID 选择器 …………………… 101
5.3.4 通用选择器 …………………… 103

5.4 其他 CSS 选择器 …………… 104

5.4.1 组合选择器 …………………… 104
5.4.2 属性选择器 …………………… 110

5.4.3 结构伪类选择器 ……………… 112
5.4.4 链接伪类选择器 ……………… 117
5.4.5 伪元素选择器 ………………… 119

5.5 CSS 的继承性与层叠性 …… 121

5.5.1 CSS 的继承性 ………………… 121
5.5.2 CSS 的层叠性 ………………… 122
5.5.3 CSS 的冲突处理 ……………… 123

【任务实施】………………………… 126

5.6 历代优秀墨竹作品学习页面的 CSS 设计 ………………… 126

5.6.1 页面效果展示 ………………… 126
5.6.2 页面实现分析 ………………… 127
5.6.3 页面实现过程 ………………… 127

【习题与拓展实践】………………… 130

任务 6 使用 CSS 美化页面效果 ……………………………… 132

【知识准备】………………………… 132

6.1 文本样式设置 ……………… 132

6.1.1 设置 CSS 的字体属性 ……… 132
6.1.2 文本属性 ……………………… 135

6.2 列表样式设置 ……………… 143

6.2.1 列表符号 ……………………… 143
6.2.2 图像符号 ……………………… 145
6.2.3 列表缩进 ……………………… 145

6.2.4 列表复合属性 ………………… 147

6.3 背景样式设置 ……………… 148

6.3.1 背景的基本设置 ……………… 148
6.3.2 CSS3 新增的背景设置 ……… 152

【任务实施】………………………… 162

6.4 历代优秀墨竹作品学习页面 Logo、导航条与 banner 的 CSS 样式设计 ……………… 162

6.4.1 页面效果展示 162
6.4.2 页面实现分析 163
6.4.3 页面实现过程 163
【习题与拓展实践】 166

任务 7　使用 CSS 实现页面布局　167

【知识准备】 167

7.1　盒子模型 167

7.2　盒子模型的常用属性 170
7.2.1 边框属性 170
7.2.2 边距属性 175
7.2.3 边框其他属性 178

7.3　浮动与定位 186
7.3.1 元素的类型与转换 186
7.3.2 浮动属性 188
7.3.3 清除浮动属性 190
7.3.4 元素的定位 192
7.3.5 overflow 属性 198

7.4　弹性布局 200
7.4.1 认识弹性布局 200
7.4.2 容器属性 201
7.4.3 项目属性 205
7.4.4 案例：Flex 布局网站导航条与 banner 207

7.5　网格布局 209
7.5.1 网格布局的概念 209
7.5.2 网格布局的使用方法 210
7.5.3 案例：网格布局网站导航条与 banner 214

【任务实施】 215

7.6　历代优秀墨竹作品学习页面的 HTML+CSS 整体布局 215
7.6.1 页面效果展示 215
7.6.2 页面实现分析 216
7.6.3 页面实现过程 216

【习题与拓展实践】 224

任务 8　使用 HTML 实现网页表单　226

【知识准备】 226

8.1　表单的概述 226

8.2　表单的建立 226

8.3　表单的基本元素 227
8.3.1 表单域 227
8.3.2 表单按钮 229

8.4　表单新增元素 233
8.4.1 新增的表单元素 233
8.4.2 新增的表单属性 239

【任务实施】 242

8.5　墨竹爱好者用户注册页面 242
8.5.1 页面效果展示 242
8.5.2 页面实现分析 242
8.5.3 页面实现过程 243

【习题与拓展实践】 246

任务 9　使用 CSS 实现动态效果 ············ 248

【知识准备】 ························· 248

9.1　CSS3 转换 ···················· 248
9.1.1　transform 简介 ············ 248
9.1.2　常用的变形方法 ············ 248
9.1.3　3D 变形 ··················· 254

9.2　过渡（transition）··········· 257
9.2.1　transition 功能介绍 ········ 257
9.2.2　过渡属性的应用 ············ 258

9.3　动画（animation）··········· 262

9.3.1　动画的基本定义与调用 ······ 262
9.3.2　animation 的其他属性 ······ 264

【任务实施】 ························· 267

9.4　墨竹名家作品展示页面设计实现 ··· 267
9.4.1　页面效果展示 ··············· 267
9.4.2　页面实现分析 ··············· 268
9.4.3　页面实现过程 ··············· 268

【习题与拓展实践】 ··················· 273

附录　二维码资源索引 ············ 275

参考文献 ························ 276

任务 1　网页设计与策划

【知识准备】

1.1　网页和网站

1.1.1　网页和网站的概念

> 微课 1-1
> 网页与网站的概念

网页（Web Page）实际上是一个文件，网页里可以有文字、图像、声音及视频信息等。网页可以看成一个单一体，是网站的一个元素。

网站（Web Site）是一个存放网络服务器上完整信息的集合体。它包含一个或多个网页，这些网页以一定的方式链接在一起，成为一个整体，用来描述一组完整的信息或达到某种期望的宣传效果。有的网站内容众多，如网易、搜狐等门户网站；有的网站只有几个页面，如个人博客。平常大家所说的"百度""淘宝""网易"等，即为俗称的"网站"。而当大家访问这些网站的时候，最直接访问的就是"网页"。

网页通常有以下两种分类方式。

1）按网页在网站中的位置进行分类，可以分为主页和内页。
- 主页：用户进入网站时看到的第一个页面就是主页。
- 内页：通过主页中的超链接打开的网页就是内页。

2）按网页的表现形式进行分类，可以分为静态网页和动态网页。
- 静态网页：使用 HTML 语言编写的网页，其内容是预先确定的，并存储在 Web 服务器或本地计算机/服务器上。
- 动态网页：取决于由用户提供的参数，并根据存储在数据库中的网站数据创建的页面。这类网页通常用 ASP、PHP、JSP、ASP.NET 等网页制作技术开发，可以与浏览者进行交互，也称为交互式网页。

通俗地讲，静态网页是"照片"，每个人看都是一样的，而动态网页则是"镜子"，不同的人（不同的参数）看到的会有所不同。

网页是由各个板块构成的，一般情况下，每个网页都有 Logo、导航条、banner、内容板块、版尾版权板块等。

Logo 是徽标或标志，起到对徽标或标志所指单位的识别和推广作用。网络中的 Logo 主要是各个网站用来与其他网站链接的图形标志，代表一个网站或网站的一个板块。例如，中国科学技术馆的 Logo 如图 1-1 所示。

图 1-1　中国科学技术馆的 Logo

导航条是网站的重要组成部分，如同窗口中的菜单，它链接着各个页面。合理安排导航条可以帮助浏览者快速地查找所需的信息与内容。图 1-2 所示为中国科学技术馆网站的导航条，单击导航条上的按钮，即可进入相应的网页。

首页　　服务　　展览　　活动　　志愿者　　更多

图 1-2　中国科学技术馆网站的导航条

banner 是网页中的广告，目的是展示网站内容，吸引浏览者。在 UI（User Interface，用户界面）设计中，banner 设计通常以轮播的形式展示，所以也经常被称为轮播图。图 1-3 所示为中国科学技术馆网站的 banner。

图 1-3　中国科学技术馆网站的 banner

内容板块是网页的主体部分，通常内容板块包含文本、图像、超链接、动画等媒体。图 1-4 所示为中国科学技术馆网站"场馆导览"页面的主体部分。

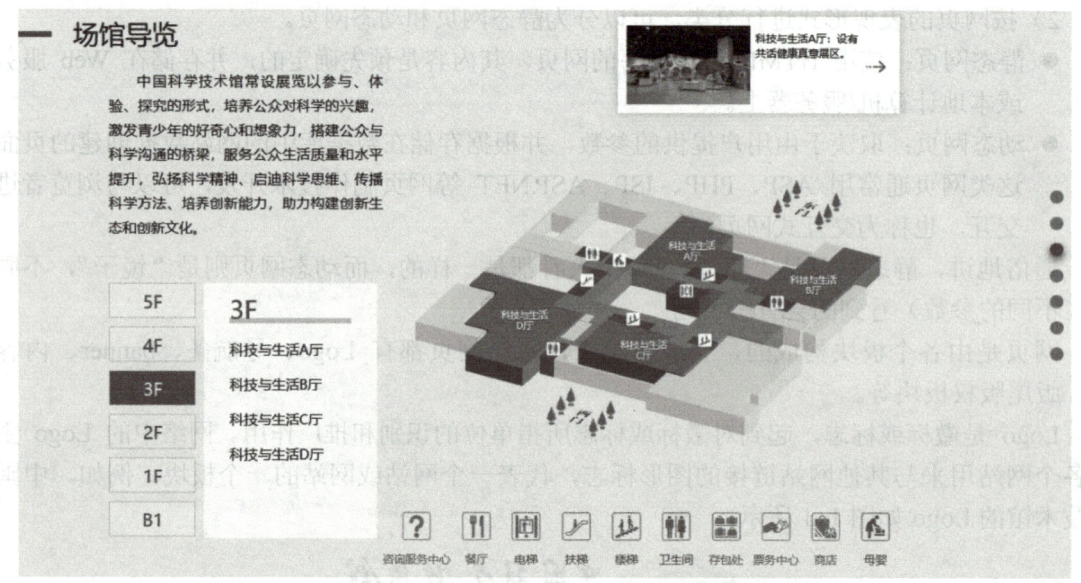

图 1-4　中国科学技术馆网站"场馆导览"页面的主体部分

版尾版权板块就是网页底端的板块，通常设置网站的版权信息。图 1-5 所示为中国科学技术馆网站的版尾版权板块。

图 1-5　中国科学技术馆网站的版尾版权板块

1.1.2　网页中的常用技术

1. 静态网页制作技术

HTML、CSS、JavaScript 三项技术是静态网页设计、制作的核心技术。

微课 1-2
网页中的常用技术

1）HTML（Hypertext Markup Language，超文本标记语言）是标准通用标记语言下的一个应用，也是一种规范、一种标准，它通过标记符号来标记要显示的网页中的各个部分。HTML 文件由标签（tag）和属性（attribute）组成，二者统称为"元素"（element）。浏览器只要看到 HTML 文件，就能解析成网页。现行的 HTML 版本是 HTML5。

2）CSS（Cascading Style Sheet，级联样式表）是一种用来表现 HTML 或 XML（标准通用标记语言的一个子集）等文件样式的计算机语言。CSS 的主要功能是控制网页的外观，即定义网页的编排、显示、格式化及特殊效果。现行的 CSS 版本是 CSS3。

3）JavaScript 是一种直译式脚本语言，是一种动态类型、弱类型、基于原型的语言，内置支持类型。JavaScript 脚本经常用来嵌入动态文本、对浏览器事件做出响应、读写 HTML 元素、在数据被提交到服务器之前验证数据，以及检测访客的浏览器信息等。

2. 动态网页制作技术

PHP、JSP、ASP、ASP.NET 是目前主流的动态网页制作技术。

1）PHP 即 Hypertext Preprocessor（超文本预处理器），它是当今 Internet 上主流的脚本语言，其语法借鉴了 C、Java、Perl 等语言，但只需要很少的编程知识就能建立一个真正交互的 Web 站点。

2）JSP 即 Java Server Pages（Java 服务器页面），它由 Sun 公司（后被 Oracle 收购）于 1999 年 6 月推出，是基于 Java Servlet 及整个 Java 体系的 Web 开发技术。

3）ASP 即 Active Server Pages，是微软公司开发的服务器端脚本环境，可用来创建动态交互式网页并建立 Web 应用程序。当服务器收到对 ASP 文件的请求时，它会处理包含在用于构建发送给浏览器的 HTML 网页文件中的服务器端脚本代码。

4）ASP.NET 是微软公司推出的新一代 Web 开发架构。ASP.NET 基于.NET Framework 的 Web 开发平台，不但吸收了 ASP 以前版本的最大优点，而且参照 Java、VB 语言的开发优势加入了许多新的特色，同时也修正了以前 ASP 版本的运行错误。

1.2 网站开发流程

1.2.1 前期策划与组织

网站前期策划与组织是一项比较专业的工作,包括了解客户需求、客户评估、网站功能设计、网站结构规划、页面设计、网站内容编辑、撰写网站功能需求分析报告、提供网站系统硬件和软件配置方案、整理相关技术资料和文字资料等。

例如,某某文化传播有限公司通过分析需求,设计出包含公司简介、业务范围、设备租赁、经典案例、优势展示、行业资讯、联系我们等栏目的网站。网站草图设计如图 1-6 所示。

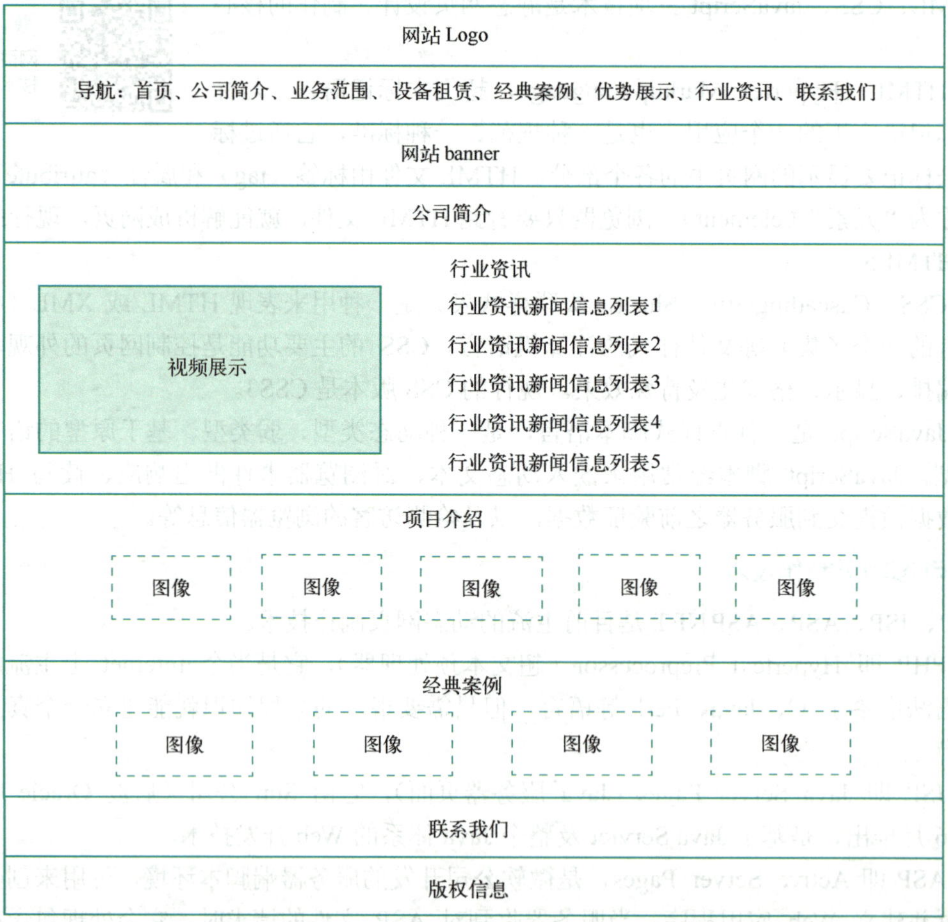

网站 Logo
导航: 首页、公司简介、业务范围、设备租赁、经典案例、优势展示、行业资讯、联系我们
网站 banner
公司简介
视频展示   行业资讯 行业资讯新闻信息列表1 行业资讯新闻信息列表2 行业资讯新闻信息列表3 行业资讯新闻信息列表4 行业资讯新闻信息列表5
项目介绍
图像   图像   图像   图像   图像
经典案例
图像   图像   图像   图像
联系我们
版权信息

图 1-6 网站草图设计

同时,前期还需要根据需求对网站建设中的技术、内容、费用、测试、维护等做出规划。网站规划对网站建设起到计划和指导的作用,对网站的内容和维护起到定位作用。

通过前期策划与组织,还应确定网站的主题和风格,规划好网站栏目并确定网站的色彩、网页版面布局等。

1.2.2 网页效果图的设计制作

网页效果图的设计制作通常会使用图像设计软件和一些其他的软件，其中应用较为广泛的主要是 Adobe 公司出品的 Photoshop。图 1-7 所示为使用 Photoshop 软件设计完成的"某某文化传播有限公司"网页整体形象效果图，该图为 PSD 分层效果。

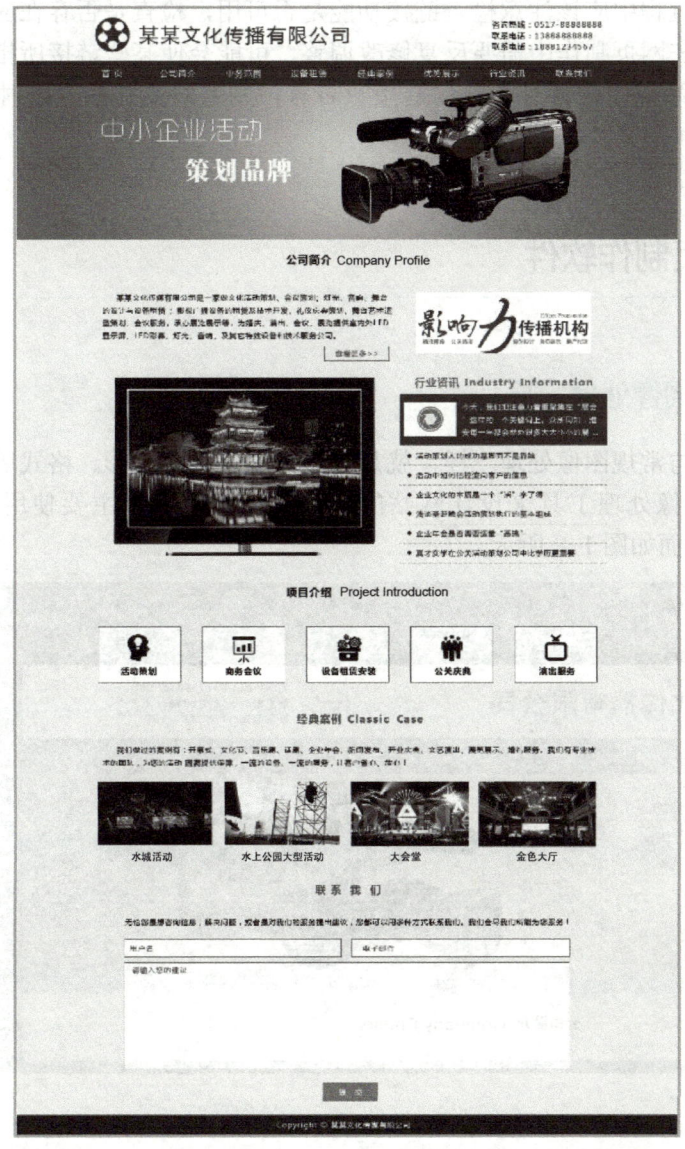

图 1-7 依据草图设计的网页效果图

1.2.3 网页制作

有了网页效果图后，可以根据效果图来绘制项目网页的框架结构图，再将所对应的框架结构图通过常用的网页编辑软件制作成网页。常用的网页编辑工具包括 HBuilder、Visual Studio Code 等。

1.2.4 网站测试与发布

静态网页实现后，需要交付给软件工程师，由软件工程师编写程序，实现动态功能。整体完成后，需要对站点进行测试。可根据浏览器的种类、客户端的要求及网站的大小进行站点测试，通常是将站点移到一个模拟调试服务器上进行测试。

在测试站点的过程中应该注意检查链接功能是否可用，检查是否存在应该设置的链接没有设置的情况。由于在网页制作中需要反复修改调整，可能会使某些链接所指向的页面被移动或删除，所以要检查站点中是否有断开的链接。若有，则要修复它们。同时还要进行页面与标签、样式、插件等在浏览器中兼容性的测试。

1.3 常用网页制作软件

1.3.1 网页图像处理工具

网页图像处理与常规图像处理一样，就是对图像的大小、色彩、格式等进行修饰。网页设计师常运用网页图像处理工具来设计网站的各个页面。目前，主要使用 Photoshop 软件，Photoshop 的操作界面如图 1-8 所示。

图 1-8 Photoshop 的操作界面

1.3.2 网页编辑工具

下面分别介绍常用的网页编辑工具 HBuilder 和 Visual Studio Code 软件。

1. HBuilder 软件

HBuilder 是 DCloud（数字天堂）推出的一款支持 HTML5 的 Web 集成开发环境，主体由

微课 1-3
HBuilder 的使用

Java 编写而成，基于 Eclipse 平台开发，所以顺其自然地兼容了 Eclipse 的插件，通过完整的语法提示、代码输入法和代码块等，大幅提升了 HTML、CSS、JavaScript 的开发效率。图 1-9 所示为 HBuilder 的工作界面。

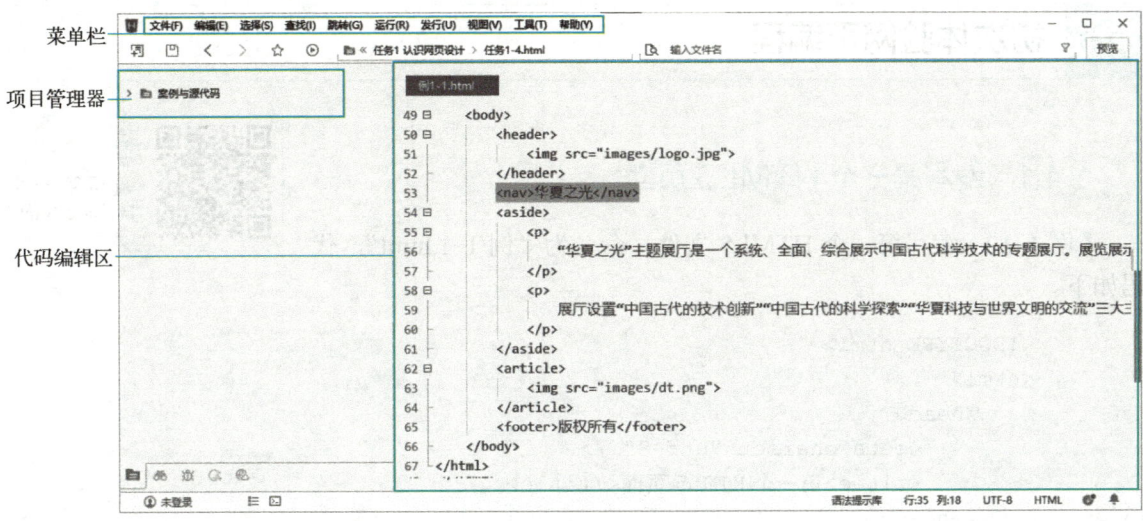

图 1-9　HBuilder 的工作界面

2．Visual Studio Code 软件

Visual Studio Code（简称"VS Code"），是一款用于编写现代 Web 和云应用的跨平台源代码编辑器，可在桌面上运行，并且适用于 Windows、macOS 和 Linux 系统。它内置了对 JavaScript、TypeScript 和 Node.js 的支持，并支持多种其他语言（如 C++、C#、Java、Python、PHP、Go）和运行时环境（如.NET 和 Unity）。图 1-10 所示为 Visual Studio Code 的工作界面。

微课 1-4
Visual Studio Code 的基本使用

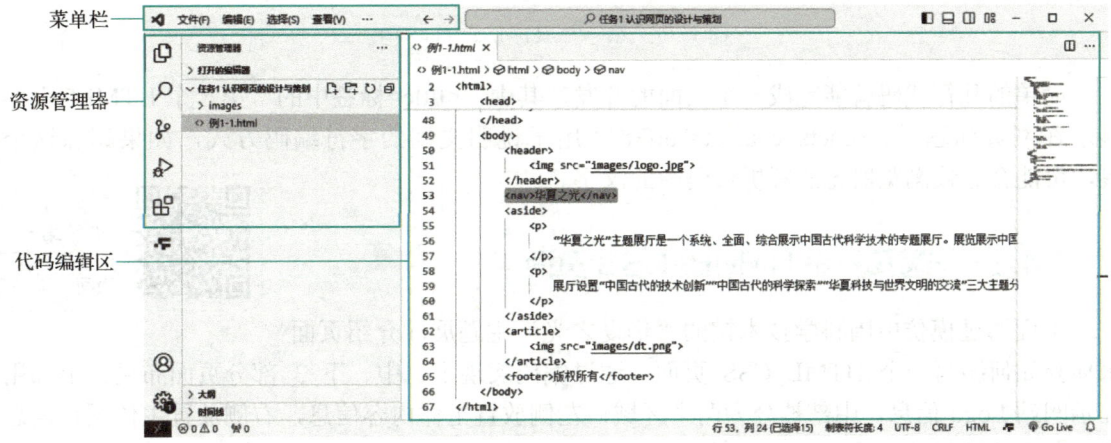

图 1-10　Visual Studio Code 的工作界面

【任务实施】

1.4 初次体验网页编程

1.4.1 编写第一个 HTML5 页面

微课 1-5
编写第一个
HTML5 页面

【例 1-1】 编写第一个 HTML5 文件,命名为"例 1-1.html",代码如下。

```html
<!DOCTYPE html>
<html>
    <head>
        <meta charset="utf-8" />
        <title>第一个 HTML5 页面</title>
    </head>
    <body>
        <h3>开启网页设计与制作之旅! </h3>
    </body>
</html>
```

该页面在 Chrome 浏览器中的预览效果如图 1-11 所示。

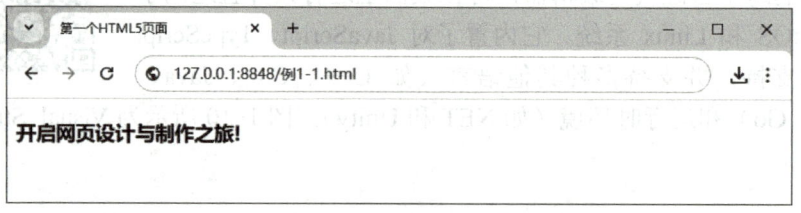

图 1-11　第一个 HTML5 页面效果

简单的几行代码就能完成一个页面的开发,其中,<title>标签中的"第一个 HTML5 页面"显示在网页标题栏。<meta charset="utf-8"/>用于说明文档的字符编码方式,如果删除这个标签,可能会导致浏览器无法解析代码中的汉字。

1.4.2 编写第一个 HTML+CSS 页面

微课 1-6
编写第一个
HTML+CSS
页面

下面通过模仿中国科学技术馆的"华夏之光"主题展厅介绍页面来体验如何编写一个 HTML+CSS 页面。通过编码实现上、中、下 3 部分页面布局:上部用于显示网站 Logo 信息,中部被分为两个区域,左侧放置主体内容信息,右侧放置主体图片信息,下部用于放置版权信息。

【例 1-2】 模仿"华夏之光"主题展厅介绍页面,体验 HTML+CSS 的编码方式,代码如下。

```html
<!DOCTYPE html>
<html>
    <head>
        <meta charset="utf-8" />
        <title>华夏之光展览</title>
        <style type="text/css">
            header,
            nav,
            aside,
            article,
            footer {                    /* 5 个模块的公共样式 */
                border: 1px solid #009040;  /* 设置元素边框为 1 像素绿色实心边框 */
                padding: 10px;          /* 设置内填充为 10 像素 */
                margin: 6px;            /* 设置外填充为 6 像素 */
            }
            header,
            nav,
            footer{                     /* 设置 header,nav,footer 的基本样式 */
                width: 800px;           /* 设置宽度为 800 像素 */
            }
            aside {                     /* aside 元素的浮动属性与宽高设置 */
                float: left;            /* 设置元素左浮动 */
                width: 320px;           /* 设置宽度为 320 像素 */
                line-height: 2;         /* 设置行高为 2 */
                text-indent: 2em;       /* 设置文本缩进为 2em */
            }
            article {                   /* article 元素的浮动属性与宽高设置 */
                float: left;            /* 设置元素左浮动 */
                width: 446px;           /* 设置宽度为 446 像素 */
            }

            article img {               /* 设置<article>标签内的图片宽度自适应 */
                width: 100%;            /* 设置图片的宽度为 100% */
                height: auto;           /* 设置图片的高度为自动 */
            }

            footer {                    /* footer 元素的浮动属性设置 */
                clear: left;            /* 清除左浮动 */
            }
        </style>
    </head>
    <body>
        <header>
            <img src="images/logo.jpg">
        </header>
        <nav>华夏之光</nav>
        <aside>
```

```
            <p>
                "华夏之光"主题展厅是一个系统、全面、综合展示中国古代科学技术的专题
展厅。展览展示中国古代光辉灿烂的科技成就及其对于中华民族乃至世界文明进步的重要作用,展示中国科技
发展与世界文明的融合、交流与相互激荡,让观众在世界科技发展的宏观视角下感怀中华民族的智慧和创造。
            </p>
            <p>
                展厅设置"中国古代的技术创新""中国古代的科学探索""华夏科技与世界文
明的交流"三大主题分区以及序厅、表演及教育活动区两个功能分区,围绕不同主题,讲述古老的中华民族在
生存发展中不断创造与发明、探索与发现的动人故事。
            </p>
        </aside>
        <article>
            <img src="images/dt.png">
        </article>
        <footer>版权信息</footer>
    </body>
</html>
```

运行例 1-2 代码,模仿"华夏之光"主题展厅介绍页面实现的效果如图 1-12 所示。

图 1-12 页面效果

在浏览网页时,如果想查看页面的 HTML 代码状态,可以右击鼠标(见图 1-13),单击并执行"检查"命令,如图 1-14 所示。

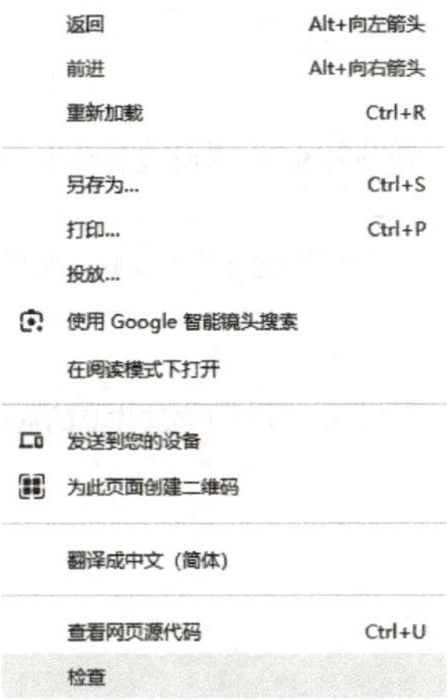

任务 1　网页设计与策划

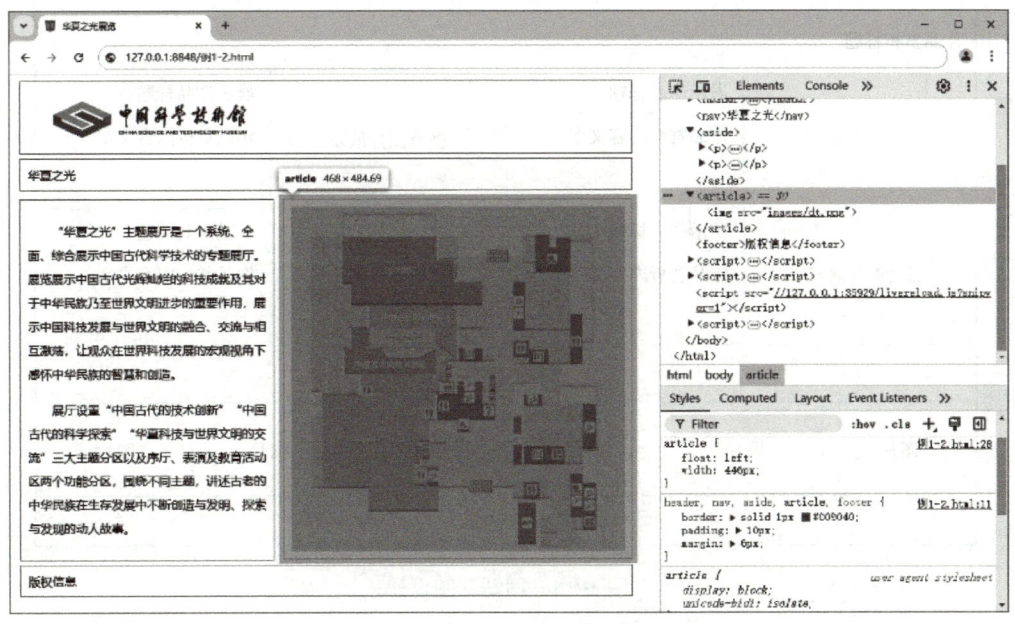

图 1-13　"检查"命令

图 1-14　通过"检查"命令浏览到的代码状态

1.5　历代优秀墨竹作品学习网站设计策划

1.5.1　网站开发需求

历代优秀墨竹作品学习网站主要包含赏析视频、技法分享、名家介绍、传统墨竹画源流析、作品赏析、名家作品展示等功能。其中，要求在主页 banner 区域设置名家作品的展示，设置传统墨竹画源流析的内容展示，设置作品赏析的栏目及优秀作品展示。

1.5.2 网站草图绘制

依据项目需求并参考同类网站，绘制网站草图如图 1-15 所示。

网站 Logo	网站导航（关于我们、赏析视频、技法分享、名家介绍）	
网站 banner 区域（名家作品的展示）		
传统墨竹画源流析标题		
传统墨竹画源流析列表		书籍展示
作品赏析标题		
墨竹图片展示	展示作品标题 作品赏析内容文字	墨竹图片展示	展示作品标题 作品赏析内容文字
墨竹图片展示	展示作品标题 作品赏析内容文字	墨竹图片展示	展示作品标题 作品赏析内容文字
优秀作品展示		
图片 图片 图片 图片 图片 图片		
版权信息		

图 1-15 网站草图设计

【习题与拓展实践】

1. 选择题

1）HTML 是一种页面（　　）型的语言。
   A．程序设计　　　B．执行　　　C．编译　　　D．描述
2）下面（　　）不是动态网页制作技术。
   A．PHP　　　B．JSP　　　C．ASP.NET　　　D．CSS

2. 拓展实践

蓝天校园工程是检察机关推广的关爱青少年系列项目之一，旨在用法律护航，引导广大青

少年树立正确的社会主义核心价值观，为在校青少年创造安全、健康和积极向上的成长环境。该项目借助网络平台推出"蓝天网校"，通过介绍典型案例、与学生互动等形式，宣传法律知识，增强学生法治意识，建立蓝天校园网络天空。具体栏目包括：网校动态、法治视界、法律课堂、检察官讲案例、检察官寄语、检察官信箱等。"蓝天网校"网站草图如图1-16所示。

图1-16 "蓝天网校"网站草图

请根据项目的具体需求查找资料，搜集相关站点，完成蓝天校园网站的网页设计方案。

任务 2　网站效果图设计与制作

【知识准备】

2.1　Photoshop 应用基础

2.1.1　认识 Photoshop 界面

Photoshop 的操作界面主要由菜单栏、工具选项栏、工具箱、面板栏、文档窗口和状态栏等组成,如图 2-1 所示。

微课 2-1
认识 Photoshop 的操作界面

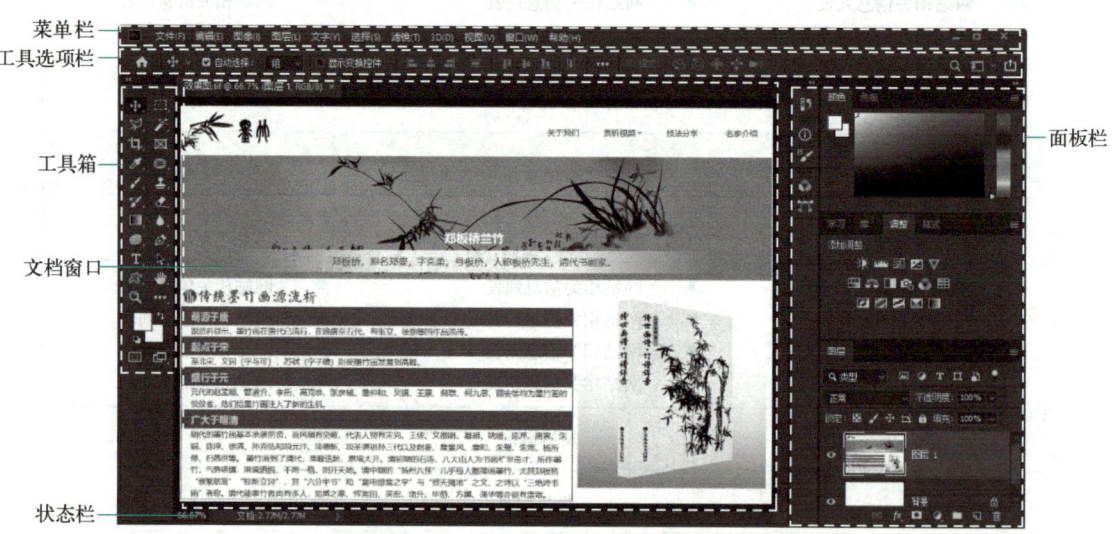

图 2-1　Photoshop 界面

2.1.2　Photoshop 的基本操作

Photoshop 的基本操作主要包括图像文件的创建、保存与关闭、图像大小与画布大小的修改,以及基本工具的使用等。

微课 2-2
图像文件的操作

1. 图像文件的创建

执行"文件"→"新建"命令,打开"新建文档"对话框,如图 2-2 所示,进行宽度、高度、分辨率等参数的设置后,单击"确定"按钮即可完成图像文件的创建。

任务 2　网站效果图设计与制作

图 2-2　"新建文档"对话框

"新建文档"对话框中包含"最近使用项""已保存""照片""打印""图稿和插图""Web""移动设备""胶片和视频"选项卡，可以新建与之相关的各类图像文件，其中"最近使用项"选项卡中各参数含义如下。

- "预设详细信息"：指定新图像的预定义设置，包括设置图像名称等。
- "宽度"和"高度"：分别用于指定图像的宽度值和高度值，在其后的下拉列表框中可以设置计量单位（如"像素""厘米""英寸"等）。例如，数字媒体、软件与网页界面设计一般以"像素"为单位。同时，还可以借助"方向"按钮选项完成"宽度"与"高度"的互换。
- "分辨率"：图像分辨率，一般以"像素/英寸"为单位，指每英寸图像含有多少像素。
- "颜色模式"：该项有"位图""灰度""RGB 颜色""CMYK 颜色"和"Lab 颜色"共 5 种选项。
- "背景内容"：该项有"白色""黑色""背景色""透明"和"自定义"共 5 种选项。

2. 保存与关闭

执行"文件"→"存储为"命令，打开"存储为"对话框，选择合适的路径并输入合适的文件名即可保存图像（默认格式为 PSD，网络中一般使用 JPG、PNG 或 GIF 格式）。

执行"文件"→"关闭"命令即可关闭图像，当然直接单击窗口右上角的"关闭" ✕ 按钮也能完成同样的功能。

3. 图像文件的打开与屏幕模式

图像的打开：执行"文件"→"打开"命令，弹出"打开"对话框，选择图像文件的路径即可打开图像。

在 Photoshop 中，屏幕模式分为"标准屏幕模式""带有菜单的全屏模式""全屏模式"3 种。"标准屏幕模式"的效果如图 2-1 所示，"带有菜单的全屏模式"效果如图 2-3a 所示，"全屏模式"的效果如图 2-3b 所示。

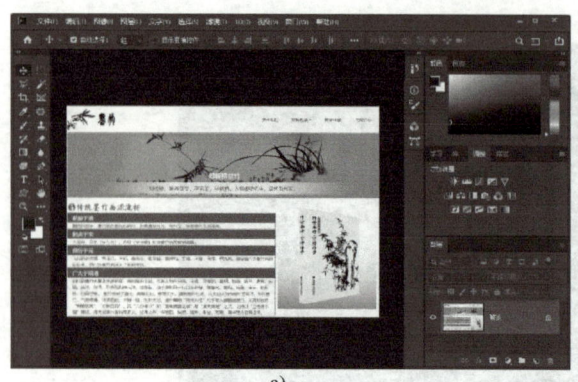
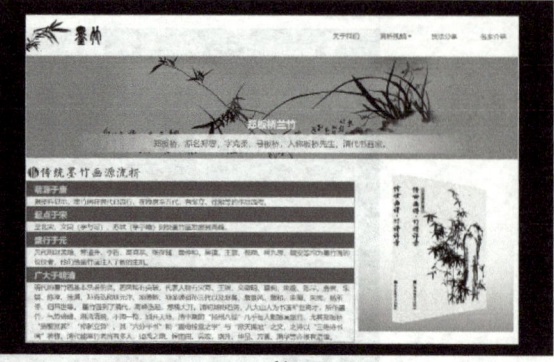

a)　　　　　　　　　　　　　　　　　　　　b)

图 2-3　屏幕模式比较

a) 带有菜单的全屏模式　b) 全屏模式

这 3 种屏幕模式可以通过执行"视图"→"屏幕模式"下的命令进行切换，也可以通过连续按快捷键<F>来实现快速切换。为了获得更好的显示效果，还可以通过按快捷键<Tab>来隐藏工具箱和面板栏，在全屏模式下，可以通过按<F>键或<ESC>键返回标准屏幕模式。

4．图像大小与画布大小

图像大小就是所做图像的像素大小，分辨率改变图像大小就随之改变。画布大小就是所做图像的尺寸大小，与分辨率没有关系，意思是不管怎么改变画布，分辨率也不会增加，也不会减少，但画布会增大或减小。

微课 2-3
图像大小与画布大小

打开"效果图.psd"（图 2-3 中浏览的图像），执行"图像"→"图像大小"命令，可以看到图像的基本信息，如图 2-4 所示。

由图 2-4 可以看到这张图片的图像大小，即宽度为 1200 像素，高度为 802 像素，分辨率为 72 像素/英寸（1 英寸=2.54 厘米）。通过修改图像大小可以完成图像的放大或缩小。

执行"图像"→"画布大小"命令，即可显示如图 2-5 所示的"画布大小"对话框，它可用于添加现有图像周围的工作区域，或减小画布区域来裁切图像。

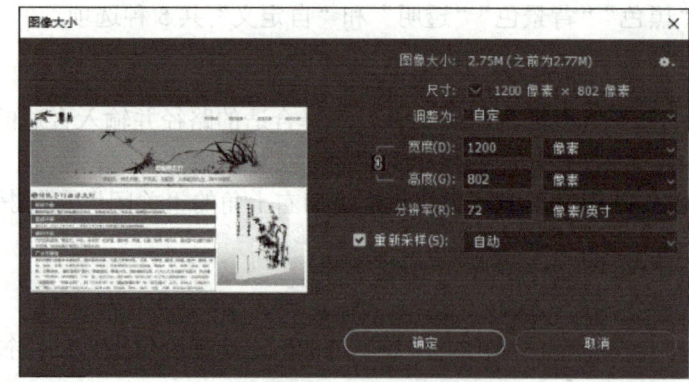
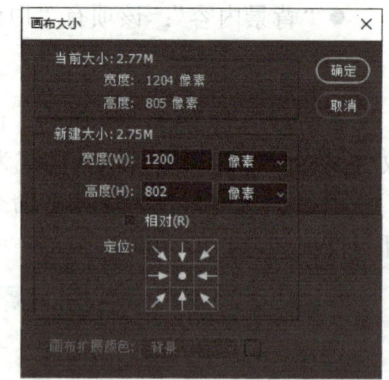

图 2-4　"图像大小"对话框　　　　　　　图 2-5　"画布大小"对话框

在"宽度"和"高度"文本框中输入所需的画布大小，从"宽度"和"高度"文本框右侧的下拉列表框中可以选择度量单位。

在输入数值时，如果选择"相对"复选框，则画布的大小相对于原尺寸进行相应的增加或减少，输入的数值如果为负数表示减小画布。对于"定位"，单击某个方块以指示现有图像在新画布上的位置。从"画布扩展颜色"下拉列表框中可以选择画布的颜色。

在"画布大小"对话框中设置好参数后，单击"确定"按钮，修改就完成了。

5. 前景色与背景色

Photoshop 使用前景色绘图、填充和描边，使用背景色生成渐变效果和填充图像中被擦除的区域。工具箱的前景色与背景色的设置按钮，如图 2-6 所示。

微课 2-4
前景色与背景色

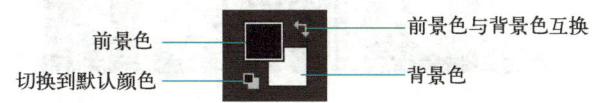

图 2-6　设置前景色与背景色

单击前景色或背景色设置按钮，即可打开"拾色器"对话框，如图 2-7 所示。

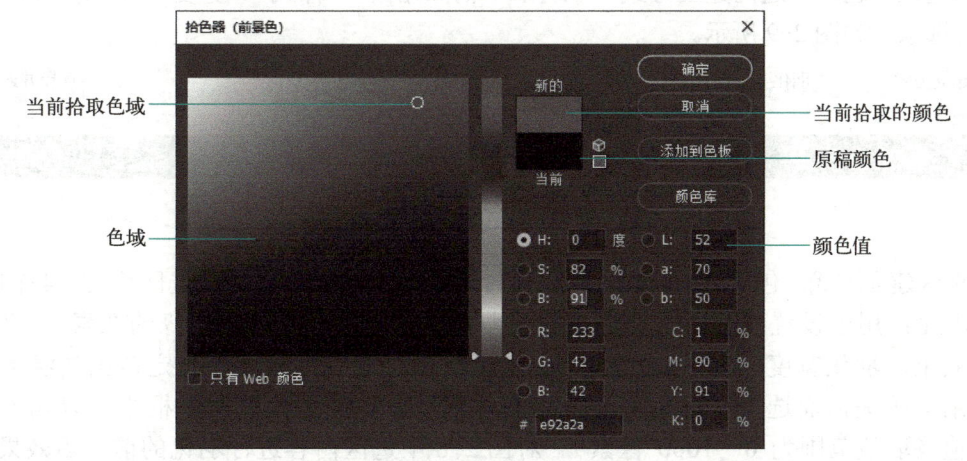

图 2-7　"拾色器"对话框

在左侧的色域中单击，或在颜色值区域中输入其中一种颜色模式的数值，可得到所需的颜色。

选择工具箱中的"吸管工具" ，然后在需要的颜色上单击，即可将该颜色设置为当前的前景色，当拖动"吸管工具"在图像中取色时，前景色设置按钮会动态地发生相应变化。

6. 选区工具的使用

选区就是选择用来编辑的区域，所有的命令只对选区内的部分有效，对区域外无效。选区用黑白相间的"蚂蚁线"表示，选区工具包括选框工具、套索工具、魔棒工具等。

（1）矩形选框工具

使用"矩形选框工具"可以方便地在图像中制作出任意长宽的矩形选区。只需在图像窗口中拖动鼠标即可创建一个简单的矩形选区（可以复制、粘贴），如图 2-8 所示。

微课 2-5
使用选框工具组

图 2-8　创建矩形选区

在选择了矩形选框工具后，Photoshop 的工具选项栏会自动变为矩形选框工具选项栏。矩形选框工具选项栏包括"选区建立方式""羽化""消除锯齿""样式""宽度""高度"和"选择并遮住"等选项，如图 2-9 所示。

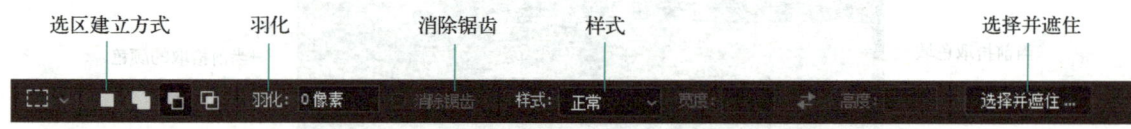

图 2-9　矩形选框工具选项栏

- 选区建立方式：包括新选区■、添加到选区■、从选区中减去■与选区交叉■4 个选项。
- 羽化：用于设置各选区的羽化属性。羽化选项可以模糊选区边缘的像素，产生过渡效果。羽化宽度越大，则选区的边缘越模糊，这种模糊会使选定范围边缘上的一些细节丢失，而选区的直角部分也将变得圆滑。在"羽化"文本框中可以输入羽化数值（取值范围为 0～1000 像素）。对图 2-8 中选区内容进行羽化的前、后效果对比如图 2-10 所示。

a)　　　　　　　　　　　　b)

图 2-10　矩形选框工具的羽化效果

a) 未进行羽化　b) 羽化后

- 消除锯齿：选中该复选框后，选区边缘锯齿将消除。此选项在椭圆形选框工具中才能使用。
- 样式：用于设置各选区的形状。单击右侧的三角按钮，在打开的下拉列表框中可以选取不同的样式。其中，选择"正常"选项表示可以创建不同大小和形状的选区；选择"固定长宽比"选项表示可以设置选区宽度和高度之间的比例，并且可以在其右侧的"宽度"和"高度"文本框中输入具体的比例数值；选择"固定大小"选项，表示将锁定选区的宽度与高度，可在右侧的文本框中输入一个数值。

技巧：在拖动鼠标时按住<Shift>键，会绘制出一个正方形。按住<Alt>键，将不是从左上角开始绘制矩形，而是从中心开始。按住<Space>键，就会"冻结"正在绘制的矩形，可以在屏幕上任意拖动，松开<Space>键后可以继续绘制矩形。

（2）椭圆形选框工具

使用"椭圆形选框工具"可以在图像中制作任意半径的椭圆或圆形选区。它的使用方法与矩形选框工具大致相同。

技巧：在拖动鼠标时按住<Shift>键，会绘制出一个标准的圆。按住<Alt>键，将不是从左上角开始绘制椭圆，而是从中心开始。按住<Space>键，就会"冻结"正在绘制的椭圆，可以在屏幕上任意拖动，松开<Space>键后可以继续绘制椭圆。

（3）单行和单列选框工具

选区工具中还包括两个工具，一个是"单行选框工具"，另一个是"单列选框工具"。使用"单行选框工具"可以在图像上建立一个只有1像素高的水平选区，而使用"单列选框工具"可以在图像上建立一个只有1像素宽的垂直选区。在网页设计中常用它们来分割大的图像，可以用来进行网页的区块布局，或者用来创建网页背景图。

（4）套索工具

"套索工具"可以创建手绘的选择边框，只要沿着图像拖动鼠标即可创建需要的选区。使用该命令时要注意几点。

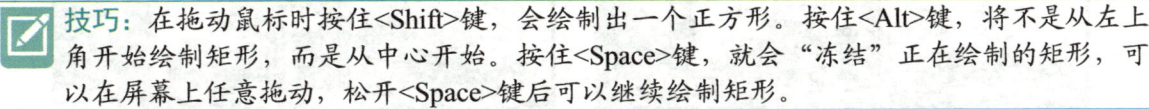
微课 2-6 使用套索工具

1）如果选择时曲线的起点与终点未重合，则 Photoshop 会自动将曲线封闭。

2）如果要绘制直边选区，可按住<Alt>键，并在合适的位置单击鼠标，此时可以在套索工具和多边形套索工具之间切换。

按住<Delete>键，可以删除最近所画的所有线条，直至剩下想要保留的部分，松开<Delete>键即可。

（5）多边形套索工具

"多边形套索工具"可以制作折线轮廓的多边形选区，使用时，先将鼠标移到图像中，单击以确定折线的起点，然后陆续单击其他折点来确定每一条折线的位置。当折线回到起点时，光标会出现一个小圆圈，表示选择区域已经封闭，这时再单击鼠标即可完成操作。

技巧：图像抠取过程中如果图像超出当前窗口，可以按住键盘上的<Space>键切换到"抓手工具"对图像进行移动，松开<Space>键后回至"多边形套索工具"继续操作。

针对图 2-8，采用"多边形套索工具"抠取建筑物，如图 2-11 所示。

a)　　　　　　　　　　　　　　　　b)

图 2-11　"多边形套索工具"抠取建筑物

a) 绘制选区　b) 抠取建筑物的效果

如果单击"多边形套索工具"→"选择并遮住"命令，也可调整图像的选区边缘。

（6）魔棒工具

"魔棒工具"能够把图像中颜色相近的区域作为选区的范围，以选择颜色相同或相近的色块。使用起来很简单，只要用鼠标在图像中单击即可完成操作。"魔棒工具"主要用于颜色反差相对较大的图像中，完成的选区如图 2-12 所示。

微课 2-7
魔棒工具

图 2-12　"魔棒工具"的选择结果

"魔棒工具"的选项栏中包括"选区建立方式""取样大小""容差""消除锯齿""连续""对所有图层取样""选择主体""选择并遮住"等，如图 2-13 所示。

图 2-13　"魔棒工具"选项栏

其中，容差用于控制"魔棒工具"在识别各像素色值差异时的容差范围。可以输入 0~255 之间的数值，输入较小的值表示选择与所选像素非常相似的颜色，输入较高的值表示选择更宽的色彩范围。

（7）修改选区

选区的修改可以通过执行"选择"→"修改"命令实现，然后执行想要的选区控制方式："边界""平滑""扩展""收缩""羽化"。

（8）变换选区

"变换选区"命令可以对选区进行缩放、旋转、斜切、扭曲和透视等操作。先创建一个选区，然后执行"选择"→"变换选区"命令，则进入选区的"自由变换"状态。在"自由变换"状态下，右击鼠标，或执行"编辑"→"变换"命令，则可以对选取范围进行缩放、斜切、扭曲和透视等操作，如图2-14a所示，执行"水平翻转"命令，即可实现建筑物的水平翻转，如图2-14b所示。

a)　　　　　　　　　　　　　　b)

图2-14　自由变换中的水平翻转效果

a) 水平翻转前　b) 水平翻转后

7. 绘图工具的使用

（1）"渐变工具"的使用

微课 2-8
使用渐变工具

"渐变工具" ■的作用是产生逐渐变化的色彩，在设计中经常使用。

在图像中选择需要填充渐变的区域，起点（按下鼠标处）和终点（松开鼠标处）会影响外观，具体取决于所使用的工具。

从工具箱中选择"渐变工具"，取前景色为"#159ee7"（浅蓝色），背景色为"#035495"（深蓝色），接着在选项栏中选取渐变填充（"线性渐变"■），将鼠标从起点"1"拖动到终点"2"后的效果如图2-15所示。

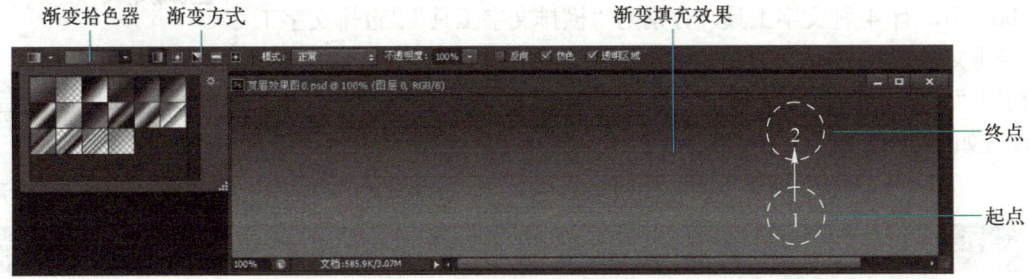

图2-15　"渐变工具"选项栏与"线性渐变"填充效果

单击渐变样本右侧的三角可以挑选预设的渐变填充。如果在这里找不到合适的渐变颜色，可以单击"可编辑渐变"　　　按钮，打开"渐变编辑器"对话框，如图 2-16 所示。

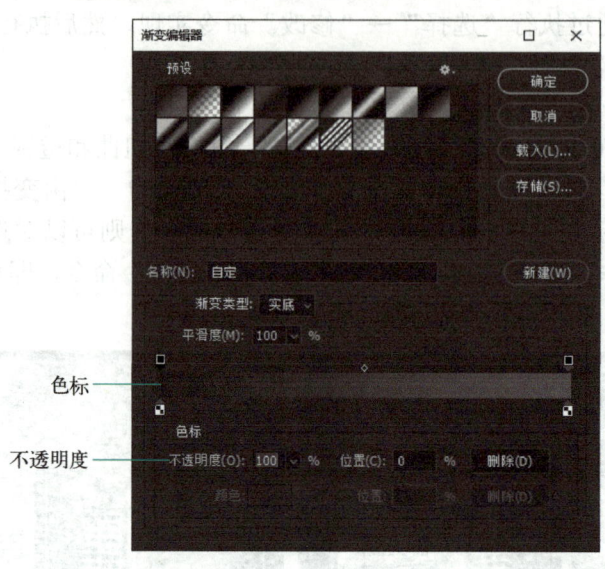

图 2-16 "渐变编辑器"对话框

"渐变填充"按钮包括以下几种渐变类型："线性渐变"■（以直线方式从起点渐变到终点），"径向渐变"■（以环形图案从起点渐变到终点），"角度渐变"■（围绕起点以逆时针方向扇形扫描渐变），"对称渐变"■（在起点两侧使用均衡的线性渐变），"菱形渐变"■（以菱形图案从起点向外渐变）。

（2）"油漆桶工具"的使用

"油漆桶工具"■的作用是为某一块区域着色，着色的方式为填充前景色和图案。使用的方式很简单，首先选择一种前景色，然后在工具箱中选择"油漆桶工具"，最后在所需的选区中单击即可，如果想填充复杂的效果，可以设置相应的参数，如图 2-17 所示。

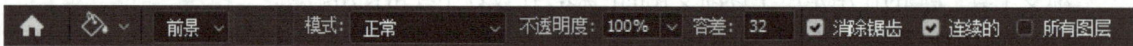

图 2-17 "油漆桶工具"的选项栏

（3）文字工具的使用

在网页设计中，文字有很重要的地位，重要的信息一般都是通过文字来传达的，如果给文字加上一些特效，就会起到画龙点睛的作用。在 Photoshop 中，有 4 种文字工具，分别为"横排文字工具""直排文字工具""横排文字蒙版工具""直排文字蒙版工具"。文字是以文本图层的形式单独存在的。

微课 2-9
文字工具组

利用"横排文字工具"可以在图像中添加水平方向的文字，从工具箱中选择该工具后，其选项设置如图 2-18 所示。

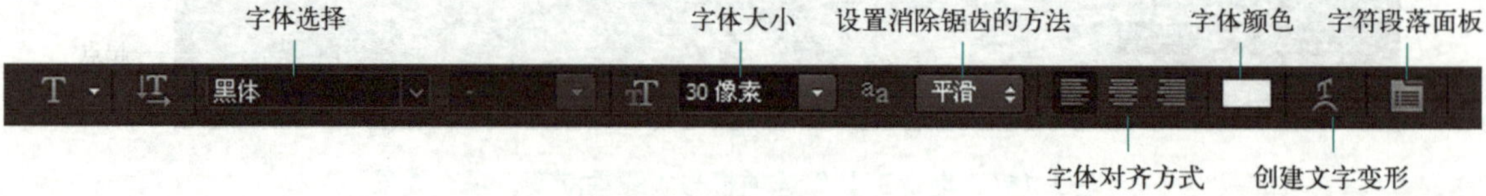

图 2-18 "横排文字工具"选项

在蓝色渐变背景上输入"创造优美环境 营造优良秩序"文本后，效果如图 2-19 所示。

创造优美环境 营造优良秩序

图 2-19 "横排文字工具"的使用

2.1.3 图层的相关应用

图层就像一层透明的玻璃纸，透过这层纸，可以看到纸后的东西，而且无论在这层纸上如何涂画都不会影响其他层的内容。

打开一个 Photoshop 合成的图像（以"宣传标语.psd"为例），如图 2-20 所示，通过"图层"选项卡来认识一下图层及"宣传标语.psd"相应的图层结构，如图 2-21 所示。

微课 2-10
图层与图层的操作

图 2-20 Photoshop 作品"宣传标语.psd"

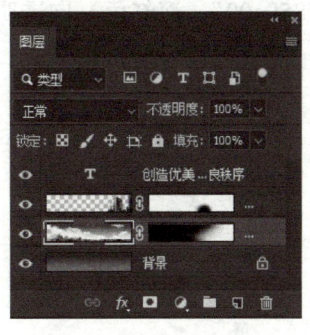

图 2-21 "图层"选项卡

下面介绍一下图 2-21 中"图层"选项卡的功能。
- 混合模式 ：用于设置图层的混合模式。
- 图层锁定：分别表示锁定透明像素、锁定图像像素、锁定位置、防止画板与画框内外自动嵌套、锁定全部。
- 图层可见性：表示图层的显示或隐藏。
- 链接图层：表示多个图层的链接。
- 图层样式：用于设置图层的各种效果。
- 图层蒙版：用于创建蒙版图层。
- 填充或者调整图层：用于创建填充或调整图层。
- 创建新组：用于创建图层文件组。
- 创建新图层：用于创建新的图层。
- 删除图层：用于删除图层。

常见的图层有背景图层、普通图层、文本图层、调整图层、形状图层、图层组和智能对象图层。通过"图层"列表框可以实现选择图层、合并图层、调整顺序、创建智能图层等操作。菜单栏的"图层"菜单中聚集了所有关于图层创建、编辑的命令操作，而在"图层"选项卡中包含了最常用的操作命令。

除了这两个关于图层的操作入口外，还可以选中"选择工具" ，在文档中右击，通过弹出的快捷菜单，根据需要选择要编辑的图层。另外在"图层"选项卡中右击，也可以打开关于编辑图层、设置图层的快捷菜单，使用这些快捷菜单，可以快速、准确地完成图层操作，以提高工作效率。

2.1.4　图层样式的应用

图层样式是创建图像特效的重要手段，Photoshop 提供了多种图层样式效果，可以快速更改图层的外观，为图像添加阴影、发光、斜面、叠加和描边等效果，从而制造出具有真实质感的效果。应用于图层的样式将变为图层的一部分，在"图层"选项卡中，底部有 图标，单击图标旁边的三角形，可以展开样式，以查看并编辑样式。

微课 2-11
图层样式的应用

例如，如图 2-22 所示为文字"梦"在正常状态下的页面效果，单击图层面板中的 按钮，先选中"描边"命令，然后选中"外发光"命令，弹出"图层样式"对话框，设置颜色由"#850a09"（深红色）向透明的渐变，"图层样式"设置如图 2-23 所示。

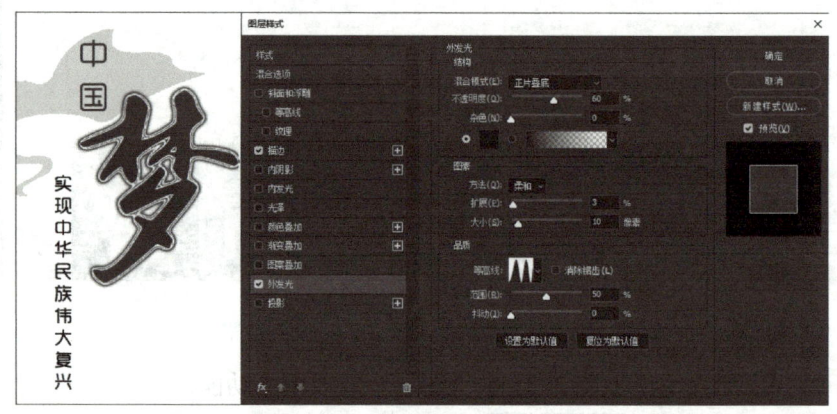

图 2-22　"梦"字的基本效果　　　　　　　　图 2-23　"图层样式"对话框

当为图层添加图层样式后，既可以通过双击图标打开对话框并修改样式，也可以通过菜单命令将样式复制到其他图层并根据图像的大小缩放，还可以将设置好的样式保存在"图层样式"对话框中，方便重复使用。

2.1.5　图层混合模式的应用

网页设计效果图制作过程中混合图像时，图层的混合模式是最为有效的技术之一，适当地在两幅或多幅图像间使用混合模式，能够轻松地制作出图像间相互隐藏、叠加，混融为一体的效果。

微课 2-12
图层混合模式

Photoshop 将混合模式分为 6 大类、27 种混合形式，即组合混合模式（正常、溶解），加深混合模式（变暗、正片叠底、颜色加深、线性加深、深色），减淡混合模式（变亮、滤色、颜色减淡、线性减淡、浅色），对比混合模式（叠加、柔光、强光、亮光、线性光、点光、实色混合），比较混合模式（差值、排除、减去、划分），色彩混合模式

（色相、饱和度、颜色、亮度）。

　　下面以使用渐变图像与书法作品进行混合为例，具体介绍如下。

　　1）启动 Photoshop 软件，然后执行"文件"→"新建"命令，创建"混合模式应用.psd"文件，设置宽度为"1000 像素"、高度为"600 像素"、分辨率为"72 像素/英寸"、颜色模式为"RGB 颜色"、背景色为"白色"。

　　2）从工具箱中选择"渐变工具" ■，设置前景色为"#b27516"（深褐色）、背景色为"#c9ac78"（浅褐色），接着在工具选项栏中选取渐变填充（"对称渐变" ■），在"背景"图层简单拖动鼠标后形成渐变的背景图像，如图 2-24 所示。

　　3）打开图片"书法.jpg"，如图 2-25 所示，然后对其执行"图像"→"调整"→"反相"命令，最后将其拖入背景图中，设置层名为"书法"，设置混合模式为"柔光"、不透明度为"24%"，效果如图 2-26 所示。

图 2-24　背景过渡素材

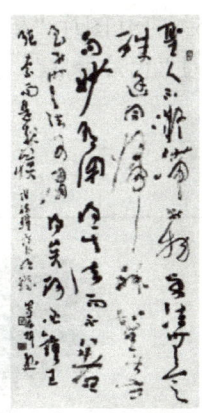

图 2-25　书法作品素材

图 2-26　混合后的效果

　　4）对素材文件"国画.jpg"（如图 2-27 所示）进行类似的操作，调整图层大小与位置后的效果如图 2-28 所示。

图 2-27　国画素材　　　　　　　　　图 2-28　国画混合后的效果图

5）打开图片"墨迹.jpg"，如图 2-29 所示，将其拖入背景图中，设置层名为"墨迹"，混合模式为"正片叠底"，效果如图 2-30 所示。

图 2-29　"墨迹"图片素材　　　　　　图 2-30　墨迹正片叠底混合后的效果图

6）打开图片"毛笔.jpg"，如图 2-31 所示，使用"魔棒工具"选择白色区域，执行"选择"→"反选"命令（或按快捷键<Ctrl+Shift+I>），选取毛笔将其复制并粘贴到图像中，调整毛笔与墨迹的位置，为毛笔图层设置图层样式，设置投影效果增加立体感，设置不透明度为"44%"、角度为"90"、距离为"8 像素"、大小为"2 像素"，效果如图 2-32 所示。

图 2-31　毛笔素材图片　　　　　　　图 2-32　毛笔与墨迹混合后的效果

7）打开图片"无名山人.jpg",使用"魔棒工具"选择黑色字体的局部区域,如单击"山"字,然后执行"选择"→"选取相似"命令,选中"无名山人作品集",如图 2-33 所示;复制选区,粘贴到效果图中,最后对"无名山人作品集"文字图层使用"描边"图层样式(设置颜色为"#fef5b6"、大小为"3 像素"),效果如图 2-34 所示。

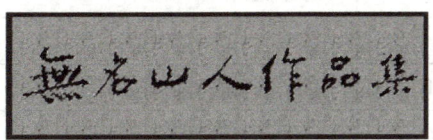

图 2-33 "无名山人作品集"选区　　　图 2-34 "无名山人作品集"放入效果图中的效果

2.1.6　Photoshop 的常用快捷键

高效的 Photoshop 操作基本都是左手摸着键盘,右手按着鼠标,很快就可以完成一个作品,简直令人叹为观止,常用工具快捷键一览表如表 2-1 所示。

表 2-1　Photoshop 常用工具快捷键一览表

工具快捷键	功能与作用	工具快捷键	功能与作用
M	选框	L	套索
V	移动	W	快速选择
J	修复画笔	B	画笔
I	吸管、标尺	S	图章
Y	历史记录画笔	E	橡皮擦
R	旋转视图	O	减淡、加深、海绵
P	钢笔	T	文字
U	矢量形状	G	渐变、油漆桶
H	抓手	Z	缩放
C	裁剪	A	路径选取、直接选择
D	默认前景和背景色	X	切换前景和背景色
Q	编辑模式切换	F	显示模式切换
Ctrl	临时移动	空格	临时使用抓手

 注意:按快捷工具的同时按<Shift>键,可以切换工具组中的工具。

常用快捷键一览表如表 2-2 所示。

表 2-2　Photoshop 常用快捷键一览表

快捷键	功能与作用	快捷键	功能与作用
Ctrl+N	新建图形文件	Tab	切换显示或隐藏所有的控制板
Ctrl+O	打开已有的图像	Shift+Tab	隐藏其他面板（除工具箱）
Ctrl+W	关闭当前图像	Ctrl+A	全部选择
Ctrl+D	取消选区	Ctrl+G	与前一图层编组
Ctrl+Shift+I	反选	Ctrl++	放大视图
Ctrl+S	保存当前图像	Ctrl+−	缩小视图
Ctrl+X	剪切选取的图像或路径	Ctrl+0	满画布显示
Ctrl+C	复制选取的图像或路径	Ctrl+L	打开"色阶"对话框
Ctrl+V	将剪贴板的内容粘到当前图像中	Ctrl+M	打开"曲线"对话框
Ctrl+K	打开"首选项"对话框	Ctrl+U	打开"色相/饱和度"对话框
Ctrl+Z	还原上一操作	Ctrl+Shift+U	去色
Ctrl+Shift+Z	重做上一操作	Ctrl+I	反相
Ctrl+T	自由变换	Ctrl+J	复制图层
Ctrl+Shift+E	合并可见图层	Ctrl+E	合并图层
Ctrl+Shift+Alt+T	再次变换复制的像素数据并建立一个副本	Ctrl+[	将当前层下移一层
Del	删除选框中的图案或选取的路径	Ctrl+]	将当前层上移一层
Ctrl+BackSpace 或 Ctrl+Delete	用背景色填充所选区域或整个图层	Ctrl+Shift+[	将当前层移到最下面
Alt+BackSpace 或 Alt+Delete	用前景色填充所选区域或整个图层	Ctrl+Shift+]	将当前层移到最上面

2.2　Photoshop 高级应用

2.2.1　通道的概念与使用技巧

在 Photoshop 中通道被用来存放图像的颜色信息及自定义的选区，不仅可以使用通道得到非常特殊的选区，以辅助制作效果图，还可以通过改变通道中存储的颜色信息来调整图像的色调。无论是新建文件、打开文件，还是扫描文件，当一个图像文件被导入 Photoshop 后，Photoshop 就将为其建立图像固有的颜色通道，即原色通道，原色通道的数目取决于图像的色彩模式。如图 2-35 所示，RGB 模式的图像包含 3 个原色通道与 1 个复合通道。

微课 2-13
使用通道抠取图像

通道分为颜色通道、专色通道、Alpha 通道、临时通道。

应用通道将选取的书法与国画作品合成一幅"梅花香自苦寒来"的扇面书画作品，最终效果如图 2-36 所示。

a)　　　　　　　　　　　　　b)

图 2-35　图像及通道

a) 图像　b) "通道"选项卡

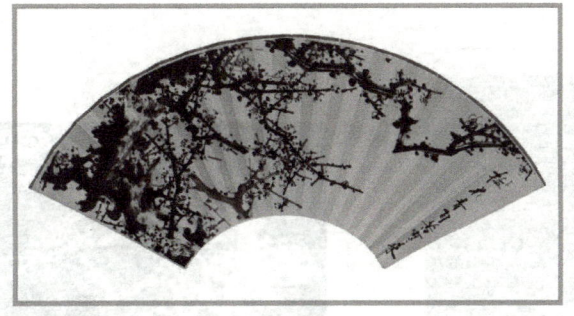

图 2-36　"梅花香自苦寒来"的扇面效果

本案例操作步骤如下。

1）在 Photoshop 中打开"墨梅.jpg"书法素材，打开"通道"选项卡，会发现里面存在默认的"红""绿""蓝"3 个原色通道及 1 个复合通道。分别单击 3 个原色通道，对比度基本相似，选择"红"通道将其拖至"创建新通道" ￼ 按钮上，复制红色通道，得到"红 拷贝"通道。接下来单击"红 拷贝"通道，并让其他通道处于隐藏状态，如图 2-37 所示。

图 2-37　"红 拷贝"通道

2）执行"图像"→"调整"→"反相"命令（或按快捷键<Ctrl+I>）将"红 拷贝"通道进行反相处理，得到如图 2-38 所示效果。

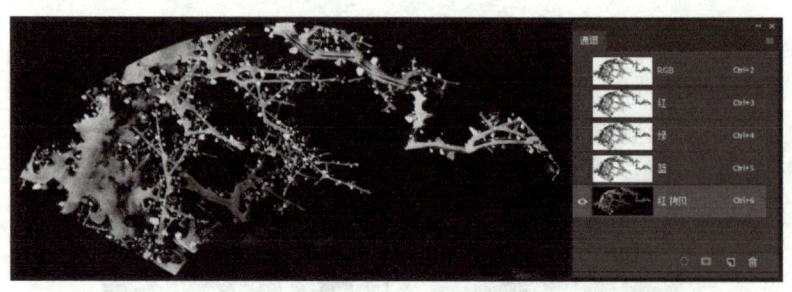

图 2-38　通道反相效果

3）为进一步除去画面中存在的杂色，执行"图像"→"调整"→"色阶"命令（或按快捷键<Ctrl+L>）打开"色阶"对话框，在对话框中选择"在图像中取样以设置黑场"　按钮吸取图像中书法部分，使用"在图像中取样以设置白场"　按钮吸取画面中纸面的灰色部分，将杂色转化为白色，调整画面对比度，如图 2-39 所示。最后单击"确定"按钮，显示效果如图 2-40 所示。

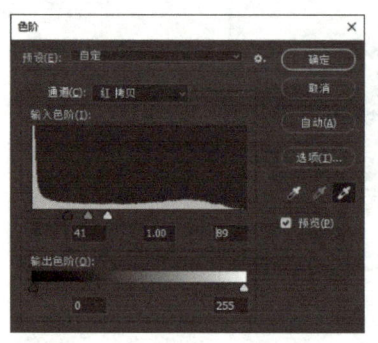
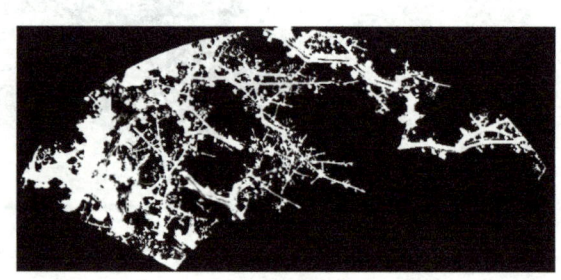

图 2-39　"色阶"对话框　　　　　　　　　图 2-40　调整色阶后的效果

4）按住<Ctrl>键单击"红 拷贝"通道（或者单击通道面板下的"将通道作为选区载入"　按钮），将通道转换为选区，单击 RGB 综合通道，切换至"图层"面板中单击背景图层。执行"编辑"→"拷贝"命令（或按快捷键<Ctrl+C>）对选区内的墨梅进行复制，打开素材"扇面.jpg"（如图 2-41 所示），执行"编辑"→"粘贴"命令（或按快捷键<Ctrl+V>）将墨梅粘贴到扇面中，并调整大小，效果如图 2-42 所示。

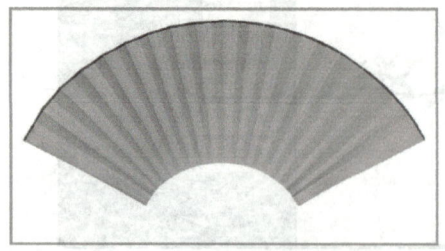

图 2-41　扇面素材　　　　　　　　　图 2-42　将墨梅插入扇面中的效果

5）打开素材图片"梅花香自苦寒来.jpg"（见图 2-43），采用同样的办法将书法抠取出来，插入到扇面中，如图 2-44 所示。

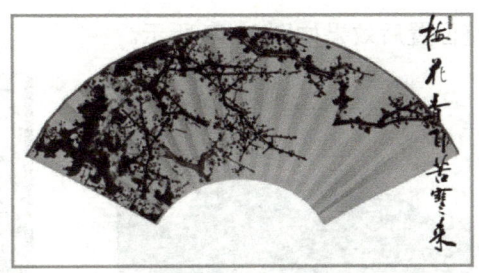

图 2-43　"梅花香自苦寒来"文字素材　　　　图 2-44　将文字插入扇面中

6）执行"编辑"→"自由变换"命令（或按快捷键<Ctrl+T>），调整其大小，然后右击鼠标，选择"旋转"命令，最终效果如图 2-36 所示。

2.2.2　蒙版的概念与使用技巧

蒙版是一种遮盖工具，就像是在图像上用来保护图像的一种"膜"，可以分离和保护图像的局部区域。换句话说，蒙版是与图层捆绑在一起的，用于控制图层中图像的显示与隐藏。在蒙版中装载的全部为灰度图像，并以蒙版中的黑、白图像来控制图层缩略图中图像的隐藏或显示。图层蒙版的最大优点是，在显示与隐藏图像时，所有的操作均在蒙版中进行，不会影响图层中的像素。

微课 2-14
图层蒙版的使用

需要注意的是，蒙版只能在图层上新建，在背景层上是无法建立图层蒙版的。现在打开一幅图像，激活图层 2，然后单击"图层"选项卡下方的"添加图层蒙版" ◻ 按钮，就可以新建一个蒙版。此时的"图层"选项卡如图 2-45 所示，其中各项含义如下。

- 蒙版和图层的链接：表明蒙版和该图层处于链接状态。处于链接状态时，可以同时移动或复制该图层及其蒙版。如果单击图标，可取消链接，这时只能单独移动图层或蒙版。
- 添加图层蒙版：单击此按钮，即可给当前图层添加一个新的图层蒙版。
- 图层蒙版缩略图：浏览缩略图，可以随时查看或编辑蒙版。

蒙版的应用实例步骤如下。

1）首先执行"文件"→"打开"命令，打开两幅素材图像，如图 2-46 和图 2-47 所示。

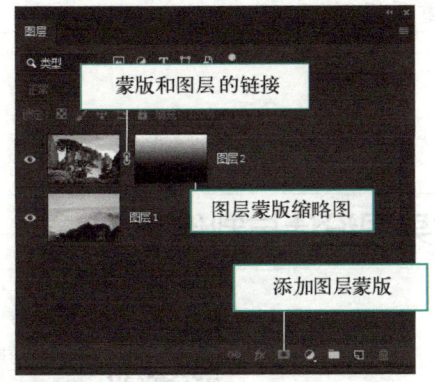

图 2-45　添加图层蒙版后的"图层"选项卡　　　　图 2-46　素材 1"迎客松"

2）使用"移动工具" 将素材 1"迎客松"拖至素材 2"黄山"中，使用快捷键<Ctrl+T>

调整大小，调整位置后效果如图 2-48 所示。

图 2-47　素材 2 "黄山"

图 2-48　图像简单组合

3）单击"图层面板"上的"添加图层蒙版" ◉ 按钮，为上面图层创建图层蒙版，如图 2-49 所示。

4）在工具箱中将前景色设置为"黑色"，然后选择"渐变工具" ▬，在蒙版图层上填充渐变。蒙版如图 2-50 所示，最终效果如图 2-51 所示。

图 2-49　添加图层蒙版

图 2-50　改变蒙版

图 2-51　用蒙版隐藏区域中的图像

> 技巧：从上面的例子中不难发现，图层蒙版中填充黑色的地方是让图层图像完全隐藏的部分；填充白色的地方是让图层完全显示的部分；从黑色到白色过渡的"灰色区域"则是让图层处于半透明效果，这是使用图层蒙版的一个重要规则。

【任务实施】

2.3　历代优秀墨竹作品学习网站页面效果图设计与制作

2.3.1　页面效果图展示

依据任务 1 中项目设计的草图，本任务制作的页面效果图如图 2-52 所示。

微课 2-15
历代优秀墨竹作品学习网站页面效果图设计与制作

任务 2　网站效果图设计与制作

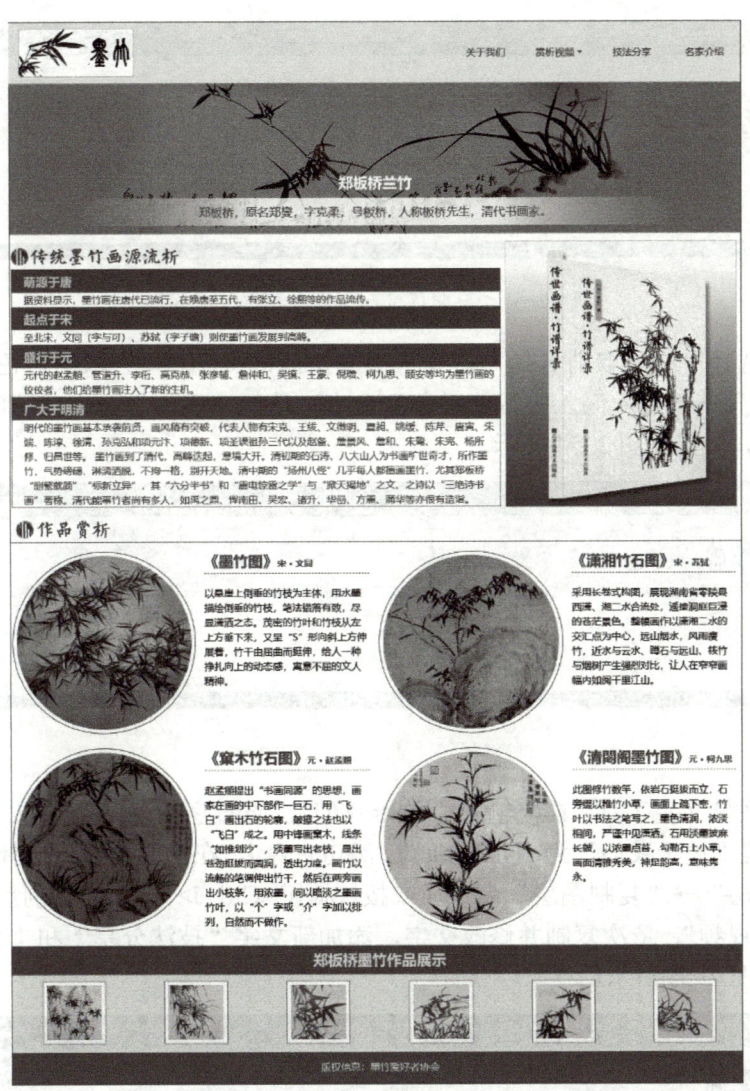

图 2-52　网站页面效果图

本网站页面设计中用到的主要知识：图像的抠取、辅助线的应用、图层样式的应用、图层混合模式的应用、蒙版的应用等。

2.3.2　页面顶部与导航条的制作

页面顶部与导航条的制作步骤如下。

1）打开 Photoshop 软件，新建文件并命名为"历代优秀墨竹作品学习页面效果图.psd"，宽度为"1200 像素"，高度为"1750 像素"，背景色为"白色"，执行"视图"→"新建参考线"命令，添加 1 条水平辅助线（100 像素），在图层面板单击"创建新组"■按钮，命名为"top 与 nav"，新建一个图层，命名为"顶部背景"，然后使用"矩形选框工具"■选中顶部区域，将其填充为"#f6eee4"（浅黄色），如图 2-53 所示。

图 2-53　页面顶部与导航条辅助线分布

2）执行"选择"→"取消选择"命令（或按快捷键<Ctrl+D>）取消白色区域的选区蚂蚁线，执行"文件"→"置入嵌入的智能对象"命令，选择"素材"文件夹下的"徽标.jpg"图片，调整其位置，效果如图 2-54 所示。

图 2-54　置入网站的 Logo

3）使用"横排文字工具"，输入"关于我们"，设置字体为"微软雅黑"，字体大小为"16 像素"，设置"关于我们"为"#a2640c"（深仿古色），在图层面板中选择"关于我们"文字层，执行"图层"→"复制图层"命令（或按快捷键<Ctrl+J>），修改复制后的文字图层，修改文字为"赏析视频"，依次复制并修改文字，添加新文字"技法分享"和"名家介绍"，调整其位置后效果如图 2-55 所示。

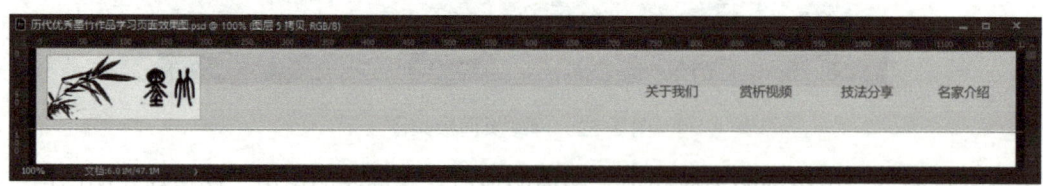

图 2-55　添加导航条各项后的效果

4）新建一个图层，命名为"三角形"，在"赏析视频"右侧，使用"多边形套索工具"绘制，使用快捷键<Alt+Delete>将其填充为"#a2640c"（深仿古色），执行"选择"→"取消选择"命令（或按快捷键<Ctrl+D>）取消选区蚂蚁线，页面效果如图 2-56 所示。

图 2-56　添加三角形图标后的效果

2.3.3 页面 banner 区域的制作

页面 banner 区域的制作步骤如下。

1）在图层面板单击"创建新组" 按钮，命名为"banner"，添加 1 条水平辅助线（350 像素），新建一个图层并命名为"banner 背景"，然后使用"矩形选框工具" 选中 banner 区域，设置前景色为"#d89544"（仿古色），背景色为"#f8cd8f"（浅橙色），使用"渐变工具" ，选择"径向渐变"，按住鼠标从屏幕中间向边缘拖动，即可实现径向渐变，执行"选择"→"取消选择"命令（或按快捷键<Ctrl+D>）取消选区蚂蚁线，页面效果如图 2-57 所示。

图 2-57　添加 banner 区域的渐变背景

2）执行"文件"→"打开"命令，选择"素材"文件夹下的"郑板桥横幅墨竹.jpg"图片，按快捷键<Ctrl+A>全选图片，按快捷键<Ctrl+C>复制图片，切换进入"历代优秀墨竹作品学习页面效果图.psd"页面，按快捷键<Ctrl+V>将"郑板桥横幅墨竹.jpg"图像粘贴至新图层，粘贴后命名为"横幅兰竹"，执行"编辑"→"自由变换"命令（或按快捷键<Ctrl+T>），调整其大小与位置，效果如图 2-58 所示。

图 2-58　添加"郑板桥横幅墨竹.jpg"图像后的效果

3）在图层面板中，选择"横幅兰竹"图层，单击"添加图层蒙版" 按钮，给"横幅兰竹"图层新建一个蒙版，前景色设置为"黑色"，使用软画笔工具涂抹"横幅兰竹"图像蒙版的两侧，使得"横幅兰竹"两侧边界模糊，图层蒙版效果如图 2-59 所示。

图 2-59　添加蒙版后的图像效果

4)在图层面板中,新建一个图层并命名为"渐变背景",设置前景色为"白色",选择"渐变工具" ,在"渐变工具"选项栏中,单击"可编辑渐变" 按钮,选择"前景色到透明渐变" ,如图 2-60 所示,再次在"渐变工具"选项栏中,单击"可编辑渐变" 按钮,将打开"渐变编辑器"对话框,添加一个色标,设置 3 个色标都为"白色",两侧的色标不透明度为"0%",中间的色标不透明度为"75%",如图 2-61 所示。

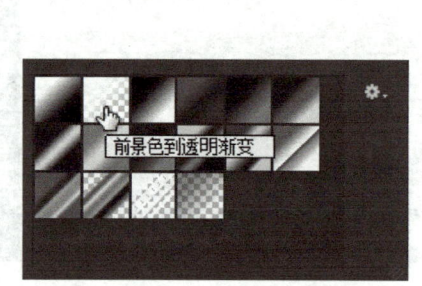

图 2-60 渐变编辑器

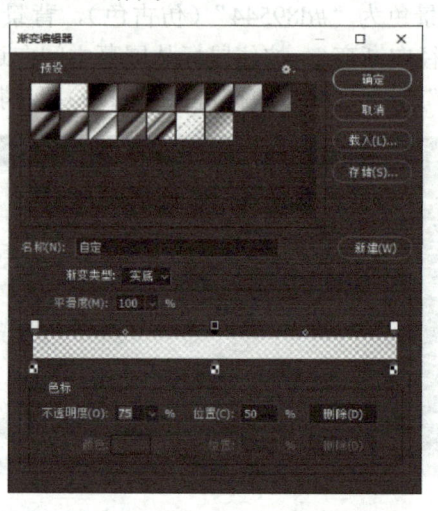

图 2-61 设置"渐变编辑器"

5)使用"矩形选框工具" ,在"渐变背景"图层上绘制一个长条矩形,然后使用"渐变工具",按住鼠标左键从左侧拖动到右侧,效果如图 2-62 所示。

图 2-62 绘制渐变背景后的图像效果

6)执行"选择"→"取消选择"命令(或按快捷键<Ctrl+D>)取消选区蚂蚁线,使用"横排文字工具" ,输入"郑板桥兰竹",设置字体为"微软雅黑",字体大小为"24 像素",设置文字为"白色"。以同样的方式添加文字"郑板桥,原名郑燮,字克柔,号板桥,人称板桥先生,清代书画家。",设置文字大小为"20 像素",调整文字的位置后效果如图 2-63 所示。

图 2-63 绘制文字后的图像效果

2.3.4 "传统墨竹画源流析"区域的实现

"传统墨竹画源流析"区域的制作步骤如下。

1)在"图层"选项卡单击"创建新组" 按钮,命名为"画源流析",添加 3 条水平辅助线(360 像素,405 像素,800 像素),添加 4 条垂直辅助线(5 像素,805 像素,810 像素,1195 像素),执行"文件"→"置入嵌入的智能对象"命令,选择"素材"文件夹下的"图标.png"图片,调整其位置;以同样的方法插入"画源流析.jpg"图片,调整其位置。

2)新建一个图层,命名为"仿古色标题背景",使用"矩形选框工具" ,在"矩形选框工具"选项栏,设置样式为"固定大小",然后设置宽度为"800 像素",高度为"35 像素",使用鼠标在坐标(5 像素,400 像素)位置单击即可创新所需的矩形框,设置前景色为"#a2640c"(深仿古色),按快捷键<Alt+Delete>填充前景色,按快捷键<Ctrl+D>取消选区蚂蚁线,页面效果如图 2-64 所示。

图 2-64 绘制标题背景后的图像效果

3)新建一个图层,命名为"仿古色标题边框",使用"矩形选框工具" ,在"矩形选框工具"选项栏,设置样式为"正常",对标参考线从左上角的起点坐标(5 像素,400 像素)拖动到右下角的终点坐标(805 像素,800 像素),设置前景色为"#a2640c"(深仿古色),执行"编辑"→"描边"命令,弹出"描边"对话框,设置宽度为"1 像素",位置为"内部",如图 2-65 所示。

4)使用"横排文字工具" 绘制一个文本输入框,输入"萌源于唐",设置字体为"微软雅黑",字体大小为"20 像素",字体颜色为"#fce1b7"(浅仿古色);使用"横排文字工具" 绘制一个文本输入框,输入"据资料显示,墨竹画在唐代已流行,在晚唐至五代,有张立、徐熙等的作品流传。"设置字体颜色为"#a2640c"(深仿古色),文字大小为"16 像素";模仿制作"萌源于唐"模块的步骤依次复制并添加其他相关文字,调整其位置,页面效果如图 2-66 所示。

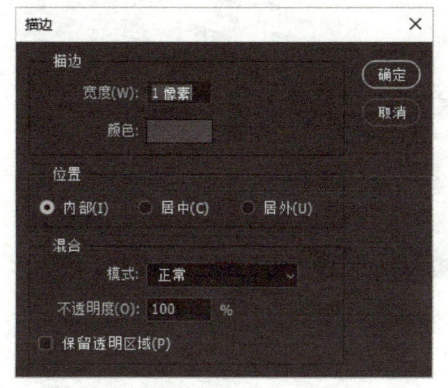

图 2-65 "描边"对话框

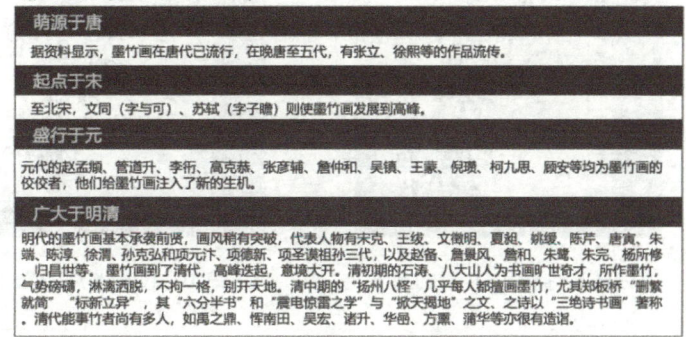

图 2-66 "传统墨竹画源流析"区域左侧的整体效果

5)新建一个图层,命名为"右侧书籍背景",使用"矩形选框工具" ,在"矩形选框工具"选项栏,设置样式为"正常",对标参考线从左上角的起点坐标(810 像素,355 像素)拖动到右下角的终点坐标(1195 像素,800 像素),设置前景色为"白色",设置背景色为"#a2640c"(深仿古色),选择"渐变工具" ■,按住鼠标左键从上方(垂直参考线 355 像素)拖动到下方(垂直参考线 800 像素),效果如图 2-67 所示。

6)选择"右侧书籍背景"图层,单击图层面板中的"添加图层样式" ƒx 按钮,选择"描边"命令,设置描边大小为"1 像素",颜色为"#e6d6c0"(浅仿古色),效果如图 2-68 所示。

图 2-67 设置渐变背景效果   图 2-68 添加"描边"效果

7)执行"文件"→"打开"命令,选择"素材"文件夹下的"传世画谱竹谱详录.jpg"图片,按快捷键<Ctrl+A>全选图片,按快捷键<Ctrl+C>复制图片,切换到效果图文档,按快捷键<Ctrl+V>将"传世画谱竹谱详录.jpg"图像粘贴到新图层,粘贴后命名为"封面",执行"编辑"→"自由变换"命令(或按快捷键<Ctrl+T>),调整其大小与位置;再次打开"传世画谱竹谱详录.jpg",使用"矩形选框工具" ▢,复制直排书名部分,将其粘贴到效果图文档(命名为"书脊"),同样调整其大小与位置,效果如图 2-69 所示。

8)选择"封面"图层,执行"编辑"→"自由变换"命令(或按快捷键<Ctrl+T>),右击鼠标,选择"透视"命令,按<Shift>键将右上角的控制点向中间拖动,然后再切换"缩放"命令向中间拖动;以同样的方法调整"书脊"图层,效果如图 2-70 所示。

9)选择"封面"图层,单击图层面板中的"添加图层样式" ƒx 按钮,选择"投影"命令。用同样的方式给"书脊"添加"投影"效果,效果如图 2-71 所示。

图 2-69 插入图片后的效果   图 2-70 设置图片的立体效果   图 2-71 添加"投影"后的效果

2.3.5 "作品赏析"区域的实现

"作品赏析"区域的制作步骤如下。

1）在图层面板单击"创建新组"按钮，命名为"作品赏析"，添加 2 条水平辅助线（855 像素，1525 像素），执行"文件"→"置入嵌入的智能对象"命令，选择"素材"文件夹下的"图标.png"图片，调整其位置；以同样的方法插入"作品赏析.jpg"图片，调整其位置，新建一个图层，命名为"横线"，设置前景色为"#a2640c"（深仿古色），选择"铅笔工具"，沿着水平参考线（855 像素）从左到右绘制直线，如图 2-72 所示。

图 2-72　添加标题与横线后的图像效果

2）新建一个图层，命名为"作品赏析圆形背景"，使用"椭圆选框工具"，在"椭圆选框工具"选项栏，设置样式为"固定大小"，然后设置宽度为"296 像素"，高度为"296 像素"，单击鼠标即可绘制一个圆形选区，设置前景色为"#a2640c"（深仿古色），执行"编辑"→"描边"命令，弹出"描边"对话框，设置宽度为"1 像素"，位置为"内部"，按快捷键<Ctrl+D>取消选区蚂蚁线，调整图层位置后的效果如图 2-73 所示。

3）执行"文件"→"打开"命令，选择"素材"文件夹下的"《墨竹图》宋代文同.jpg"图片，使用"椭圆选框工具"，在"椭圆选框工具"选项栏，设置样式为"正常"，按住鼠标左键从图的左上角拖动到右下角，按快捷键<Ctrl+C>复制图片，切换到效果图文档，按快捷键<Ctrl+V>将图像粘贴至新图层，粘贴后命名为"墨竹图"，执行"编辑"→"自由变换"命令（或按快捷键<Ctrl+T>），调整其大小与位置，效果如图 2-74 所示。

4）使用"横排文字工具"绘制一个文本输入框，输入"《墨竹图》"，设置字体为"微软雅黑"，字体大小为"24 像素"，字体颜色为"#a2640c"（深仿古色）；使用"横排文字工具"绘制一个文本输入框，输入"宋·文同"，设置字体颜色为"#a2640c"（深仿古色），文字大小为"14 像素"；设置前景色为"#a2640c"（深仿古色），选择"铅笔工具"，执行"窗口"→"画笔设置"命令，设置"间距"为"300%"，新建一个图层，命名为"虚线"，在标题下方绘制一条虚线；继续使用"横排文字工具"绘制一个文本输入框，插入文字"以悬崖上倒垂的竹枝为主体，用水墨描绘倒垂的竹枝，笔法错落有致，尽显潇洒之态。茂密的竹叶和竹枝从左上方垂下来，又呈'S'形向斜上方伸展着，竹干由屈曲而挺伸，给人一种挣扎向上的动态感，寓意不屈的文人精神。"调整后页面效果如图 2-75 所示。

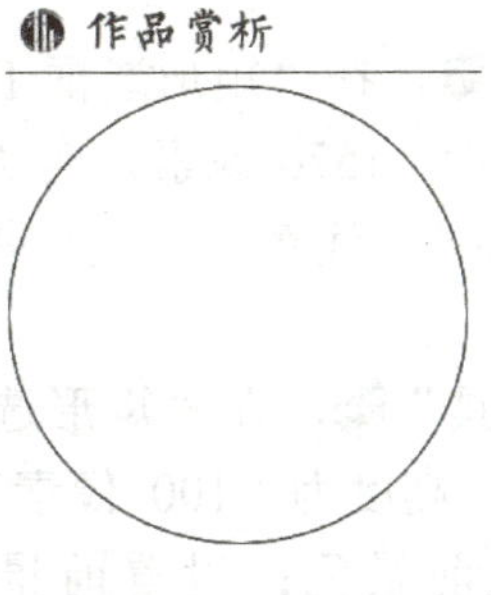

图 2-73　绘制圆形背景后的效果　　图 2-74　添加图片后的效果 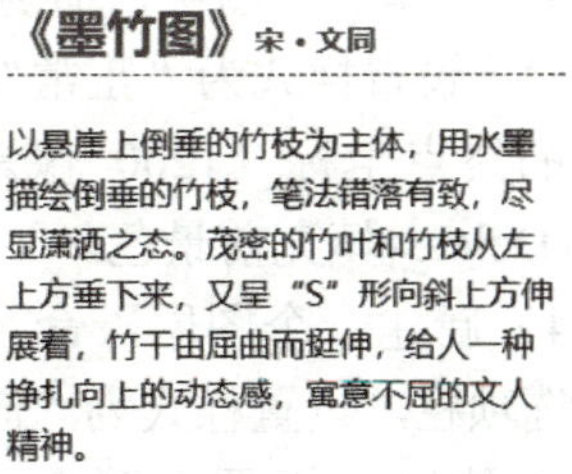　　图 2-75　添加文字后的效果

5）采用同样的方式继续添加其他图片与文字，效果如图 2-76 所示。

图 2-76　添加其他图片与文字后的效果

2.3.6 "郑板桥墨竹作品展示"区域的实现

"郑板桥墨竹作品展示"区域的制作步骤如下。

1) 在图层面板单击"创建新组" 按钮,命名为"郑板桥墨竹作品展示",添加 2 条水平辅助线(1570 像素,1700 像素),新建一个图层,命名为"仿古色背景",使用"矩形选框工具" ,在"矩形选框工具"选项栏,设置样式为"正常",对标参考线从左上角的起点坐标(0 像素,1525 像素)拖动到右下角的终点坐标(1200 像素,1570 像素),设置前景色为"#a2640c"(深仿古色),按快捷键<Alt+Delete>填充前景色。

2) 按快捷键<Ctrl+D>取消选区蚂蚁线,使用"横排文字工具" 绘制一个文本输入框,输入"郑板桥墨竹作品展示",设置字体为"微软雅黑",字体大小为"24 像素",字体颜色为"#fce1b7"(浅仿古色),页面效果如图 2-77 所示。

图 2-77　添加文字后的效果

3) 新建一个图层,命名为"图片背景",使用"矩形选框工具" ,在"矩形选框工具"选项栏,设置样式为"正常",对标参考线从左上角的起点坐标(0 像素,1570 像素)拖动到右下角的终点坐标(1200 像素,1700 像素),设置前景色为"#fcebae"(浅黄色),按快捷键<Alt+Delete>填充前景色。

4) 新建一个图层,命名为"矩形背景框",使用"矩形选框工具" ,在"矩形选框工具"选项栏,设置样式为"固定大小",然后设置宽度为"100 像素",高度为"100 像素",绘制一个选区,设置前景色为"白色",按快捷键<Alt+Delete>填充前景色;设置前景色为"#a2640c"(深仿古色),执行"编辑"→"描边"命令,打开"描边"对话框,设置宽度为"1 像素",颜色为"#a2640c"(深仿古色),位置为"内部",单击"确定"按钮就可完成描边。按快捷键<Ctrl+D>取消选区蚂蚁线,连续按快捷键<Ctrl+J>5 次,复制 5 次矩形背景框并依次调整位置,效果如图 2-78 所示。

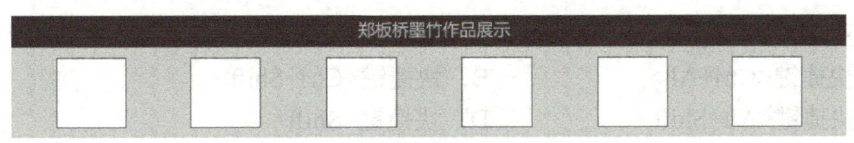

图 2-78　添加矩形背景框后的效果

5）执行"文件"→"打开"命令，选择"素材"文件夹下的"郑板桥作品 1.jpg"图片，按快捷键<Ctrl+A>全选图片，按快捷键<Ctrl+C>复制图片，切换到效果图文档，按快捷键<Ctrl+V>将图像粘贴至新图层，粘贴后命名为"郑板桥作品 1"，执行"编辑"→"自由变换"命令（或按快捷键<Ctrl+T>），调整其大小与位置，依次插入图片"郑板桥作品 2.jpg""郑板桥作品 3.jpg""郑板桥作品 4.jpg""郑板桥作品 5.jpg""郑板桥作品 6.jpg"，调整其大小与位置后效果如图 2-79 所示。

图 2-79　添加系列图片后的效果

2.3.7　版权板块的实现

版权板块的制作步骤如下。

1）在图层面板单击"创建新组"按钮，命名为"版权信息"，新建一个图层，命名为"仿古色背景"，使用"矩形选框工具"，在"矩形选框工具"选项栏，设置样式为"正常"，对标参考线从左上角的起点坐标（0 像素，1700 像素）拖动到右下角的起点坐标（1200 像素，1750 像素），设置前景色为"#a2640c"（深仿古色），按<Alt+Delete>快捷键填充前景色。

2）按快捷键<Ctrl+D>取消选区蚂蚁线，使用"横排文字工具"绘制一个文本输入框，输入"版权信息：墨竹爱好者协会"，设置字体为"微软雅黑"，字体大小为"16 像素"，字体颜色为"#fce1b7"（浅仿古色），页面效果如图 2-52 底部所示。

【习题与拓展实践】

1. 选择题

1）下列（　　）是 Photoshop 图像最基本的组成单元。
　　A．节点　　　　　B．色彩空间　　　C．像素　　　　　D．路径
2）在 Photoshop 中将前景色和背景色恢复为默认颜色的快捷键是（　　）。
　　A．<D>　　　　　B．<X>　　　　　C．<Tab>　　　　D．<Alt>
3）在 Photoshop 中，如果想绘制出直线效果，应该按住（　　）键。
　　A．<Ctrl>　　　　B．<Shift>　　　　C．<Tab>　　　　D．<Alt>
4）Photoshop 中在使用矩形选框工具的情况下，按住（　　）可以创建一个以落点为中心

的正方形选区。

A．快捷键<Ctrl+Alt>　　　　　B．快捷键<Ctrl+Shift>
C．快捷键<Alt+Shift>　　　　　D．快捷键<Shift>

2．拓展实践

访问河南博物院官方网站，打开"开放时间"栏目（见图 2-80），搜集相关资料，使用 Photoshop 完成河南博物院"开放时间"栏目页面效果图的复原。

图 2-80　河南博物院"开放时间"栏目页面效果

任务 3　HTML 图文混排的实现

【知识准备】

3.1　HTML5 简介

3.1.1　HTML5 的发展史

HTML 1.0：1993 年 6 月作为互联网工程工作小组（IETF）工作草案发布。
HTML 2.0：1995 年 11 月作为 RFC1866 发布。
HTML 3.2：1997 年 1 月 14 日，万维网联盟（W3C）推荐标准。
HTML 4.0：1997 年 12 月 18 日，W3C 推荐标准。
HTML 5：2014 年 10 月 29 日，W3C 推荐标准。

在 HTML5 的发展过程中，2008 年 HTML5 的工作草案发布。由于 HTML5 能解决实际问题，所以在规范还未定稿的情况下，各大浏览器厂家已经开始对其旗下产品进行升级以支持 HTML5 的新功能。这样，得益于浏览器的实验性反馈，HTML 规范得到了持续完善，并以这种方式迅速融入到了对 Web 平台的实质性改进中。

最终，在 2014 年 10 月 29 日，万维网联盟宣布，HTML5 标准规范制定完成，并公开发布。由此，HTML5 取代 HTML4.01、XHTML1.0 标准，实现了桌面系统和移动平台的完美衔接。

3.1.2　HTML5 的优势

HTML5 不仅兼容了 HTML 及 XHTML，还增加了很多非常实用的新功能和新特性，下面具体介绍 HTML5 的优势。

1. 兼容性

在 HTML5 之前，几大主流浏览器厂商为了争夺市场占有率，在各自的浏览器中增加各种各样的功能，由于没有统一的标准，使得在使用不同的浏览器时，用户经常会看到不同的页面效果。在 HTML5 中，纳入了所有合理的扩展功能，具备良好的跨平台兼容性。

2. 新增多个特性

HTML5 新增的特性如下。
- 新增了内容元素，如 header、nav、section、article、footer 等。
- 新增了表单控件，如 calendar、date、time、email、url、search 等。

- 新增了用于绘画的 canvas 元素。
- 新增了用于媒体播放的 video 和 audio 元素。
- 更好地支持了本地离线储存。
- 支持地理位置、拖曳、摄像头等 API。

3．安全机制的设计

为保证安全性，HTML5 规范中引入了一种新的基于来源的安全模型，该模型简单易用，同时对不同的 API（Application Programming Interface，应用程序编程接口）都可通用。使用这个安全模型，不需要借助任何不安全的 hack 就能跨域进行安全对话。

4．内容和表现分离

在清晰分离内容与表现方面，HTML5 迈出了很大一步。为了避免可访问性差、代码复杂度高、文件过大等问题，HTML5 规范中更细致、清晰地分离了内容和表现。实际上，HTML5 规范已经不支持老版本 HTML 大部分表现功能的属性。

5．化繁为简

HTML5 简化了 DOCTYPE，简化了字符声明，提供了简单而强大的 HTML5 API，使浏览器原生能力替代复杂的 JavaScript 代码。

3.1.3 浏览器与浏览器内核

浏览器是一种将互联网上的文本文档和其他文件翻译成网页的软件，通过浏览器可以快捷地阅读 Internet 上的内容。常用的浏览器有 Edge、火狐（Firefox）、谷歌（Chrome）、Safari 和 Opera 等，这些浏览器都能很好地支持 HTML5。

常见浏览器的图标如图 3-1 所示。

Edge浏览器　　Chrome浏览器　　Firefox浏览器　　Opear浏览器　　Safari浏览器

图 3-1　常用浏览器的图标

浏览器的核心部分是浏览器内核。浏览器内核负责解释网页语法并渲染网页。

1．Trident 内核

Trident 内核的代表产品是 Internet Explorer，又称其为 IE 内核。此内核只能应用于 Windows 平台，且不是开源的。Trident 内核一直沿用到 IE11，IE11 的继任者 Edge 采用了新的 EdgeHTML 内核。

2．WebKit 内核

WebKit 内核是苹果公司开发的，WebKit 内核的代表作品有 Safari、Chrome。其中，Chrome 是一个开源项目，包含了来自 KDE（K Desktop Environment，K 桌面环境）项目和苹果公司的一些组件，它的特点在于源码结构清晰、渲染速度极快。缺点是对网页代码的兼容性不高，导致一些编写不规范的网页无法正常显示。目前，Chrome 浏览器使用的是 Chromium 内核，Chromium 内核就是 WebKit 内核的一个分支，Edge 也使用了 Chromium 内核。

3．Gecko 内核

Gecko 内核的特点是代码完全公开，因此，其可开发程度很高，全世界的程序员都可以为其编写代码，增加功能，这也是 Geckos 内核虽然年轻但市场占有率能够迅速提升的重要原因。使用它的浏览器有 Firefox、Netscape。

4．Presto 内核

Presto 是由 Opera Software 开发的浏览器排版引擎，曾被认为是世界上最快的渲染引擎。Presto 内核在 Opera 浏览器第 7~12 版中使用（2013 年前），2013 年之后 Opera 浏览器使用 Chromium 内核。

本书主要使用 Chrome 浏览器。

3.2　HTML5 基础

3.2.1　HTML5 基本结构

微课 3-1
HTML5 基本结构

HTML 文档一般应包含两部分：头部区域和主体区域。HTML 文档基本结构由 3 个标签负责组织：\<html\>、\<head\>和\<body\>。其中，\<html\>标签标识 HTML 文档，\<head\>标签标识头部区域，而\<body\>标签标识主体区域。一个完整的 HTML 文档基本结构如下所示。

```html
<!DOCTYPE html>
<html>
    <head>
        <meta charset="UTF-8">
        <title></title>
    </head>
    <body>
    </body>
</html>
```

1．<!DOCTYPE >标签

<!DOCTYPE >标签位于文档的最前面，用于向浏览器说明当前文档使用哪种 HTML 标准规范，HTML5 文档中的 DOCTYPE 声明非常简单，体现了 HTML5 的简洁性。

只有开头处使用<!DOCTYPE >声明，浏览器才能将该页面作为有效的 HTML 文档，并按指定的文档类型进行解析。只有使用 HTML5 的 DOCTYPE 声明，才会触发浏览器以标准兼容模式来显示页面信息。

2．\<html\>标签

\<html\>标签位于<!DOCTYPE >标签之后，也被称为根标签，用于告知浏览器其自身是一个

HTML 文档，<html>标签标志着 HTML 文档的开始，</html>标签标志着 HTML 文档的结束，在它们之间的是文档的头部<head>和主体<body>内容。

在 HTML 页面中，标签就是放在"< >"标签符号中表示某个功能的编码命令，也称为 HTML 标签或 HTML 元素。

通常将 HTML 标签分为两大类，分别是"双标签"与"单标签"，同时，需要了解标签属性的相关设置。

（1）双标签

双标签是指由开始和结束两个标签符号组成的标签。

语法：<标签名>内容</标签名>

其中，"<标签名>"表示标签作用开始，一般称作"开始标签"；"</标签名>"表示标签作用结束，一般称作"结束标签"。两者的区别就是在"结束标签"的前面是否加了"/"关闭符号。例如：

```
<h6>传统墨竹画源流析</h6>
```

其中，<h6>表示标题标签的开始，而</h6>表示标题标签的结束。它们之间的"传统墨竹画源流析"为标题内容信息。

（2）单标签

单标签是指用一个标签符号完整地描述某个功能的标签。

语法：<标签名>

例如：<img>

其中，标签<img>为单标签，用于实现页面插入图片。

（3）标签的属性

使用 HTML 制作网页时，如果想让 HTML 标签提供更多的信息，可以使用 HTML 标签的属性来实现，如设置背景图片、居中显示等。

语法：<标签名 属性1="属性值1" 属性2="属性值2"…/ >内容</标签名>

一个标签可以拥有多个属性，必须写在开始标签中，位于标签名后，属性之间不分先后顺序，标签名与属性、属性与属性之间均以空格分开。任何标签的属性都有默认值，省略该属性则取默认值。

例如：

```
<p id="headtitle1" class="bamboo" style="color:#00ff00" title="墨画的竹子">墨竹</p>
```

其中，标签<p>表示段落，id 属性用于定义 HTML 元素的唯一标识符，这个属性在 HTML 文档中必须是唯一的，即不能与同一文档中其他元素的 id 属性值相同，它用于通过 JavaScript 等编程语言操作对应的元素，这意味着，通过 id 属性可以在 HTML、CSS 和 JavaScript 之间建立关联。class 属性规定元素的类名（Class Name），大多数情况下，它用于指向样式表中的类（Class），也可以通过 JavaScript 来改变带有指定 class 属性的 HTML 元素。style 属性规定元素的行内样式（Inline Style）。title 属性描述了元素的额外信息，当鼠标悬停在元素上时显示额外信息。

3. <head>标签

<head>标签用于定义 HTML 文档的头部信息，也称为头部标签，紧跟在<html>标签之后，主要用来封装其他位于文档头部的标签。<meta>标签中 charset="UTF-8"指定了代码的字符集为"UTF-8"。<title>标签可以显示网页的标题信息。

一个 HTML 文档只能含有一对<head>标签，绝大多数文档头部包含的数据都不会真正作为内容显示在页面中。

网页中经常设置页面的基本信息，如页面的标题、作者和其他文档的关系等。为此 HTML 提供了一系列的标签，这些标签通常都写在<head>标签内，因此被称为头部相关标签。

（1）标题标签

HTML 文件的标题显示在浏览器的标题栏中，用以说明文件的用途。每个 HTML 文档都应该有标题，在 HTML 文档中，标题文字位于<title>和</title>标签符号之间，<title>和</title>标签符号位于 HTML 文档的头部，即<head>和</head>标签符号之间。

语法： `<title>网页标题信息</title>`

例如： `<title>敦煌市博物馆</title>`

上述为敦煌市博物馆主页中的标题代码。

（2）元信息标签

<meta>标签，即元信息标签，提供的信息是用户不可见的，它不显示在页面中，一般用来定义页面信息的名称、关键字、作者等。在 HTML 中，<meta>标签不需要设置结束标记，在一个尖括号内就是一个 meta 内容，而在一个 HTML 页面中可以有多个<meta>标签。<meta>标签的属性有两种：name 和 http-equiv，其中 name 属性主要用于描述网页，以便于搜索引擎查找和分类。下面根据功能的不同分别介绍元信息标签的使用方法。

1）设定显示字符集。

在网页中可以通过语句来设定语言的编码方式，这样浏览器就能选择正确的语言，而不需要手动选取。

语法： `<meta charset="UTF-8"/>`

UTF-8 是目前最常用的字符集编码方式，常用的字符集编码方式还有 gb2312。

2）设定作者信息。

在页面的源码中，可以显示出页面制作者的姓名及个人信息。这样可以在源代码中保留作者希望保留的信息。

语法： `<meta name="author" content="甘肃**网络科技有限公司">`

其中，name 属性的值为"author"，用于定义搜索内容名称为网页的作者，content 属性的值用于定义作者的具体信息。

3）设置页面描述。

设置页面描述也是为了便于搜索引擎的查找，可使用它来描述网页的主题等。

语法： `<meta name="description" content="敦煌市博物馆成立于 1979 年，现馆建成于 2011 年，建筑面积 7500 平方米，共设 6 个展厅。敦煌市博物馆现馆藏文物 13332 件（套），其中，一级文物 138 件（套），二级文物 387 件（套），三级文物 1387 件（套）。分为石器、陶器、铜器、铁器、木器、瓷器、丝绸、汉简、写经、书画拓片、金银珠玉、钱币、砖刻及其他 14 类。" />`

其中，name 属性的值为"description"，用于定义搜索内容名称为网页描述，content 属性的值用于定义描述的具体内容。

4）设置页面关键字。

设置页面关键字是为了向搜索引擎说明这一网页的关键字，从而帮助搜索引擎对该网页进行查找和分类，它可以提高被搜索到的概率，一般可设置多个关键字，关键字之间用逗号隔开。

语法：`<meta name="keywords" content="敦煌市博物馆, 敦煌, 博物馆, 敦煌博物馆, 华戎交汇的都市, 敦煌市文物管理局, 敦煌文物局, 悬泉置遗址, 马圈湾遗址, 祁家湾墓群, 佛爷庙湾墓群汉代长城, 烽燧遗址, 丝绸之路, 鸣沙山, 莫高窟" />`

其中，name 属性的值为"keywords"，用于定义搜索内容名称为页面关键字，content 属性的值用于定义关键字的具体内容。

5）设置网页的定时跳转。

在浏览网页时经常会看到一些欢迎信息的页面，经过一段时间后，这一页面会自动转到其他页面中，这就是网页的跳转。使用 HTTP 代码就可以轻松实现这一功能。

语法：`<meta http-equiv="refresh" content="时长;url=网址">`

其中，http-equiv 属性的值为"refresh"，表示网页的刷新，而在 content 属性中设定刷新的时长（单位为秒）和刷新后的地址，时间和链接地址之间用分号相隔。默认情况下，跳转时间是以秒为单位的。

6）设置视口。

浏览器中用于呈现网页的区域叫视口（viewport）。使用合适的视口设置非常重要，因为它可以帮助确保网页在各种屏幕尺寸和分辨率的设备上都能正确显示和响应。

语法：`<meta name="viewport" content="width=device-width,initial-scale=1" />`

其中，name 属性的值为"viewport"，用于定义视口，content 属性的值用于定义视口的核心属性，宽度（width）按照设备的宽度（device-width）来渲染网页内容，初始渲染比例（initial-scale）为 1。

4．<body>标签

<body>标签用于定义 HTML 文档所要显示的内容，也称为主体标签。浏览器中显示的所有文本、图像、表单与多媒体元素等信息都必须位于<body>标签内，<body>标签内的信息才是最终展示给用户看的。

注意：一个 HTML 文档只能含有一对<body>标签，且<body>标签必须在<html>标签内，位于<head>头部标签之后，与<head>标签是并列关系。

3.2.2 HTML5 基本语法

HTML5 以 HTML4 为基础，为了兼容各个浏览器，采用宽松的语法格式，在设计和语法方面具体表现如下。

微课 3-2
HTML5 基本语法

1．内容类型

HTML5 的文件扩展名与内容类型保持不变，文件扩展名仍为.html 和.htm，内容类型仍为 text/html。

2. 文档类型声明

HTML5 中的 DOCIYPE 声明方法（不区分大小写）如下。

```
<!DOCTYPE html>
```

3. 字符编码

在 HTML5 中，使用<meta>元素直接追加 charset 属性的方式来指定字符编码，代码如下：

```
<meta charset="UTF-8"/>
```

4. 不区分英文字母的大小写

HTML5 不区分英文字母的大小写，如果要兼容 XHTML，建议采用小写英文字母。

5. 代码的注释

HTML5 代码注释采用<!-- … -->标签，例如：

```
<!--这是一段注释。注释不会在浏览器中显示。-->
<h1>这是标题1。</h1>
```

6. 版本兼容性

（1）省略标签的元素

在 HTML5 中，元素的标签可以省略。具体包括 3 种类型：不允许写结束标签、可以省略结束标签、开始与结束标签都可以省略。

1）不允许写结束标签的元素有：area、base、br、col、command、embed、hr、img、input、keygen、link、meta、param、source、track 和 wbr。

2）可以省略结束标签的元素有：li、dt、dd、p、rt、rp、optgroup、option、colgroup、thead、tbody、tfoot、tr、td 和 th。

3）开始与结束标签都可以省略的元素有：html、head、body、colgroup 和 tbody。

（2）省略引号

属性值两边既可以使用双引号，也可以使用单引号，还可以省略引号。例如，以下 3 行代码都是合法的：

```
<input type="submit" value="登录" />
<input type='submit' value="登录" />
<input type=submit value="登录" />
```

为了代码的完整性，建议采用严谨的代码编写模式，这样更有利于团队合作及后期代码的维护。

（3）布尔值的属性

对于具有 boolean 值的属性，如 disabled 与 readonly 等，当只写属性而不指定属性值时，表示属性值为 true；如果想要将属性值设置为 false，可以不使用该属性。另外，要想将属性值设定为 true，也可以将属性名设置为属性值，或将空字符设定为属性值。例如：

```
<!--不写属性，代表属性为false-->
```

```
<input type="checkbox"/>
<!--只写属性,不写属性值,代表属性为true-->
<input type="checkbox" checked/>
<!--属性值=属性名,代表属性为true-->
<input type="checkbox" checked="checked"/>
<!--属性值=空字符串,代表属性为true-->
<input type="checkbox" checked=""/>
```

在 HTML5 中,可以省略属性值的属性有 checked、readonly、ismap、nohref、noshade、selected、disabled、multiple、noresize、required 等。

3.3 文字与段落标签

3.3.1 标题与段落标签

微课 3-3
标题和段落标签

HTML 网页要结构清晰,就需要有标题和段落。

1. 标题标签

为了使网页更具有语义化,在页面中经常会用到标题标签。HTML 提供了 6 个等级的标题,即<h1>、<h2>、<h3>、<h4>、<h5>和<h6>,<h1>~<h6>重要性递减。

语法: `<hn align= "对齐方式">标题内容</hn>`

该语法中 n 的取值为 1~6,1 级标题字号最大,6 级标题字号最小。align 为可选属性(left 为文本左对齐,center 为文本居中对齐,right 为文本右对齐),用于指定标题的对齐方式。

 注意: 由于<hn>拥有确切的语义,请慎重选择恰当的标签来构建文档结构。一般不用<hn>标签来设置文字加粗或更改文字的大小。

2. 段落标签

为了排列整齐、清晰,在文字段落之间常用<p>…</p>来做标签。<p>表示文件段落的开始,由</p>来表示段落的结束,</p>是可以省略的,因为下一个<p>的开始就意味着上一个<p>的结束。

语法: `<p align= "对齐方式">段落文本</p>`

其中,align 属性为<p>标签的可选属性,与标题标签<h1>~<h6>一样,同样可以使用 align 属性来设置段落文本的对齐方式。

3. 水平分隔线标签

<hr/>标签是水平分隔线标签,用于段落与段落之间的分隔,使文档结构清晰明了,使文字的编排更整齐。

语法: `<hr 属性="属性值"/>`

<hr/>标签是单标签,通过设置<hr />标签的属性值,可以控制水平分隔线的样式。常用属性说明如表 3-1 所示。

表 3-1 <hr/>标签的属性

属性	参数	功能	单位	默认值
size		设置水平分隔线的粗细	pixel（像素）	2
align	left、center、right	设置水平分隔线的对齐方式		center
width		设置水平分隔线的宽度	pixel（像素）、%	100%
color		设置水平分隔线的颜色		black
noshade		设置水平分隔线的 3D 阴影		

4．换行标签

在 HTML 中，一个段落的文字会从左到右依次排列，直至浏览器窗口的右端，然后自动换行。如果希望某段文本强制换行显示，就需要使用换行标签，即
。

【例 3-1】 标题与段落标签的使用，代码如下：

```
<meta charset="UTF-8"/>
<body>
    <h2 align="center">竹石</h2>
    <h4 align="center">清·郑燮</h4>
    <hr width=100% size="1" align="left" color="#ff0000">
    <p align="center">
        咬定青山不放松，立根原在破岩中。<br />
        千磨万击还坚劲，任尔东西南北风。
    </p>
    <hr width=100% size="1" align="right" color="#ff0000">
</body>
```

运行后，页面效果如图 3-2 所示。

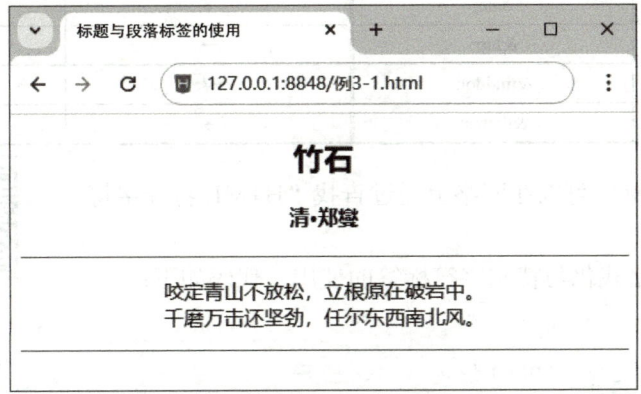

图 3-2 标题与段落标签的使用效果

3.3.2 文本的格式化标签

HTML 网页中，为了让文字富有表现力或着重强调某一部分，如为文字设置粗体、斜体或下画线效果，HTML 准备了专门的文本格式化标签，常用的标签如表 3-2 所示。

表 3-2 常用文本格式化标签

属性	说明	示例
`<b>…</b>`	粗体	**HTML 文本示例**
`<strong>…</strong>`	表示强调，一般为粗体	**HTML 文本示例**
`<i>…</i>`	斜体	*HTML 文本示例*
`<em>…</em>`	表示强调，一般为斜体	*HTML 文本示例*
`<del>…</del>`	删除线	~~HTML 文本示例~~
`<ins>…</ins>`	下画线	<u>HTML 文本示例</u>
`<sup>…</sup>`	上标	x^3+y^3
`<sub>…</sub>`	下标	H_2O

3.3.3 特殊字符标签

在 HTML 中，有些字符无法直接显示出来，如"©"。使用特殊字符可以将键盘上没有的字符表达出来。另外，有些 HTML 文档的特殊字符（如"<"等）虽然在键盘上可以得到，但在浏览器解析包含这些特殊字符的 HTML 文档时会报错，为防止代码混淆，必须用一些代码来表示它们，HTML 常见特殊字符标签如表 3-3 所示。

表 3-3 HTML 常见特殊字符标签

特殊字符	字符代码	特殊字符	字符代码
空格	` `	"	`&quot;`
<	`&lt;`	©	`&copy;`
>	`&gt;`	®	`&reg;`
&	`&amp;`	×	`&times;`
≠	`&ne;`	¥	`&yen;`
←	`&larr;`	→	`&rarr;`
·	`&middot;`	√	`&radic;`
♦	`&diams;`	♠	`&spades;`

其他特殊字符的标签可以在网络上通过查找"HTML 特殊字符表"来找到。

微课 3-4
文本的格式化与特殊字符标签

【例 3-2】 文本格式化与特殊字符标签的使用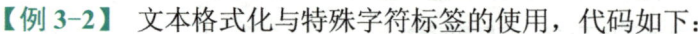，代码如下：

```
<body>
    <h3 align="center">
        &lt;  文本格式化与特殊字符标签的使用  &gt;
    </h3>
    <p>
        <i>
            <ins>双氧水（过氧化氢）的化学式：</ins> 
        </i>
        H<sub>2</sub>O<sub>2</sub><br>
    </p>
```

```
        <p>
            <b>
                <ins>立方差公式：</ins> 
            </b>
            a<sup>3</sup>-b<sup>3</sup>=(a-b)(a<sup>2</sup>+ab+b<sup>2</sup>)
        </p>
    </body>
```

运行后，页面效果如图 3-3 所示。

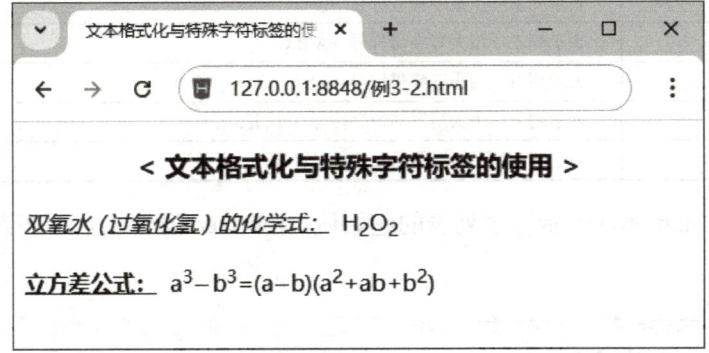

图 3-3　文本格式化与特殊字符标签的使用效果

3.4　列表标签

3.4.1　无序列表

<ul> 标签定义无序列表，无序列表指没有进行编号的列表，每一个无序列表项前使用<li>，<li>的 type 属性决定列表的图标类型，其属性如表 3-4 所示。

表 3-4　无序列表的 type 属性

type 类型	描述
type=disc	表示列表图标为实心圆，此选项为默认值
type=circle	表示列表图标为空心圆
type=square	表示列表图标为小方块

语法：

```
<ul type=type 类型>
    <li>第一项</li>
    <li>第二项</li>
    <li>第三项</li>
</ul>
```

3.4.2 有序列表

有序列表和无序列表的使用格式基本相同，有序列表使用标签<ol>…</ol>，每一个有序列表项前使用<li>。有序列表的结果是带有顺序编号。如果插入和删除一个列表项，编号会自动调整。有序列表的 type 属性如表 3-5 所示。

表 3-5 有序列表的 type 属性

type 属性	描述
type=1	表示列表项用数字标号（1,2,3,…）
type=A	表示列表项用大写字母标号（A,B,C,…）
type=a	表示列表项用小写字母标号（a,b,c,…）
type=I	表示列表项用大写罗马数字标号（Ⅰ,Ⅱ,Ⅲ,…）
type=i	表示列表项用小写罗马数字标号（i,ii,iii,…）

此外，还使用 start 属性表示有序列表的起始值，reversed 属性表示顺序为降序。

语法：

```
<ol type=type 类型 start=value >
    <li>项目内容 1</li>
    <li>项目内容 2</li>
    <li>项目内容 3</li>
</ol>
```

3.4.3 嵌套列表

嵌套列表能将制作的网页页面分割为多个层次，如图书的目录，给人一种强烈的层次感。有序列表和无序列表不仅能自身嵌套，而且能互相嵌套。

【例 3-3】 嵌套列表的使用，代码如下：

```
<meta charset="UTF-8"/>
<body>
    <h3 align="center">中华传统文化百部经典</h3>
    <ul type="square">
        <li>第一批
            <ol type="A" start="2">
                <li>《周易》</li>
                <li>《尚书》</li>
                <li>《诗经》</li>
                <li>《论语》</li>
                <li>……</li>
            </ol>
        </li>
        <li>第二批
            <ol type="1" start="2">
                <li>《吕氏春秋》</li>
                <li>《墨子》</li>
```

```
                <li>……</li>
            </li>
        </ol>
        <li>第三批</li>
    </ul>
</body>
```

运行后，页面效果如图 3-4 所示。

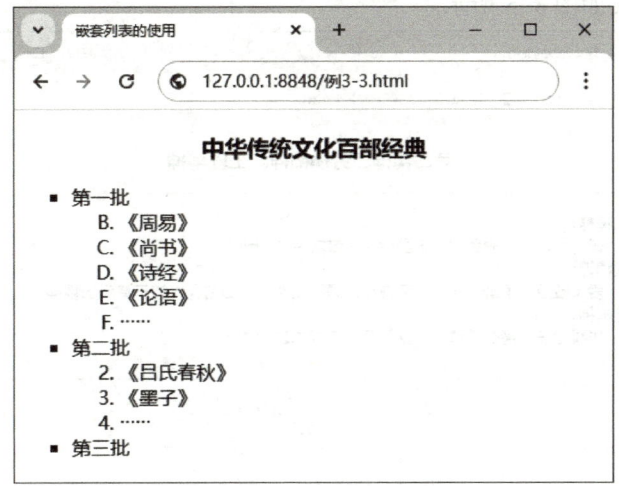

图 3-4 嵌套列表的使用效果

3.4.4 定义列表

使用<dl> 标签定义了定义列表（Definition List），定义列表多用于对术语或名词的描述，同时，定义列表项前面无任何项目符号。

<dl> 标签用于结合 <dt>（定义列表中的项目）和 <dd>（描述列表中的项目）。

语法：

```
<dl>
    <dt>第 1 项</dt><dd>注释 1</dd>
    <dt>第 2 项</dt><dd>注释 2</dd>
    <dt>第 3 项</dt><dd>注释 3</dd>
</dl>
```

【例 3-4】 定义列表的使用，代码如下：

```
<meta charset="UTF-8"/>
<body>
    <h3 align="center">劳动精神、劳模精神、工匠精神</h3>
    <hr color="#ff0000" size="1" />
    <dl>
        <dt><b>劳动精神：</b></dt>
        <dd>崇尚劳动、热爱劳动、辛勤劳动、诚实劳动的精神。</dd>
        <dt><b>劳模精神：</b></dt>
```

```
            <dd>
                爱岗敬业、争创一流、艰苦奋斗、勇于创新、淡泊名利、甘于奉献的精神。
            </dd>
            <dt><b>工匠精神：</b></dt>
            <dd>执着专注、精益求精、一丝不苟、追求卓越的精神。</dd>
        </dl>
    </body>
```

运行后，页面效果如图 3-5 所示。

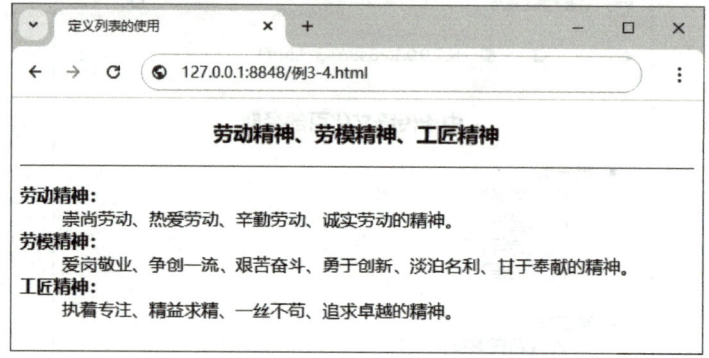

图 3-5　定义列表的使用效果

3.5　图像标签

图像在网页制作中能增强网站的信息传递效果，使用户更加直观地了解企业的产品、服务和文化。在 HTML 中，使用<img>标签来处理和显示图像。

语法： `<img src= "图像URL" />`

其中，src 是 source 的缩写，这里是源文件的意思。src 属性用于指定图像文件的路径和文件名，它是<img>标签的必需属性。

如果要对插入的图像进行修饰，仅用这一个属性是不够的，还要配合其他属性来完成，<img>标签属性如表 3-6 所示。

表 3-6　<img>标签属性

属性	描述
src	图像的 URL 路径
title	鼠标悬停时显示的内容
alt	提示文字
width	图像的宽度，通常只设为图像的真实大小，以免失真
height	图像的高度，通常只设为图像的真实大小，以免失真
align	图像和文字之间的对齐方式，可以是 top、middle、bottom、left、right
border	边框宽度
hspace	水平间距，设置图像左侧和右侧的空白
vspace	垂直间距，设置图像顶部和底部的空白

注：属性 align、border、hspace、vspace 在 HTML4.01 中已废弃，HTML5 不支持。

【例 3-5】 图像标签的使用，代码如下：

```
<meta charset="UTF-8"/>
<body>
    <h2>《妇好鸮尊》</h2>
    <h5>所处时代：商代晚期；出土时间：1976 年。</h5>
    <hr size="1" />
    <img src="images/zun.png" width="200" border="1" align="left" vspace="10" hspace="20" alt="妇好鸮尊" title="妇好鸮尊" />
    <p>"妇好"鸮（xiāo）尊，出土于河南安阳殷墟小屯宫殿宗庙遗址西南侧妇好墓，是目前中国发现最早的一件鸟形铜酒器，商代晚期文物。高 46.3 厘米，重 16 千克，1976 年出土于殷墟妇好墓，因内壁有铭文"妇好"二字得名。</p>
    <p>鸮尊，小耳高冠，圆眼宽喙，双翅并拢，粗壮的双足与下垂的宽尾构成三点支撑，使器物显得挺拔矫健，气宇轩昂。</p>
    <p>2018 年，央视推出大型文化节目《国家宝藏》，妇好鸮尊作为中国上古文明的代表成为第一季"嘉宾"，古老厚重的历史文物被赋予新的魅力。</p>
</body>
```

运行后，页面效果如图 3-6 所示。

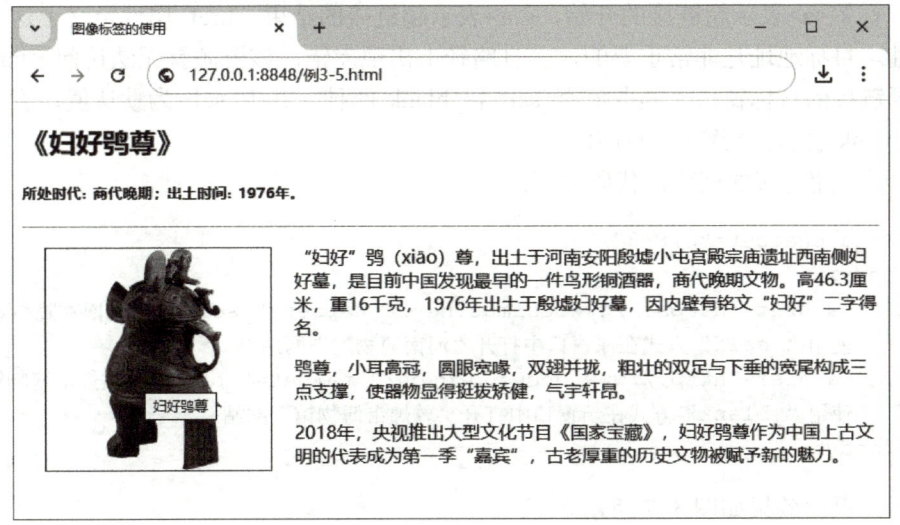

图 3-6　图像标签的使用效果

其中，alt 属性主要用于帮助看不到图像的用户了解图像内容。title 属性用于设置鼠标悬停时图像的提示文字，当鼠标悬停于图片上方时，图像上的文本为"妇好鸮尊"。图像的 width 和 height 属性用来设置<img>标签的宽度和高度，如果不设置这两个属性，图像就会按照它的原始尺寸显示，如果同时设置两个属性，但其比例和原图大小的比例不一致，显示的图像就会变形或失真。border 属性用于为图像添加边框，默认情况下图像是没有边框的，当为 border 属性设置数值时，就会显示图片的边框，但边框颜色的调整仅通过 HTML 属性无法实现，而是需要 CSS 代码来实现。可以通过 vspace 和 hspace 属性分别调整图像的垂直边距和水平边距。在例 3-5 中图像和文字的环绕效果为图像居左、文字环绕，所以设置 align 属性为"left"。

3.6 超链接标签

3.6.1 认识与创建超链接

1. 认识超链接

超链接是网页页面中最重要的元素之一。一个网站是由多个页面组成的，页面之间依据链接确定相互的导航关系。链接能使浏览者从一个页面跳转到另一个页面，实现文档互联、网站互联。

超文本链接通常简称为超链接或链接，它是指文档中的文字或图像与另一个文档、文档的一部分或另一幅图像建立起的连接，是 HTML 中最强大、最有价值的功能之一。

2. 创建超链接

超级链接主要通过<a>和</a>标签环绕链接对象来创建。

语法： `<a href="资源地址" target="窗口名称" title="链接提示文字">链接对象</a>`

其中，标签<a>表示超链接的开始，</a>表示超链接的结束。href 属性定义了这个链接所指的目标地址。目标地址是非常重要的，一旦路径上出现差错，该资源就无法访问。target 属性用于指定打开链接的目标窗口，其取值有_self 和_blank 两种，其中_self 为默认值，表示在原窗口中打开，_blank 表示在新窗口中打开。

【例 3-6】超链接的创建，代码如下：

```
<meta charset="UTF-8"/>
<body>
    <a href="https://www.chnmus.net/" target="_self">河南博物院</a>
    使用"_self"方式在原窗口中打开"河南博物院"网站<br>
    <a href="http://www.dhbwg.org.cn/" target="_blank">敦煌市博物馆</a>
    使用"_blank"方式在新窗口中打开"敦煌市博物馆"网站
</body>
```

运行后，页面效果如图 3-7 所示。

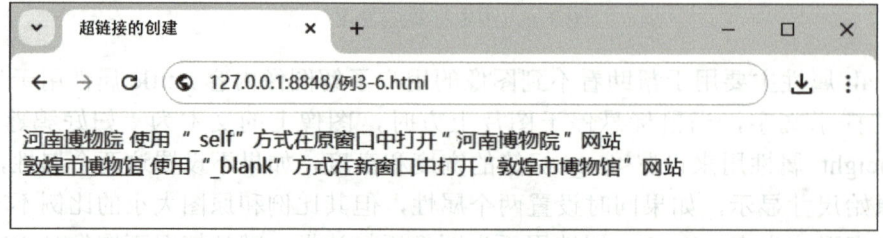

图 3-7 超链接的创建效果

例 3-6 创建了两个超链接，通过 href 属性将链接目标分别设置为"河南博物院"和"敦煌市博物馆"。同时，第一个链接页面在原窗口打开对应的河南博物院网站，而第二个链接页面在新窗口打开敦煌市博物馆网站。运行结果分别如图 3-8 和图 3-9 所示。

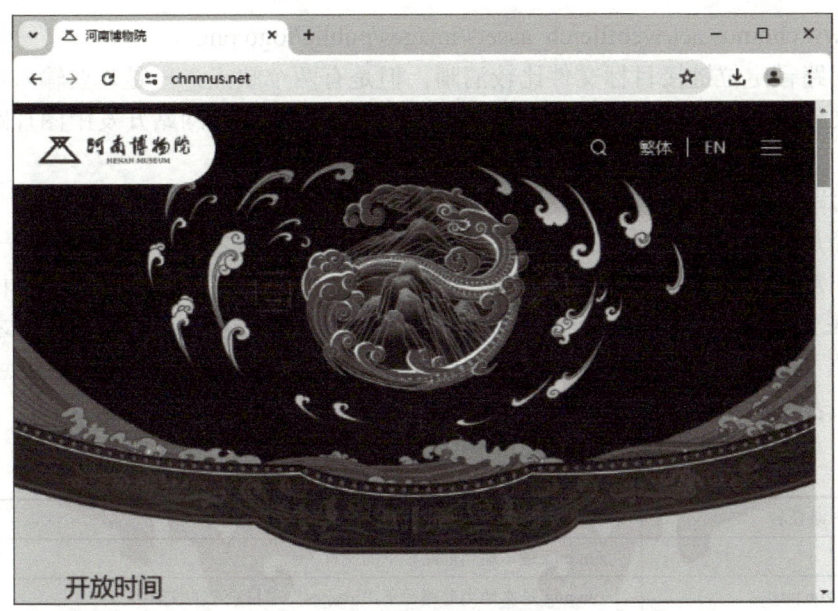

图 3-8　链接在原窗口中打开

图 3-9　链接在新窗口中打开

3．超链接中的绝对路径和相对路径

（1）绝对路径

绝对路径就是网页上的文件或目录在硬盘上的真正路径。

例如：例 3-5 中的图片地址"D:\素材与源代码\任务 3\images\zun.png"就是图片在计算机上的绝对路径。

此外，图片在网络上也有一个对应的绝对路径，例如，河南博物院的 Logo 图片网络地址为"https://www.chnmus.net/webfile/ch_assets/images/public/logo.png"。

使用绝对路径定位链接目标文件比较清晰，但是有两个缺点：一是需要输入更多的内容，二是如果该文件被移动了，就需要重新设置所有的相关链接。在网站开发中图片路径一般不使用绝对路径。

（2）相对路径

相对路径是适合网站的内部链接。只要文件属于同一网站之下，即使不在同一个目录下，相对路径也非常适用。文件相对地址是书写内部链接的理想形式。在站点文件夹内，相对地址可以自由地在文件之间构建链接。这种地址形式利用的是构建链接的两个文件之间的相对关系，不受站点文件夹所处服务器位置的影响，因此这种书写形式省略了绝对地址中的相同部分。其用法如表 3-7 所示。

表 3-7 相对路径的用法

相对路径名	含义
href="zun.png"	zun.png 是本地当前路径下的文件
href=" images / zun.png"	zun.png 是本地当前路径下"images"子目录下的文件
href="../zun.png"	zun.png 是本地当前目录的上一级目录下的文件
href="../../zun.png"	zun.png 是本地当前目录的上两级目录下的文件

如果链接到同一目录下，则只需要输入要链接文件的名称。

要链接到下级目录中的文件，只需先输入目录名，然后加"/"符号，再输入文件名。

要链接到上一级目录中的文件，则先输入"../"，再输入文件名。

3.6.2 锚点链接

在浏览页面的时候，如果页面的内容较多，页面过长，就需要不断地拖动滚动条，很不方便。如果要寻找特定的内容，就更加不方便了。这时如果能在该网页或另外一个页面上建立目录，浏览者只要单击目录上的项目就能自动跳到网页相应的位置进行阅读。锚点链接就可以实现这一功能。

锚点可以与链接的文字在同一个页面，也可以在不同的页面。但要实现网页内部的锚点链接，都需要先建立锚点。通过锚点才能对页面的内容进行引导和跳转。创建锚点链接分为两步：先定义锚点，再通过 ID 标注跳转到锚点目标的位置。

锚点的定义语法：`<a name="锚点名称">文字</a>`

或：`<a id="锚点名称">文字</a>`

在该语法中，锚点名称就是对后面跳转所创建的书签，文字则是设置链接后跳转的位置。

锚点链接的语法：`<a href="#书签的名称">链接的文字</a>`

在该语法中，书签的名称就是刚才定义的锚点名称，也就是 name 或 id 的赋值。而#则代表这个书签的链接地址。

【例 3-7】 锚点链接的使用，代码如下：

```
<meta charset="UTF-8"/>
<body>
    <h3 align="center">河南博物院镇院之宝</h3>
```

```html
        <hr size="1" color="#ff0000"/>
        <p>
            藏品 1：<a href="#one">莲鹤方壶</a>
        </p>
        <p>
            藏品 2：<a href="#two">杜岭方鼎</a>
        </p>
        <hr size="1" color="#ff0000"/>
        <h3 align="center">
            <a name="one">莲鹤方壶</a>
        </h3>
        <p>所处时代：春秋时期；</p>
        <p>出土时间：1923 年；</p>
        <p>器物规格：通高 117 厘米，口长 30.5 厘米，口宽 24.9 厘米；</p>
        <p>出土地点：河南省新郑李家楼郑公大墓出土。</p>
        <img src="images/lhfh.jpg" alt="莲鹤方壶" title="莲鹤方壶"/>
        <p>
莲鹤方壶的壶身为椭方形，颈部两侧装饰了两条回首观望的龙形怪兽构成双耳，腹部四周四条翼龙仿佛正在缓缓向上爬行，底部两只张口吐舌、侧首回望的卷尾兽，似乎正在倾其全力承托器身。最精彩的还是上层盖顶怒放的双层莲瓣，中央伫立一只引颈欲鸣、展翅欲飞的仙鹤，被郭沫若先生誉为"时代精神之象征"。
        </p>
        <hr size="1" color="#ff0000"/>
        <h4 align="center">
            <a id="two">杜岭方鼎</a>
        </h4>
        <p>所处时代：商代早期；</p>
        <p>出土时间：1974 年；</p>
        <p>器物规格：通高 87 厘米，口长宽 61 厘米，耳高 17 厘米，足高 25.5 厘米，重约 64.25 千克；</p>
        <p>出土地点：河南郑州张寨南街。</p>
        <img src="images/dlfd.jpg" alt="杜岭方鼎" title="杜岭方鼎"/>
        <p>
杜岭方鼎腹部呈斗形，口沿上有两个对称的圆拱形竖耳，如同锅的两个提手，暗示了器物本身的实用性。承托器身的四根鼎足粗壮浑厚，为上粗下细的圆柱形。此器形体硕大，铸工精细，采用多范分铸而成。通过观察，铸型共用范、芯 20 多块，说明当时已经具备了较为高超的冶铸水平。
        </p>
        <p>
历商至周，都把定都或建立王朝称为"定鼎"，国灭族亡则鼎迁。在郑州地区出土如此大型的青铜方鼎，也是商王朝在此建都的有力佐证。
        </p>
    </body>
```

例 3-7 中，定义了 2 个锚点（锚点 one 使用 name 属性定义，锚点 two 使用 id 属性定义），同时定义了 2 个文本链接，分别链接到锚点 one 和锚点 two，运行例 3-7 代码，页面效果如图 3-10 所示。

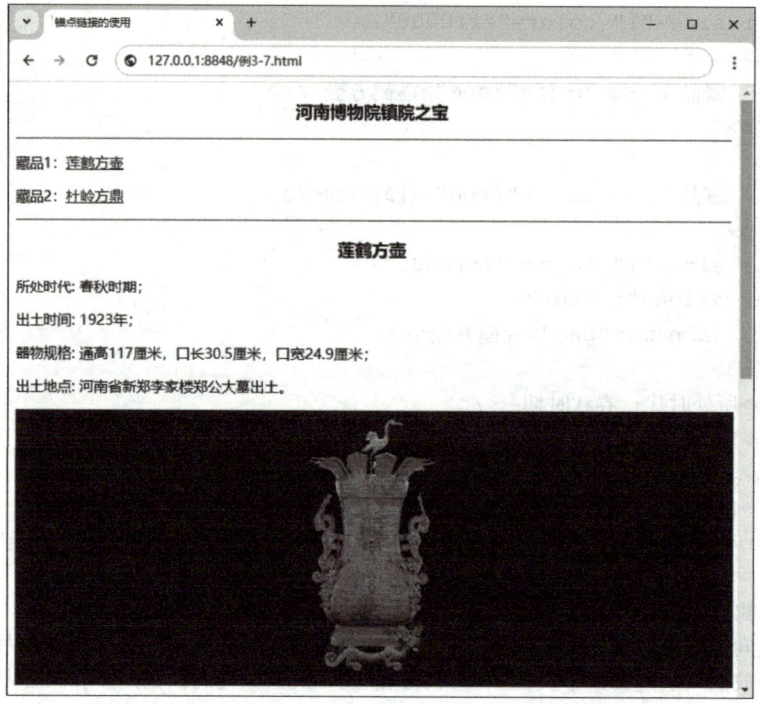

图 3-10　创建锚点链接

在页面中单击其中的一个文本链接，页面将会跳转到该链接的书签所在位置。例如，单击"杜岭方鼎"，页面跳转效果如图 3-11 所示。单击"杜岭方鼎"超链接后，地址栏中的地址信息由"例 3-7.html"变为了"例 3-7.html#two"。

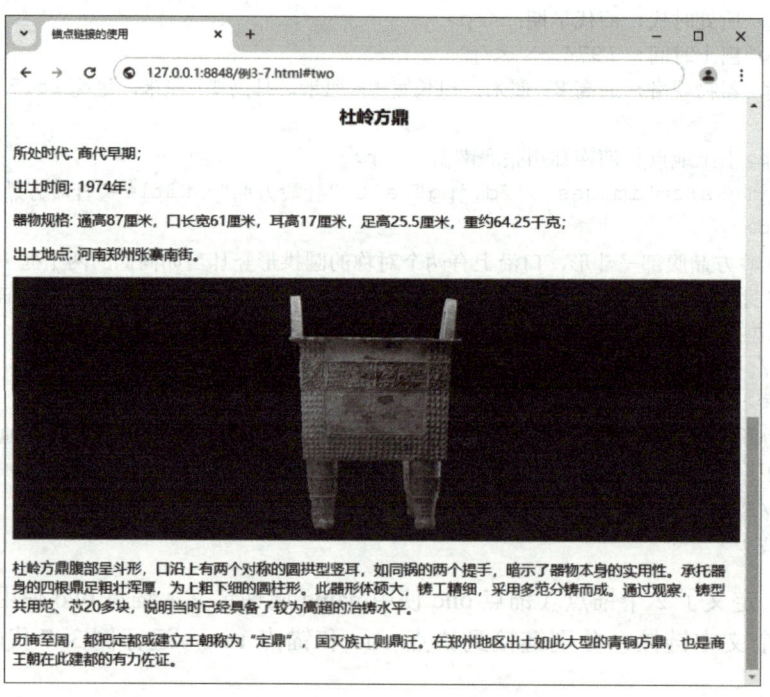

图 3-11　通过锚点定位到相应位置

3.6.3 图像热区链接

除了对整个图像进行超链接的设置外,还可以将图像划分成不同的区域进行超链接设置。而包含热区的图像也可以称为图像热区链接。

图像热区链接的定义与使用方法如下。

首先需要在图像文件中设置图像热区链接的图像名,在图像中使用 usemap 属性添加图像要引用的图像热区的名称:

```
<img src="图像地址" usemap="图像热区名称">
```

然后需要定义图像热区及热区的链接属性:

```
<map name="图像热区名称">
    <area shape="热区形状" coords="热区坐标" href="链接地址">
</map>
```

在该语法中要先定义图像热区的名称,然后再引用这个图像热区。在<area>标签中定义了热区的位置和链接,其中 shape 属性用来定义热区形状,可以取值为 rect(矩形区域)、circle(圆形区域)及 poly(多边形区域);coords 属性则用来设置热区坐标,对于不同形状,coords 设置的方式也不同。

对于 rect(矩形区域)来说,coords 包含 4 个参数,分别为 left、top、right 和 bottom 的坐标,也可以将这 4 个参数看作矩形两个对角的点坐标;对于 circle(圆形区域)来说,coords 包含 3 个参数,分别为 center-x、center-y 和 radius,也可以看作圆形的圆心坐标 (x,y) 与半径的值;对 poly(多边形区域)设置坐标参数比较复杂,与多边形的形状息息相关。coords 参数需要按照顺序(可以是逆时针,也可以是顺时针)取各个点的 x、y 坐标值。

由于定义坐标比较复杂且难以控制,一般情况下可以使用可视化软件进行这种参数的设置。

【例 3-8】 图像热区链接的使用,代码如下。

```
<meta charset="UTF-8"/>
<body>
    <h2 align="center">你最想到西游乐园的哪个点位去玩?</h2>
    <p align="center">依据你的兴趣,请单击平面图上的场馆区域。</p>
    <p align="center">
        <img src="images/map.png" border="0" usemap="#westparkmap" />
        <map name="westparkmap">
            <area shape="rect" coords="764,242,940,324" href="images/1.jpg" title="大闹天宫">
            <area shape="rect" coords="580,185,755,265" href="images/2.jpg" title="真假美猴王">
            <area shape="rect" coords="580,90,750,175" href="images/3.jpg" title="佛法无边">
```

```html
                <area shape="circle" coords="305,100,75" href="images/4.jpg" title="火焰山的怒火">
                <area shape="circle" coords="135,195,75" href="images/5.jpg" title="三打白骨精">
                <area shape="poly" coords="240,200,230,275,300,320,400,275,380,190" href="images/6.jpg" title="袖里乾坤">
            </map>
        </p>
    </body>
```

例 3-8 中，定义了矩形、圆形和多边形 3 种热区，参考示意图如图 3-12 所示。

图 3-12　图像热区链接示意图

其中，<img>标签中的 usemap 属性定义为"#westparkmap"，需要与<map>标签中的 name 属性一致，即 name=" westparkmap "。

<area>标签中定义的热点主要分为矩形、圆形、多边形 3 种形状。例 3-8 中，"点位 1：大闹天宫"使用了矩形，通过左上角坐标（764,242）与右下角坐标（940,324）来实现；"点位 2：真假美猴王"使用了矩形，通过左上角坐标（580,185)与右下角坐标（755,265）来实现；"点位 3：佛法无边"使用了矩形，通过左上角坐标（580,90）与右下角坐标（750,175）来实现；"点位 4：火焰山的怒火"使用了圆形，圆心为（305,100），半径为 75 像素；"点位 5：三打白骨精"使用了圆形，圆心为（135,195），半径为 75 像素；"点位 6：袖里乾坤"使用了多边形，共 5 个点，具体为（240,200）、（230,275）、（300,320）、（400,275）、（380,190）。

页面效果如图 3-13 所示，当鼠标悬停于图 3-12 中"点位 1：大闹天宫"的热区上方时能触发超链接，进入相应的链接页面，如图 3-14 所示。

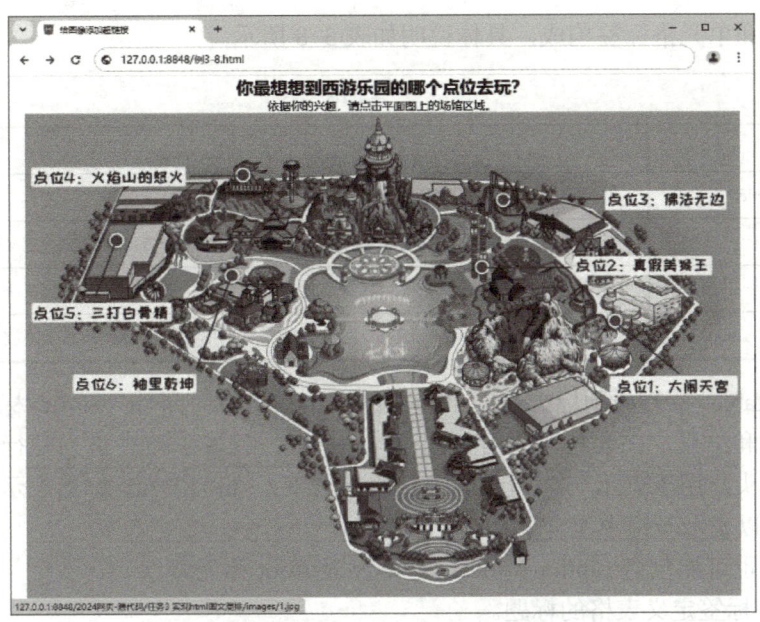

图 3-13 图像热区链接预览

图 3-14 触发热区的预览效果

3.7 表格标签

1. 表格的构成与属性

HTML 表格通过<table>标签来定义。表格主要由表格标签、行

微课 3-8
表格标签

标签、表头标签和单元格标签构成，具体说明如表 3-8 所示。

表 3-8 表格标签

标签	描述
<table>…</table>	用于定义一个表格的开始和结束
<tr>…</tr>	定义表格的一行，一组行标签内可以建立多组由<td>或<th>标签所定义的单元格
<th>…</th>	定义表格的表头，一组<th>标签将建立一个表头，<th>标签必须放在<tr>标签内
<td>…</td>	定义表格的单元格，一组<td>标签将建立一个单元格，<td>标签必须放在<tr>标签内

<table>和</table>标签分别标志着一个表格的开始和结束；而<tr>和</tr>标签则分别表示表格中一行的开始和结束，在表格中包含几组<tr>…</tr>，就表示该表格为几行；<th>和</th>标签表示表格的表头，用于表示一个单元格的起始和结束；<td>和</td>标签表示一个单元格的起始和结束，也可以表示一行中包含了几列。

HTML 表格也可能包括 caption、thead、tbody 及 tfoot 等元素。
- <caption>标签定义表格的标题。
- <thead>标签定义表格的表头。该标签用于组合 HTML 表格的表头内容。<thead>元素应该与<tbody>和<tfoot>元素结合起来使用。
- <tbody>标签用于对 HTML 表格中的主体内容进行分组。
- <tfoot>标签用于对 HTML 表格中的表注（页脚）内容进行分组。

<table>标签有很多属性，常用的属性如表 3-9 所示。

表 3-9 <table>标签的常用属性

属性	描述
width/height	表格的宽度（高度），值可以是数字或百分比，数字表示表格宽度（高度）所占的像素点数，百分比是表格的宽度（高度）占浏览器宽度（高度）的百分比
align	表格相对周围元素的对齐方式
background	表格的背景图片
bgcolor	表格的背景颜色，不推荐使用，后期可以通过样式控制背景颜色
border	表格边框的宽度（以像素为单位）
bordercolor	表格边框颜色
cellspacing	单元格之间的距离
cellpadding	单元格内容与单元格边界之间的空白大小

【例 3-9】 表格的使用，代码如下：

```
<meta charset="UTF-8"/>
<table width="800" border="2" align="center" cellpadding="5" cellspacing="3">
    <caption>2022 北京冬奥会中国队金牌榜</caption>
    <thead>
        <tr>
            <th>日期</th>
```

```html
                <th>项目</th>
                <th>获奖者</th>
            </tr>
        </thead>
        <tbody>
            <tr>
                <td>2022/2/19</td>
                <td>花样滑冰，双人滑</td>
                <td>隋文静/韩聪</td>
            </tr>
            <tr>
                <td>2022/2/16</td>
                <td>自由式滑雪，男子空中技巧</td>
                <td>齐广璞</td>
            </tr>
            <tr>
                <td>2022/2/14</td>
                <td>自由式滑雪，女子空中技巧</td>
                <td>徐梦桃</td>
            </tr>
            <tr>
                <td>……</td>
                <td>……</td>
                <td>……</td>
            </tr>
        </tbody>
</table>
```

运行后，页面效果如图 3-15 所示。

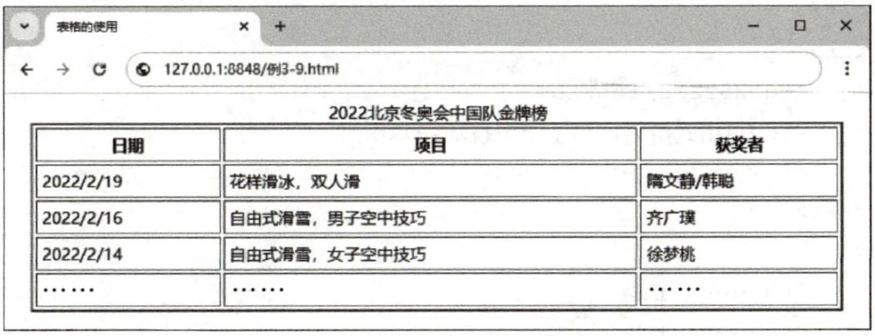

图 3-15 表格的页面效果

2．单元格的设置

<td>是插入单元格的标签，<td>标签必须嵌套在<tr>标签内，需要成对出现。单元格标签<td>就是该单元格中的具体数据内容，其属性设定如表 3-10 所示。

表 3-10 <td>标签的属性

属性	描述	属性	描述
width/height	单元格的宽和高，接受绝对值（如 80）及相对值（80%），不推荐使用，后期可以通过样式控制	align	单元格内容的水平对齐方式，可选值为 left、center、right 等
colspan	规定单元格可横跨的列数	valign	单元格内容的垂直对齐方式，可选值为 top、middle、bottom 等
rowspan	规定单元格可横跨的行数	bgcolor	单元格的背景颜色

【例 3-10】 跨行或跨列单元格的使用，代码如下：

```
<table width="800" border="2" align="center" cellpadding="5" cellspacing="3">
    <tr>
        <td colspan="4" align="center" bgcolor="#faddb7">
            2022 北京冬奥会中国队奖牌信息
        </td>
    </tr>
    <tr>
        <td rowspan="4" align="center">
            <img src="images/1.png" align="center" /> 金牌
        </td>
        <td>日期</td>
        <td>项目</td>
        <td>获奖者</td>
    </tr>
    <tr>
        <td>2022/2/19</td>
        <td>花样滑冰，双人滑</td>
        <td>隋文静/韩聪</td>
    </tr>
    <tr>
        <td>2022/2/16</td>
        <td>自由式滑雪，男子空中技巧</td>
        <td>齐广璞</td>
    </tr>
    <tr>
        <td>……</td>
        <td>……</td>
        <td>……</td>
    </tr>
</table>
```

运行后，页面效果如图 3-16 所示。

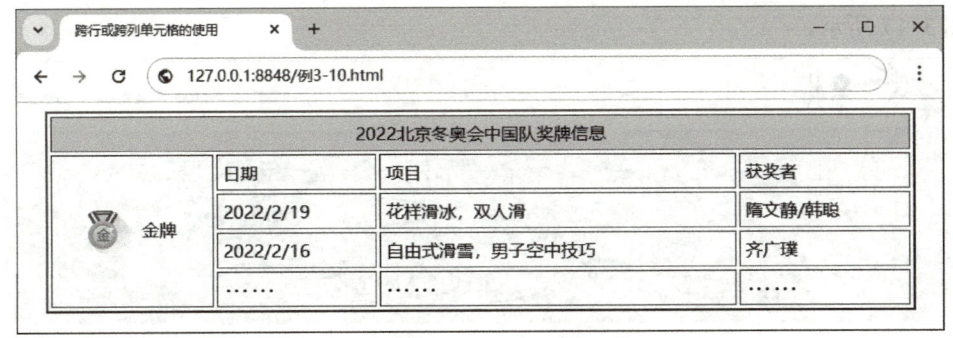

图 3-16 跨行或跨列的单元格的使用效果

3.8 HTML 的块级元素与内联元素

大多数 HTML 元素被分类为块级元素或内联元素。块级元素在浏览器显示时，通常会换行，如<h1>元素、<p>元素、<ul>元素、<table>元素、<div>元素等。内联元素在显示时通常不会换行，而是能与其他元素显示在同行，或者根据实际情况自然换行，如<b>元素、<td>元素、<a>元素、<img>元素、<span>元素等。

微课 3-9
HTML的块级元素与内联元素

下面分别介绍常用的<div>块级元素和<span>内联元素。

1. <div>元素

在 HTML 中，<div>元素是一种块级元素，它可用作其他 HTML 元素的容器。

<div> 元素没有特定的含义。除此之外，由于它属于块级元素，浏览器会在其前后进行换行显示。当与 CSS 一同使用时，<div>元素可用于为大的内容块设置样式属性。

<div> 元素的另一个常见用途是文档布局。它取代了使用表格标签定义布局的老式方法。需要注意的是，使用<table>元素进行文档布局不是表格的正确用法，其作用是显示表格化的数据。

2. <span> 元素

在 HTML 中，<span>元素是一种内联元素，可用作文本的容器。<span>元素也没有特定的含义。当与 CSS 一同使用时，<span>元素可用于为部分文本设置样式属性。

【任务实施】

3.9 使用 HTML 标签构建历代优秀墨竹作品学习页面

3.9.1 页面效果展示

依据历代优秀墨竹作品学习页面的效果图，综合所学的 HTML 标签基础知识，制作页面，效果如图 3-17 所示。

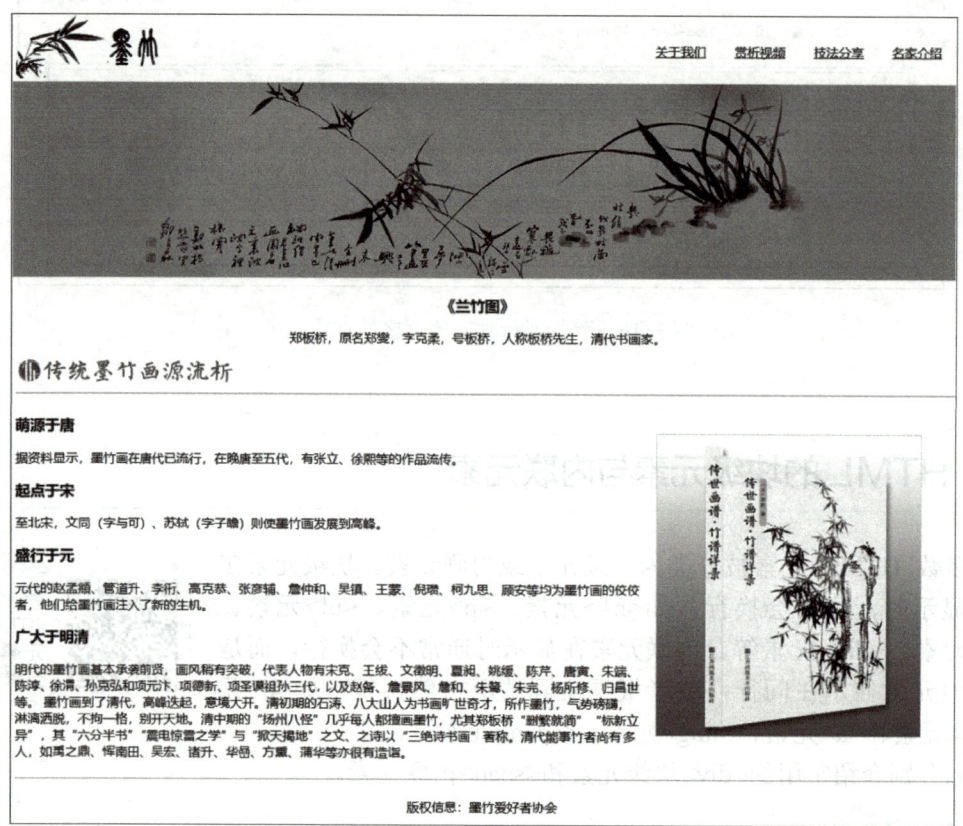

图 3-17　页面效果

3.9.2　页面实现分析

通过分析图 3-17 的效果图，网页的 HTML 结构如图 3-18 所示。

网站 Logo (<img>)			导航 (<a>)	导航 (<a>)	导航 (<a>)	导航 (<a>)
图片（<img>） 标题（<h3>） 段落文字（<p>）						
图片（<img>）						
4 对标题与段落文字 标题（<h3>） 段落文字（<p>）				图片（<img>）		
版权信息（<p>）						

图 3-18　HTML 结构示意图

该页面可以分成 4 个部分，第 1 部分使用表格分割页面，1 行 5 列；第 2 部分是 1 行 1 列的 1 个单元格，单元格内部放置 1 张图片，并添加另外两个块元素（<h3>和<p>）；第 3 部分是 2 行 2 列，共 4 个单元格，第 1 行的单元格合并水平的两个单元格，内部放置 1 张图片，第 2 行左侧的单元格中放置 4 对<h3>标签和<p>标签，右侧放置 1 张图片；第 4 部分是 1 行 1 列的 1 个单元格，仅放置版权信息。

3.9.3 页面实现过程

1. 编写网站顶部导航条的 HTML 结构代码

根据图 3-18，搭建导航条基本的 HTML 结构代码。编码如下：

```html
<meta charset="UTF-8"/>
<!-- 第一部分：网站导航条开始 -->
<table width="1200" border="0" align="center" cellpadding="0" cellspacing="0">
    <tr>
        <td width="800">
            <img src="images/logo.jpg"/>
        </td>
        <td align="center"><a href="#">关于我们</a></td>
        <td align="center"><a href="#">赏析视频</a></td>
        <td align="center"><a href="#">技法分享</a></td>
        <td align="center"><a href="#">名家介绍</a></td>
    </tr>
</table>
<!-- 第一部分：网站导航条结束 -->
```

2. 编写 banner 区域的 HTML 结构代码

根据图 3-18，搭建 banner 区域基本的 HTML 结构代码。代码如下：

```html
<!-- 第二部分：banner 开始 -->
<table width="1200" border="0" align="center" cellpadding="0" cellspacing="0">
    <tr>
        <td align="center">
            <img src="images/banner.jpg"/>
            <h3>《兰竹图》</h3>
            <p>
            郑板桥，原名郑燮，字克柔，号板桥，人称板桥先生，清代书画家。
            </p>
        </td>
    </tr>
</table>
<!-- 第二部分：banner 结束 -->
```

3. 编写"传统墨竹画源流析"区域的 HTML 结构代码

根据图 3-18，搭建"传统墨竹画源流析"区域基本的 HTML 结构代码。代码如下：

```html
<!-- 第三部分：传统竹墨画源流析   开始-->
<table width="1200" border="0" align="center" cellpadding="0" cellspacing="0">
    <tr>
        <td colspan="2">
            <img src="images/Tile.jpg"/>
            <hr size="1" color="#d9954b"/>
        </td>
    </tr>
    <tr>
        <td width="800">
            <h3>萌源于唐</h3>
            <p>
                据资料显示，墨竹画在唐代已流行，在晚唐至五代，有张立、徐熙等的作品流传。
            </p>
            <h3>起点于宋</h3>
            <p>
                至北宋，文同（字与可）、苏轼（字子瞻）则使墨竹画发展到高峰。
            </p>
            <h3>盛行于元</h3>
            <p>
                元代的赵孟頫、管道升、李衎、高克恭、张彦辅、詹仲和、吴镇、王蒙、倪瓒、柯九思、顾安等均为墨竹画的佼佼者，他们给墨竹画注入了新的生机。
            </p>
            <h3>广大于明清</h3>
            <p>
                明代的墨竹画基本承袭前贤，画风稍有突破，代表人物有宋克、王绂、文徵明、夏昶、姚缓、陈芹、唐寅、朱端、陈淳、徐渭、孙克弘和项元汴、项德新、项圣谟祖孙三代，以及赵备、詹景凤、詹和、朱鹭、朱完、杨所修、归昌世等。
                墨竹画到了清代，高峰迭起，意境大开。清初期的石涛、八大山人为书画旷世奇才，所作墨竹，气势磅礴，淋漓洒脱，不拘一格，别开天地。清中期的"扬州八怪"几乎每人都擅画墨竹，尤其郑板桥"删繁就简""标新立异"，其"六分半书"和"震电惊雷之学"与"掀天揭地"之文、之诗以"三绝诗书画"著称。清代能事竹者尚有多人，如禹之鼎、恽南田、吴宏、诸升、华嵒、方薰、蒲华等亦很有造诣。
            </p>
        </td>
        <td><img src="images/book.jpg"/></td>
    </tr>
    <tr>
        <td colspan="2">
            <hr size="1" color="#d9954b"/>
        </td>
    </tr>
</table>
<!-- 第三部分：传统竹墨画源流析 结束 -->
```

4．编写版权板块的 HTML 结构代码

根据图 3-18，搭建版权板块基本的 HTML 结构代码。代码如下：

```
<!-- 第四部分：版权板块 开始 -->
<div>
    <p align="center">版权信息：墨竹爱好者协会</p>
</div>
<!-- 第四部分：版权板块 结束 -->
```

运行以上代码，页面效果如图 3-17 所示。

【习题与拓展实践】

1. 选择题

1）在 HTML5 中，DOCTYPE 声明正确的是（　　）。
　　A．<!DOCTYPE html>
　　B．<!DOCTYPE HTML5>
　　C．<!DOCTYPE HTML PUBLIC "-//W3C//DTD HTML 5.0//EN" "http://www.w3.org/TR/html5/strict.dtd">
　　D．<-- !DOCTYPE HTML -->

2）在 HTML5 中，（　　）标签用于表示无序列表。
　　A．<ol>　　　　B．<ul>　　　　C．<li>　　　　D．<dd>

3）用于正确表示图像元素的 HTML5 标签是（　　）。
　　A．<movie>　　B．<media>　　C．<video>　　D．<img>

2. 拓展实践

按以下要求制作页面：
首页如图 3-19 所示。当单击页面中的图片时，页面跳转到 page1 页面，如图 3-20 所示。

图 3-19　首页效果

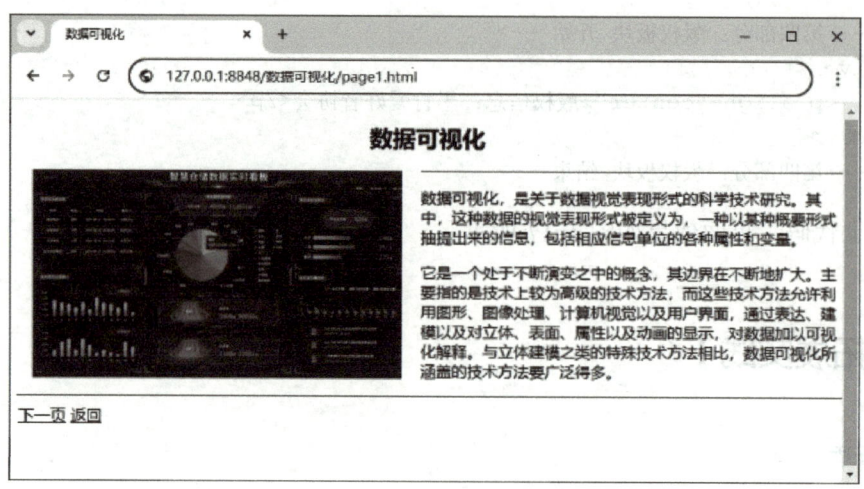

图 3-20 page1 页面效果

单击 page1 页面中的"下一页",页面跳转到 page2 页面,如图 3-21 所示。单击 page2 页面中的"上一页"按钮,页面跳转到 page1 页面;单击该页面中的"返回"按钮,页面跳转到首页。

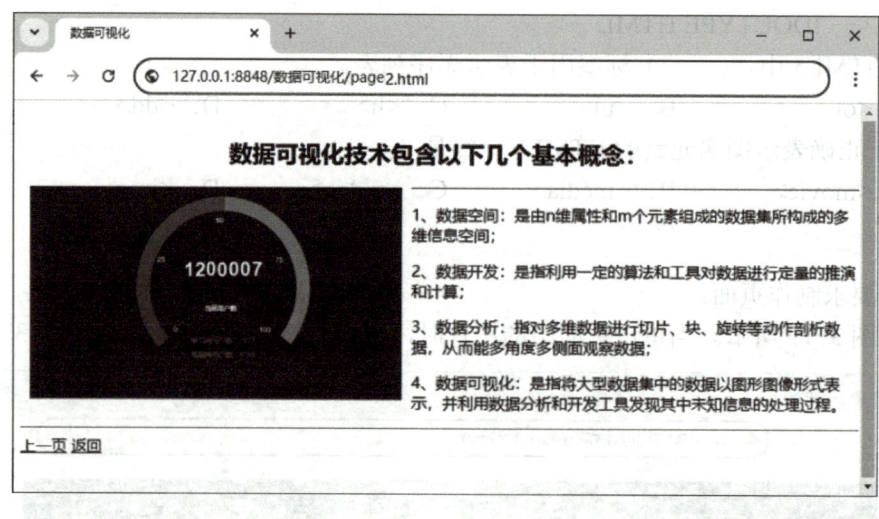

图 3-21 page2 页面效果

任务 4　使用 HTML5 元素实现页面布局

【知识准备】

4.1　HTML5 的元素分类

根据现有的标准规范，可以把 HTML5 的元素按优先等级定义为结构性元素、行内语义性元素和交互性元素 3 类。

1. 结构性元素

结构性元素主要负责 Web 上下文结构的定义，确保 HTML 文档的完整性，这类元素包含以下几个。

- header：页面主体的顶部区域，也就是页眉。
- article：用于表示一篇文章的主体内容，一般为文字集中显示的区域。
- section：在 Web 页面应用中，该标签可以用于区域的章节表述。
- nav：专门用于菜单导航、链接导航的标签。
- footer：页面的底部（页脚），通常用于展示网站的相关信息。
- aside：用以表达侧边栏、摘要、插入的引用等作为补充主体的内容。从简单页面显示上看，就是侧边栏，可以在左侧，也可以在右侧。从一个页面的局部看，就是摘要。
- figure：对多个元素进行组合并展示，通常与<figcaption>标签联合使用。

2. 行内语义性元素

行内语义性元素主要完成 Web 页面具体内容的引用和表述，是丰富内容展示的基础，这类元素包括以下几个。

- meter：表示特定范围内的数值，可用于工资、数量、百分比等。
- time：表示时间值。
- progress：用来表示进度条，可通过对其 max、min、step 等属性进行控制，完成对进度的表示和监视。
- video：视频元素，用于支持和实现视频（含视频流）文件的直接播放，支持缓冲预载和多种视频媒体格式，如 MPEG-4、OggV 和 WebM 等。
- audio：音频元素，用于支持和实现音频（音频流）文件的直接播放，支持缓冲预载和多种音频媒体格式。

3. 交互性元素

交互性元素主要用于功能性的内容表达，会有一定的内容与数据的关联，是各种事件的基础，这类元素包括以下几个。

- details：用来表示一段具体的内容，但是内容默认可能不显示，通过某种手段（如单击）与 legend 交互才会显示出来。
- datagrid：用来控制客户端数据与显示，可以由动态脚本及时更新。
- menu：主要用于交互菜单。这是一个曾被废弃现在又被重新启用的元素。
- command：用来处理命令按钮。

本章将介绍 HTML5 中的常见元素。

4.2 结构性元素

4.2.1 认知结构性元素

传统布局方式大多使用 div+CSS 的方式，如图 4-1 所示，大家能看到一个普通的页面，包含顶部、导航、文章内容、右边栏、底部版权等模块，由于 div 本身无清晰语义，而这些模块通过 id 与 class 属性的命名区分模块的语义，所以，搜索引擎只能去猜测某些部分的功能。

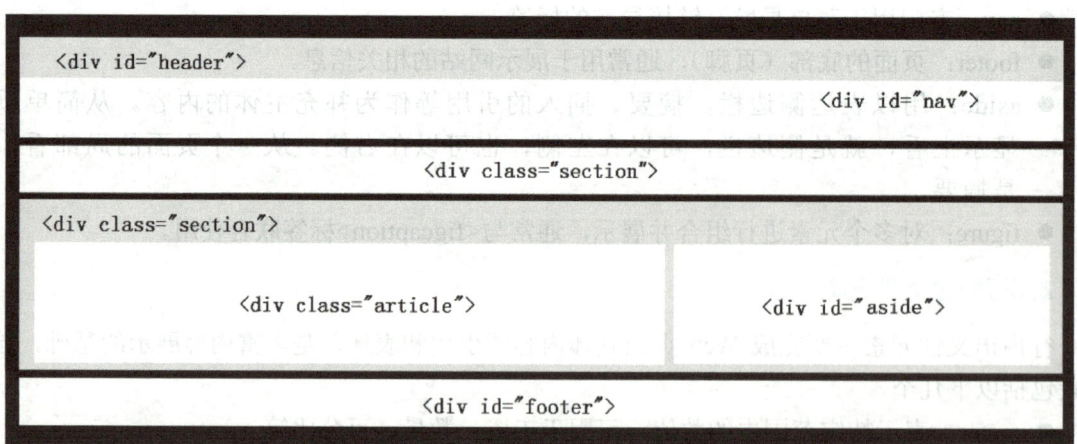

图 4-1 传统布局方式示意图

而 HTML5 专门添加了页眉（<header>）、页脚（<footer>）、导航（<nav>）、内容块（<section>）、侧边栏（<aside>）、文章（<article>）等与结构相关的结构性标签。使用 HTML5 的结构性标签能使 HTML 的语义更加清晰，结构性标签布局如图 4-2 所示。

图 4-2　HTML5 结构性标签示意图

4.2.2　\<header>标签

\<header>标签定义文档的页眉，通常是一些引导和导航信息。它不局限于网页顶部，也可以写在网页内容里面。通常\<header>标签至少包含一个标题标签（\<h1>～\<h6>），还可以包括\<hgroup>标签、表格、Logo、搜索表单、\<nav>标签等。

例如：

```
<header>
    <h1>网站标题</h1>
    <h2>网站副标题</h2>
</header>
```

4.2.3　\<article>标签

\<article>标签代表一个独立、完整的内容块，可用于一篇完整的论坛帖子、一篇博客文章、一个用户评论等。一般来说，\<article>标签会有标题部分，通常包含在\<header>内，有时也会包含\<footer>。\<article>可以嵌套，内层的\<article>标签与外层的\<article>标签有隶属关系。例如，一篇博客的文章，可以用\<article>标签显示，其评论也可以以\<article>标签的形式嵌入其中。

【例 4-1】　\<article>标签的使用，代码如下：

```
<body>
    <article>
        <header>
            <h1>如何玩转中国科学技术馆</h1>
            <h3>【展区介绍】</h3>
        </header>
        <p>一层：华夏之光、儿童科学乐园、环幕影院等。</p>
        <p>二层：探索与发现厅，适合青少年科学启蒙。</p>
        <p>三层：科技与生活，展示 AI、机器人应用等。</p>
```

```
                <p>四层：挑战与未来，展示探索太空、地球、能源等。</p>
                <p>五层：科普实验室，展示各类科普实验等。</p>
                <section>
                    <h3>【参观建议】</h3>
                    <article>
                        <header>
                            <h4>游览小贴士：</h4>
                        </header>
                        <p>1.为避开人流高峰，建议从上至下参观。如需暂时离馆，记得在出口处盖章以便二次进馆。</p>
                        <p>2.科技馆面积大，如计划游览全部场馆，请尽量在开馆时间（9:30）准时进入。进门后请先存包和外套，随身携带水壶和纸巾即可，避免负重游玩。</p>
                    </article>
                </section>
            </article>
        </body>
```

例 4-1 中添加了评论性的内容。整个内容独立且完整，因此对其使用 `<article>` 标签。具体来说，示例内容又分为几部分，文章标题放在了 `<header>` 标签中，文章正文放在了 `<header>` 标签后的 `<p>` 标签中，然后 `<section>` 标签把正文与参观建议部分进行了分隔，在 `<section>` 标签中嵌入了参观建议的内容。在参观建议的 `<article>` 标签中，又可以分为标题与参观建议内容部分，分别放在 `<header>` 标签与 `<p>` 标签中。

运行后，页面效果如图 4-3 所示。

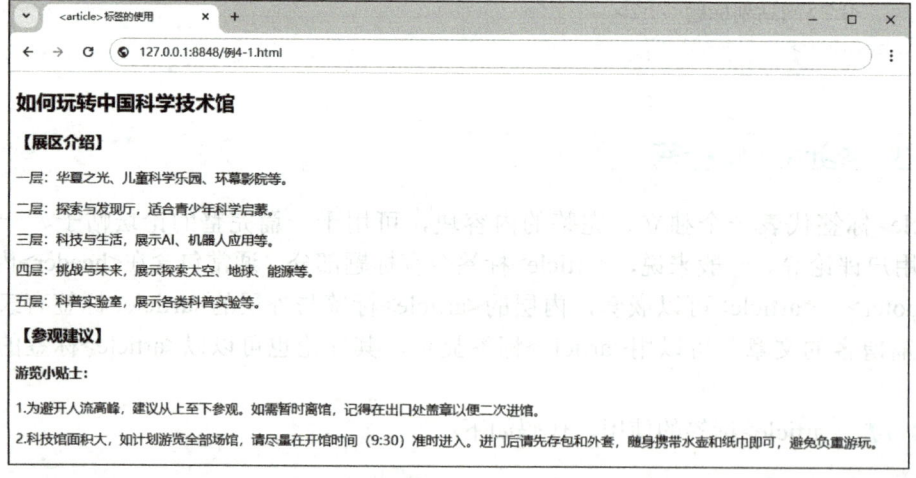

图 4-3 `<article>` 标签的使用效果

4.2.4 `<section>` 标签

`<section>` 标签用于对网页的内容进行分区、分块，定义文档中的节。例如，定义章节、页眉、页脚或文档中的其他部分。一般情况下，`<section>` 标签由内容和标题组成。

微课 4-2
`<section>` 标签的使用

<section>标签表示一段专题性的内容,一般会带有标题,没有标题的内容区块不要使用<section>标签定义。根据实际情况,如果<article>标签、<aside>标签或<nav>标签更符合使用条件,那么不要使用<section>标签。当一个容器需要被直接定义样式或通过脚本定义行为时,推荐使用<div>标签而非<section>标签。

【例4-2】 <section>标签的使用,代码如下:

```
<section>
    <h2>中国科学技术馆——场馆导览</h2>
    <p>中国科学技术馆常设展览以参与、体验、探究的形式,培养公众对科学的兴趣,激发青少年的好奇心和想象力,搭建公众与科学沟通的桥梁,服务公众生活质量和水平提升,弘扬科学精神、启迪科学思维、传播科学方法、培养创新能力,助力构建创新生态和创新文化。</p>
</section>
```

例4-2中使用<section>标签把场馆导览内容进行分隔。运行后,页面效果如图4-4所示。

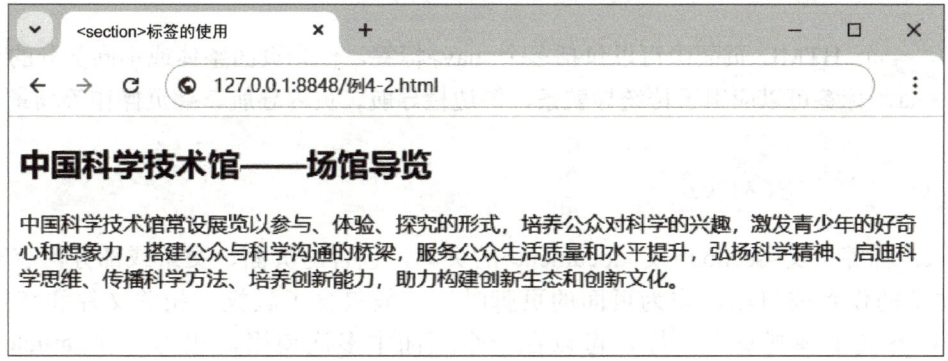

图4-4 <section>标签的使用效果

4.2.5 <nav>标签

<nav>标签代表页面的一个部分,是一个可以作为页面导航的链接组。其中,"nav"是 navigator 的缩写。导航标签链接到其他页面或当前页面的其他部分,使 HTML 代码在语义化方面更加精确,同时对于屏幕阅读器等设备的支持也更好。

微课 4-3
<nav>标签的使用

【例4-3】 <nav>标签的使用。代码如下:

```
<nav>
    <ul>
        <li><a href="#">首页</a></li>
        <li><a href="#">服务</a></li>
        <li><a href="#">展览</a></li>
        <li><a href="#">活动</a></li>
        <li><a href="#">志愿者</a></li>
    </ul>
</nav>
```

例 4-3 中，通过在<nav>标签内部嵌套无序列表<ul>标签来搭建导航结构。运行后，页面效果如图 4-5 所示。

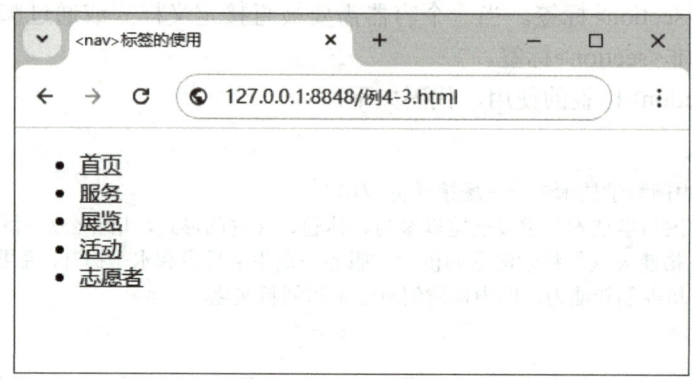

图 4-5　<nav>标签的使用效果

通常，一个 HTML 页面中可以包括多个<nav>标签，作为页面整体或不同部分的导航。具体来说，<nav>标签可以应用于传统导航条、侧边栏导航、页内导航、翻页操作等场景。

4.2.6　<footer>标签

<footer>标签定义<section>或<document>的页脚，包含与页面、文章或部分内容有关的信息，如文章的作者或日期。作为页面的页脚时，一般包含了版权、相关文件和链接。它和<header>标签使用规则基本一样，可以在一个页面中多次使用，也可以在<article>标签或<section>标签中添加<footer>标签，此时它就相当于该区段的页脚。

例如：`<footer>Copyright@2013-2024 中国科学技术馆 All Rights Reserved</footer>`

4.2.7　<aside>标签

<aside>标签用来装载非正文的内容，被视为页面中一个单独的部分。它包含的内容与页面的主要内容是分开的，可以被删除，而不会影响到网页的内容、章节或页面所要传达的信息。<aside>标签可以被包含在<article>标签内作为主要内容的附属信息，也可以在<article>标签外使用，作为页面或站点全局的附属信息部分，如广告、友情链接、侧边栏、导航条等。

微课 4-4
<aside> 标签的使用

【例 4-4】　<aside>标签的使用。代码如下：

```
<body>
    <header>
        <h2>爱国诗词</h2>
    </header>
    <article>
        <h3>过零丁洋<sup>①</sup></h3>
        <h4>宋·文天祥</h4>
        <p>
```

```
            辛苦遭逢起一经，干戈<sup>②</sup>寥落四周星。山河破碎风飘絮，身世浮沉雨打萍。
        </p>
        <p>
            惶恐滩头说惶恐，零丁洋里叹零丁。人生自古谁无死？留取丹心照汗青<sup>③</sup>。
        </p>
        <aside>
            <h4>词句注释</h4>
            <dl>
                <dt>①零丁洋：</dt>
                <dd>零丁洋为水名，即"伶仃洋"，在今广东省珠江口外。</dd>
            </dl>
            <dl>
                <dt>②干戈：</dt>
                <dd>两种兵器，这里代指战争。寥（liáo）落：荒凉冷落。一作"落落"。四周星：四年。文天祥从德祐元年（1275）正月起兵抗元至被俘恰是四年。</dd>
            </dl>
            <dl>
                <dt>③丹心照汗青：</dt>
                <dd>忠心永垂史册。丹心，红心，比喻忠心。汗青，古代在竹简上写字，先以火炙烤竹片，以防虫蛀，因竹片水分蒸发如汗，故称书简为汗青。这里特指史册。</dd>
            </dl>
        </aside>
    </article>
</body>
```

运行例 4-4，页面效果如图 4-6 所示。

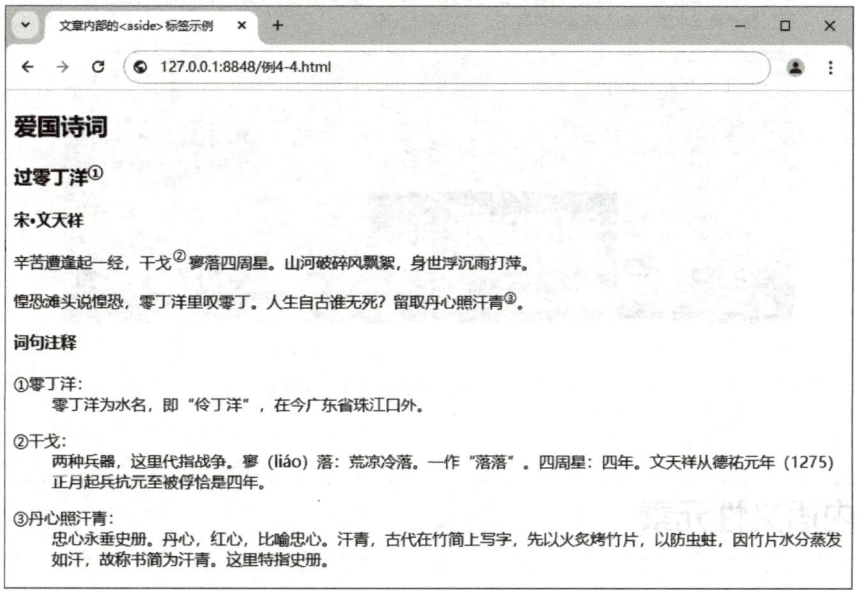

图 4-6 <aside>标签的使用效果

本例中使用<aside>标签解释在《过零丁洋》中出现的 3 个名词，文章的正文部分放在<p>标签中，但是该文章还有名词解释的附属部分，解释该文章中的名词，因此，在<p>标签后又放置了一个<aside>标签，用来存放名词解释部分的内容。

4.2.8 \<figure>标签

\<figure>标签用于定义独立的流内容，如图像、图表、照片、代码等，一般指一个单独的单元。\<figcaption>标签用于为\<figure>标签组添加标题，一个\<figure>标签内最多允许使用一个\<figcaption>标签，该标签应该放在\<figure>标签的第一个或最后一个子标签的位置。

【例 4-5】 \<figure>标签的使用。代码如下：

```
<body>
    <figure>
        <figcaption>中国科学技术馆</figcaption>
        <p>中国科学技术馆位于北京市朝阳区北辰东路 5 号，是一个国家级综合性科技馆，东临亚运居住区，西濒奥运水系，南依奥运主体育场，北望森林公园。</p>
        <img src="img/bowuguan.jpg" alt="博物馆" />
    </figure>
</body>
```

运行后，页面效果如图 4-7 所示。

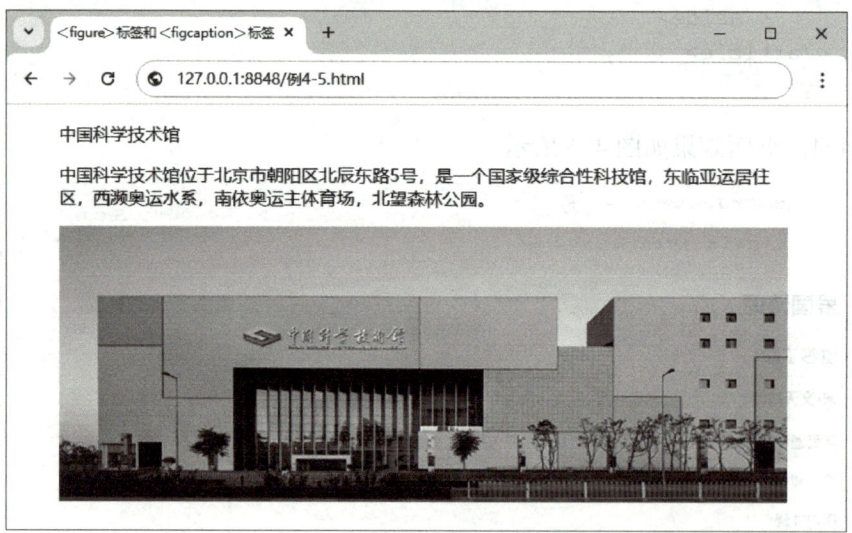

图 4-7 \<figure>标签的使用效果

4.3 行内语义性元素

4.3.1 \<progress>标签

\<progress>标签用于表示任务的进度或进程。\<progress>标签的常用属性有两个,value 属性表示已经完成的工作量,max 属性表示总共有多少工作量。需要注意的是 value 和 max 属性的值必须大于 0,且 value 属性的值要小于或等于 max 属性的值。

通常 <progress> 标签与 JavaScript 一同使用,来显示任务的进度。

【例 4-6】 <progress>标签的使用。代码如下:

```
<body>
    项目进度:
    <progress value="75" max="100" ></progress>
    <span>75%</span>
</body>
```

运行后,页面效果如图 4-8 所示。

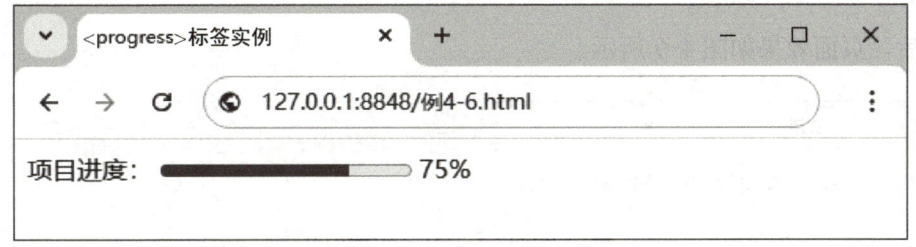

图 4-8 <progress>标签的使用效果

代码运行后,蓝色进度条在 75%的位置,因为 value 属性的值为 75,max 属性的值为 100。如果 max 属性的值修改为 750,则进度条将运行至 10%的位置。结合 JavaScript 来动态改变<progress>标签的 value 属性值,就可以实现进度条的动态变化了。

4.3.2 <meter>标签

<meter>标签定义度量衡,为已知范围或分数值内的标量测量,也被称为尺度(gauge)。例如,显示硬盘容量、对某个选项的比例统计等,都可以使用<meter>标签。<meter> 标签不应用于指示进度(在进度条中),如果标记进度条,请使用 <progress> 标签。

<meter>标签有多个常用的属性,如表 4-1 所示。

表 4-1 <meter>标签的属性

属性	说明	属性	说明
high	定义度量的值位于哪个点被界定为高的值	min	定义最小值,默认值是 0
low	定义度量的值位于哪个点被界定为低的值	optimum	定义最佳度量值。如果该值高于 high 属性的值,则意味着值高越好;如果该值低于 low 属性的值,则意味着值越低越好
max	定义最大值,默认值是 1	value	定义度量的值

 注意:<meter>标签被 low 属性和 high 属性分为了三部分,分别为[min,low)、[low,high]、(high,max]。注意开闭区间问题,方括号为闭区间,圆括号为开区间。"optimum" 翻译为"最适宜的","value" 为<meter>标签的当前值。

【例 4-7】 <meter>标签的使用，代码如下：

```
<body>
    <h3>场馆投票</h3>
    儿童科学乐园<meter value="980" min="0" max="1000" low="600" high="900" title="980 票" optimum="1000"></meter>
    探索发现厅<meter value="800" min="0" max="1000" low="600" high="900" title="800 票" optimum="1000"></meter>
    科学与生活厅<meter value="828" min="0" max="1000" low="600" high="900" title="828 票" optimum="1000"></meter>
    挑战与未来厅<meter value="580" min="0" max="1000" low="600" high="900" title="580 票" optimum="1000"></meter>
</body>
```

运行后，页面效果如图 4-9 所示。

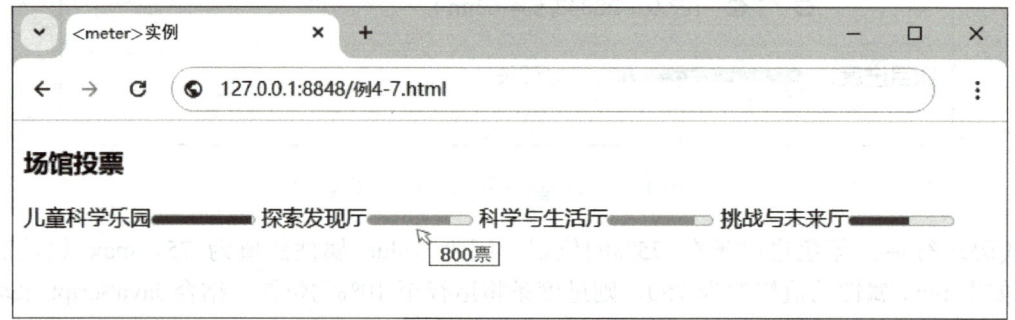

图 4-9 <meter>标签的使用效果

例 4-7 中，儿童科学乐园的 value 值为 980，optimum 的值为 1000，这个 value 值大于 high 值（900），所以其颜色为绿色的渐变条；而探索发现厅的 value 值为 800，其值大于 low 值（500）而小于 high 值（900），处于 low 与 high 之间，所以为橙色渐变条，由于科学与生活厅的值为 828，也呈现为橙色渐变条；而挑战与未来厅的 value 值为 580，其值小于 low 值（600），所以为红色渐变条。

4.3.3 <time>标签

<time>标签用于表示时间值，加强了 HTML 的语义化结构，使网页的代码有条理，让计算机工具，如百度或谷歌等搜索机器人能够理解网页的意思。

<time>标签有两个属性。

- datetime：用于定义相应的时间或日期。取值为具体时间（如 14:00）或具体日期（如 2024-10-10），不定义该属性时，由标签的内容给定日期/时间。
- pubdate：用于定义<time>标签中的日期/时间是文档（或<article>标签）的发布日期。取值一般为"pubdate"。

4.4 交互性元素

4.4.1 \<details>标签和\<summary>标签

\<details>标签用于描述文档或文档某个部分的细节。\<summary>标签经常与\<details>标签配合使用，作为\<details>标签的第一个子标签，用于为\<details>标签定义标题。标题是可见的，当用户单击标题时，会显示或隐藏\<details>标签中的其他内容。

【例4-8】 \<details>标签和\<summary>标签的使用。代码如下：

```
<body>
    <details>
        <summary>探索与发现厅</summary>
        <h4>"探索与发现"位于主展厅二层，包括A、B两个展厅。</h4>
        <p>在从蛮荒走向文明的漫长过程中，人类从未停止过探索的脚步。科学探索的过程是认识自然的过程，是不断创新的过程，是推动人类社会不断走向文明的过程。科学发现这道"亮丽风景"，给人类的探索活动赋予了伟大的意义。"探索与发现"主题展厅展示科技的美妙和神奇，以及人类在探索自然世界的过程中形成的科学思想和方法，使观众体会科学探索与发现带来的乐趣，激发科学兴趣、启迪创新意识。</p>
    </details>
    <details>
        <summary>科技与生活厅</summary>
        <h4>"科技与生活"位于主展厅三层，包括A、B、C、D四个展厅。</h4>
        <p>生活孕育了科技，多彩的生活提供了科技发展的平台，对美好生活的追求提供了科技进步的动力，对未来生活的希望展现了科技前进的方向；科技改变了生活，科技的发展与进步丰富了生活的内容，提升了生活的品质，扩展了生活的空间，加快了生活的节奏，也随之带来了一些生活的问题。"科技与生活"主题展厅展示科技发展对人类社会日益广泛和深刻的影响，传播科技以人为本的观念，让公众感受科技创新为人类带来的福祉和恩惠的同时，关注科技发展给社会生活带来的一些问题以及解决这些问题的努力。</p>
    </details>
</body>
```

页面运行后，效果如图4-10所示，鼠标单击"探索与发现厅"后显示内容，如图4-11所示，再次单击"探索与发现厅"后隐藏内容，单击"科技与生活厅"也具有一样的效果。

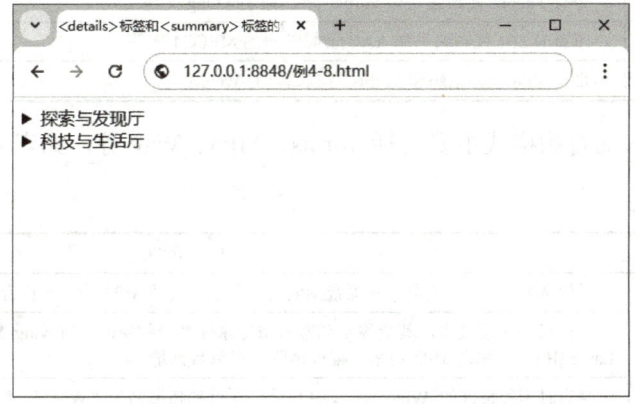

图4-10 \<details>标签的使用效果

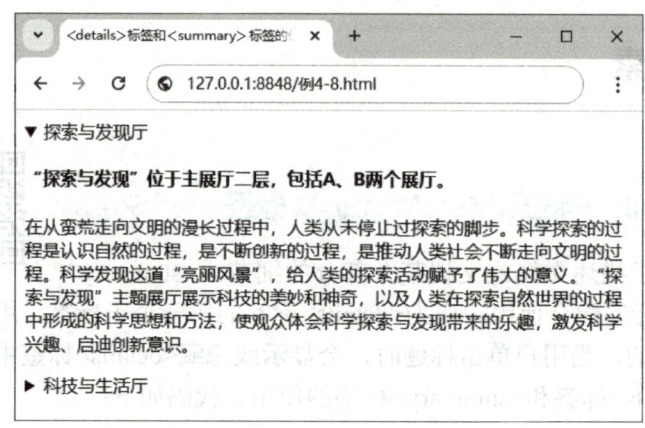

图 4-11　<summary>标签的使用效果

4.4.2　<menu>标签与<command>标签

<menu>标签用于定义命令的列表或菜单，常用于上下文菜单、工具栏及列出表单控件和命令。<command>标签表示用户能够调用的命令。只有当<command>标签位于<menu>标签内时，该元素才是可见的；否则不会显示这个元素，但仍可以用它来规定键盘快捷键。由于目前的主流浏览器大多不支持<command>和<menu>标签，在此不作深入讲解。

4.5　多媒体对象的使用

4.5.1　视频与音频格式

在 HTML5 中嵌入的视频格式主要包括 Ogg、MPEG4、WebM 等，如表 4-2 所示。

表 4-2　视频格式

格式名称	格式介绍
Ogg	带有 Theora 视频编码和 Vorbis 音频编码的 Ogg 文件
MPEG4	带有 H.264 视频编码和 AAC 音频编码的 MPEG4 文件
WebM	带有 VP8 视频编码和 Vorbis 音频编码的 WebM 文件

在 HTML5 中嵌入的音频格式主要包括 Vorbis、MP3、Wav 等，如表 4-3 所示。

表 4-3　音频格式

格式名称	格式介绍
Vorbis	类似 AAC 的一种免费、开源音频编码，是用于代替 MP3 的下一代音频压缩技术
MP3	一种音频压缩技术，其全称是动态影像专家标准音频层面（Moving Picture Experts Group Audio Layer III），简称为 MP3 用来大幅度地降低音频数据量
Wav	录音时用的标准 Windows 文件格式，文件的拓展名为"WAV"，数据本身的格式为 PCM 或压缩型，属于无损音乐格式的一种

4.5.2 使用<video>标签插入视频

在 HTML5 中，使用<video>标签来定义并播放视频文件。

语法：`<video src="视频的路径" controls="controls"></video>`

微课 4-9
使用 <video>
标签插入视频

在 HTML5 中，<video>标签支持 Ogg、WebM 和 MPEG4 共 3 种视频格式。src 属性用于设置视频文件的路径，controls 属性用于为视频提供播放控件，这两个属性是<video>标签的基本属性。此外，<video>和</video>之间还可以插入文字，用于在不支持<video>标签的浏览器中显示。

在<video>标签中还可以添加其他属性，用于优化视频的播放效果，具体如表 4-4 所示。

表 4-4   <video>标签的常见属性

属性	值	描述
width/height	数值	设定播放空间面板的大小（宽度与高度）
autoplay	autoplay	当页面载入完成后自动播放视频
loop	loop	视频结束时重新开始播放
preload	preload	如果出现该属性，则视频在页面加载时进行加载，并预备播放。如果使用"autoplay"，则忽略该属性
poster	poster	当视频缓冲不足时，该属性值链接一个图像，并将该图像按照一定的比例显示出来

【例 4-9】实现网页中插入视频。代码如下：

```
<meta charset="UTF-8"/>
<body>
    <article>
        <h4>《千里江山图》宋&middot;王希孟</h4>
        <p>《千里江山图》是我国十大传世名画之一，现收藏于北京故宫博物院。研究指出，《千里江山图》的主要取景地是庐山和鄱阳湖。该作品以长卷形式，立足传统，画面细致入微，烟波浩渺的江河、层峦起伏的群山构成了一幅美妙的江南山水图。</p>
        <video src="video/qljst.mp4" width="800" autoplay="autoplay" loop="loop" controls="controls">
            本浏览器不支持该 Video 视频，推荐使用 Chrome、Firefox 浏览器。
        </video>
    </article>
</body>
```

运行程序后，页面效果如图 4-12 所示。可以看出嵌入的视频包含了视频播放控件，如播放按钮、播放进度条、音量控制条、全屏按钮等。视频初始状态下是不能自动播放的，需要单击图 4-12 中的播放按钮才能播放，播放效果如图 4-13 所示。

如果想实现视频自动播放，可以在<video>标签中加入"autoplay='autoplay'"属性；如果想实现视频循环播放，可以添加"loop='loop'"属性。

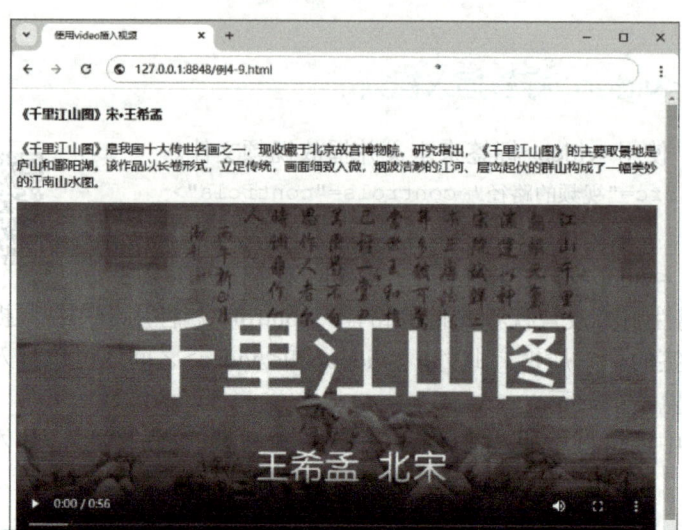

图 4-12 <video>标签中嵌入视频

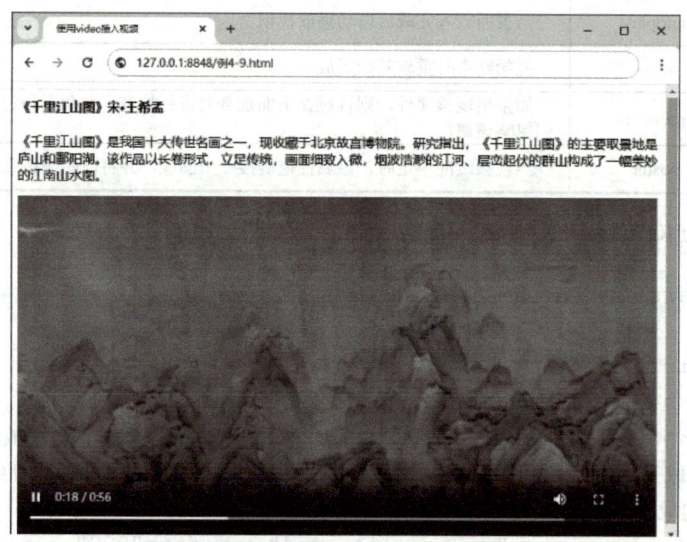

图 4-13 视频的播放效果

4.5.3 使用<audio>标签插入音频

在 HTML5 中，使用<audio>标签来定义并播放音频文件。

语法：<audio src="音频的路径" controls="controls"></video>

在 HTML5 中，<audio>标签支持 Ogg、MP3 和 Wav 3 种视频格式。src 属性用于设置音频文件的路径，controls 属性用于为音频提供播放控件，这两个属性是<audio>标签的基本属性。此外，<audio>和</audio>之间还可以插入文字，用于在不支持<audio>标签的浏览器中显示。

在<audio>标签中还可以添加其他属性，可以优化音频的播放效果，具体如表 4-5 所示。

微课 4-10
使用<audio>
标签插入音频

表 4-5 <audio>标签的常见属性

属性	值	描述
autoplay	autoplay	当页面载入完成后自动播放音频
loop	loop	音频结束时重新开始播放音频
preload	preload	如果出现该属性，则音频在页面加载时进行加载，并预备播放，如果使用"autoplay"，则忽略该属性

【例 4-10】 实现网页中插入音频。代码如下：

```
<meta charset="UTF-8"/>
<body>
    <article>
        <h4>《高山流水》古琴曲</h4>
        <p>《高山流水》古琴曲，属于中国十大古曲之一。传说先秦的琴师伯牙一次在荒山野地弹琴，樵夫钟子期竟能领会这是描绘"峨峨兮若泰山"和"洋洋兮若江河"。伯牙惊道："善哉，子之心而与吾心同。"钟子期死后，伯牙痛失知音，摔琴绝弦，终生不弹，故有高山流水之曲。</p>
        <audio src="audio/gsls.mp3" controls="controls" autoplay="autoplay" loop="loop">
            您的浏览器不支持 audio 标签。
        </audio>
    </article>
</body>
```

运行程序后，页面效果如图 4-14 所示。

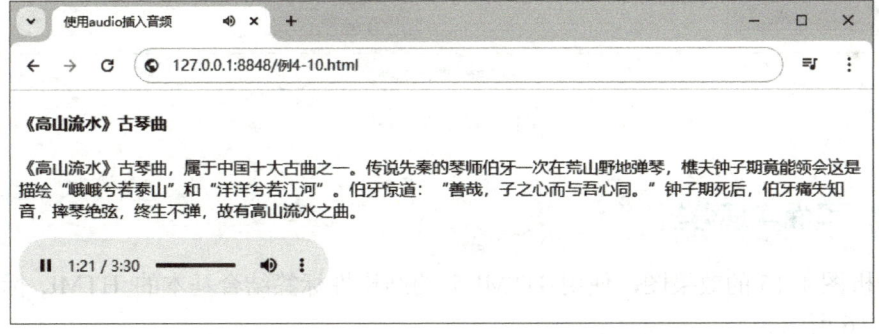

图 4-14 网页中插入音频的效果

【任务实施】

4.6 使用 HTML5 结构性标签构建墨竹作品赏析页面

4.6.1 页面效果展示

依据墨竹作品赏析页面的效果图，综合所学的 HTML5 结构性标签基础知识，实现的页面效果如图 4-15 所示。

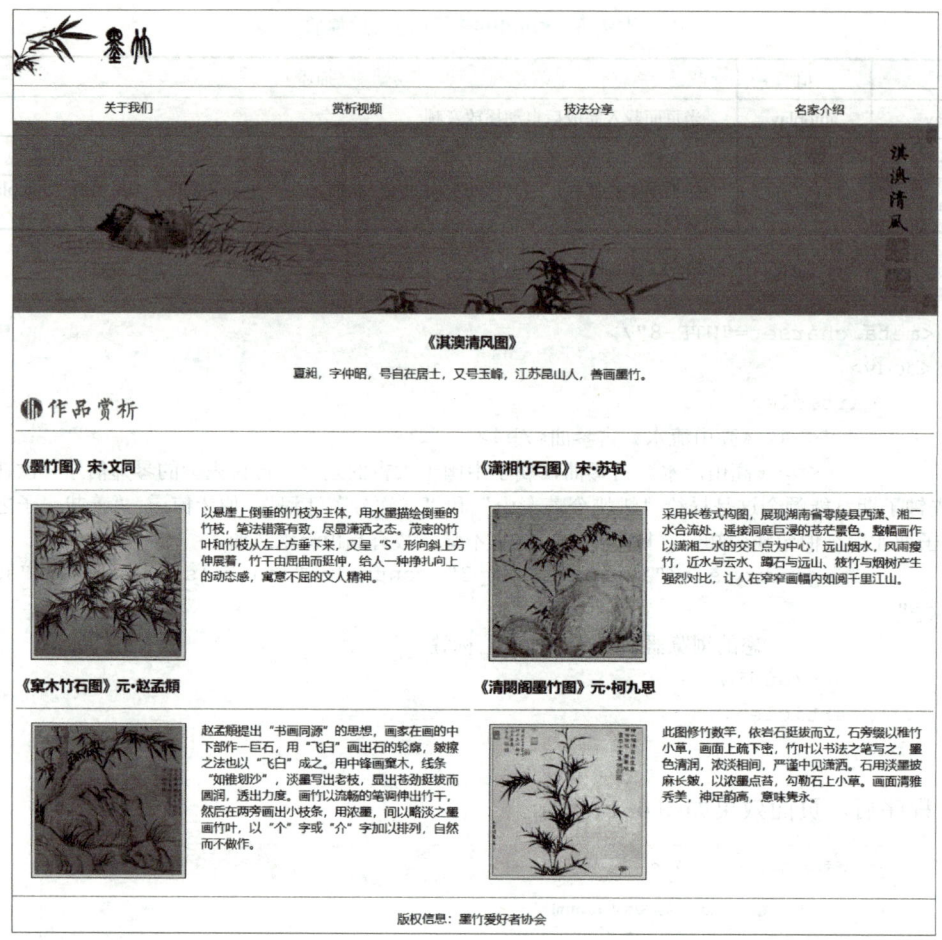

图 4-15　页面效果

4.6.2　页面实现分析

通过分析图 4-15 的效果图，使用 HTML5 的结构性标签结合基本的 HTML 标签，设计的结构如图 4-16 所示。

页眉（<header>）	
包含 Logo（<img>）	
横线(<hr>)	导航（<nav>）包含 4 个超链接（<a>）
宣传栏（<section>）	
包含：视频（<video>）、标题（<h3>）、段落文字（<p>）	
作品赏析栏（<section>）	
图片（<img>）	
使用 4 段（<article>）标签，包括页眉（<header>）、横线（<hr>）、图片（<img>）、段落（<p>）	
页脚（<footer>）	

图 4-16　页面结构

该页面可以分成四部分，第一部分使用<header>标签构建顶部区域，内部放置两个内容：一个是 Logo 图片（<img>），另一个是进行区域分割的横线（<hr>），然后使用<nav>标签，内部包含 4 个超链接（<a>）；第二部分为 banner 区域，作为宣传栏，使用<section>标签，内部插入<video>标签和<h3>标签、<p>标签；第三部分为"作品赏析"区域，使用<section>标签，图片使用<img>标签，占 1 行，然后使用 4 段<article>标签，包括页眉（<header>）、横线（<hr>）、图片（<img>）、段落（<p>）；第四部分为版权板块，显示版权信息，使用页脚（<footer>标签）。

4.6.3 页面实现过程

1. 编写网站顶部 Logo 与导航条的 HTML 结构代码

根据图 4-16，搭建 Logo 与导航条基本的 HTML 结构代码。代码如下：

微课 4-11
使用 HTML5 结构性标签构建墨竹作品赏析页面

```html
<meta charset="UTF-8"/>
<!-- 第一部分：网站 Logo 与导航条 开始 -->
<header>
    <table width="1200" border="0" align="center" cellpadding="0" cellspacing="0">
        <tr>
            <td><img src="images/logo.jpg" /></td>
        </tr>
    </table>
    <hr size="1" color="#d9954b" />
</header>
<nav>
    <table width="1200" border="0" align="center" cellpadding="0" cellspacing="8">
        <tr>
            <td align="center"><a href="#">关于我们</a></td>
            <td align="center"><a href="#">赏析视频</a></td>
            <td align="center"><a href="#">技法分享</a></td>
            <td align="center"><a href="#">名家介绍</a></td>
        </tr>
    </table>
</nav>
<!-- 第一部分：网站 Logo 与导航条 结束 -->
```

2. 编写 banner 区域的 HTML 结构代码

根据图 4-16，搭建 banner 区域基本的 HTML 结构代码。代码如下：

```html
<!-- 第二部分：banner 开始 -->
<section>
    <table width="1200" border="0" align="center" cellpadding="0" cellspacing="0">
```

```html
            <tr>
                <td align="center">
                    <video src="video/qfqat.mp4" width="1200" autoplay loop="loop" controls="controls">
                        本浏览器不支持该 Video 视频，推荐使用 Chrome、Firefox 浏览器。
                    </video>
                    <h3>《淇澳清风图》</h3>
                    <p>
                        夏昶，字仲昭，号自在居士，又号玉峰，江苏昆山人，善画墨竹。
                    </p>
                </td>
            </tr>
        </table>
</section>
<!-- 第二部分：banner 结束 -->
```

3. 编写"作品赏析"区域的 HTML 结构代码

根据图 4-16，搭建"作品赏析"区域基本的 HTML 结构代码。代码如下：

```html
<!-- 第三部分：作品赏析 开始-->
<section>
    <table width="1200" border="0" align="center" cellpadding="0" cellspacing="5">
        <tr>
            <td colspan="2">
                <img src="images/appreciation.jpg" />
                <hr size="1" color="#d9954b" />
            </td>
        </tr>
        <tr>
            <td width="600">
                <article>
                    <header>
                        <h3>《墨竹图》宋·文同</h3>
                    </header>
                    <hr size="1" color="#d9954b" />
                    <img src="images/mzsx1.jpg" width="200" align="left" vspace="10" hspace="20" />
                    <p>以悬崖上倒垂的竹枝为主体，用水墨描绘倒垂的竹枝，笔法错落有致，尽显潇洒之态。茂密的竹叶和竹枝从左上方垂下来，又呈"S"形向斜上方伸展着，竹干由屈曲而挺伸，给人一种挣扎向上的动态感，寓意不屈的文人精神。</p>
                </article>
            </td>
            <td width="600">
                <article>
                    <header>
                        <h3>《潇湘竹石图》宋·苏轼</h3>
                    </header>
```

```
                    <hr size="1" color="#d9954b" />
                    <img src="images/mzsx2.jpg" width="200" align="left" vspace="10" hspace="20" />
                    <p>采用长卷式构图，展现湖南省零陵县西潇、湘二水合流处，遥接洞庭巨浸的苍茫景色。整幅画作以潇湘二水的交汇点为中心，远山烟水，风雨瘦竹，近水与云水、蹲石与远山、筱竹与烟树产生强烈对比，让人在窄窄画幅内如阅千里江山。</p>
                </article>
            </td>
        </tr>
        <tr>
            <td width="600">
                <article>
                    <header>
                        <h3>《窠木竹石图》元•赵孟頫</h3>
                    </header>
                    <hr size="1" color="#d9954b" />
                    <img src="images/mzsx3.jpg" width="200" align="left" vspace="10" hspace="20" />
                    <p>赵孟頫提出"书画同源"的思想，画家在画的中下部作一巨石，用"飞白"画出石的轮廓，皴擦之法也以"飞白"成之。用中锋画窠木，线条"如锥划沙"，淡墨写出老枝，显出苍劲挺拔而圆润，透出力度。画竹以流畅的笔调伸出竹干，然后在两旁画出小枝条，用浓墨，间以略淡之墨画竹叶，以"个"字或"介"字加以排列，自然而不做作。</p>
                </article>
            </td>
            <td width="600">
                <article>
                    <header>
                        <h3>《清閟阁墨竹图》元•柯九思</h3>
                    </header>
                    <hr size="1" color="#d9954b" />
                    <img src="images/mzsx4.jpg" width="200" align="left" vspace="10" hspace="20" />
                    <p>此图修竹数竿，依岩石挺拔而立，石旁缀以稚竹小草，画面上疏下密，竹叶以书法之笔写之，墨色清润，浓淡相间，严谨中见潇洒。石用淡墨披麻长皴，以浓墨点苔，勾勒石上小草。画面清雅秀美，神足韵高，意味隽永。</p>
                </article>
            </td>
        </tr>
    </table>
</section>
<!-- 第三部分：作品赏析 结束 -->
```

4. 编写版权板块的 HTML 结构代码

根据图 4-16，搭建版权板块基本的 HTML 结构代码。代码如下：

```
<!-- 第四部分：版权板块 开始 -->
<footer>
    <hr size="1" color="#d9954b" />
```

```
            <p align="center">版权信息：墨竹爱好者协会</p>
</footer>
<!-- 第四部分：版权板块 结束 -->
```

添加完以上代码，页面预览效果如图 4-15 所示。

【习题与拓展实践】

1. 选择题

1）以下（　　）标签代表页面的一个部分，是一个可以作为页面导航的链接组。
  A．<aside>   B．<isindex>   C．<video>   D．<nav>

2）HTML5 中使用（　　）标签来定义播放视频文件。
  A．<video>   B．<audio>   C．<samp>   D．<nav>

2. 拓展实践

根据中国科学技术馆官方网站主页，如图 4-17 所示，分析其 HTML5 代码结构。

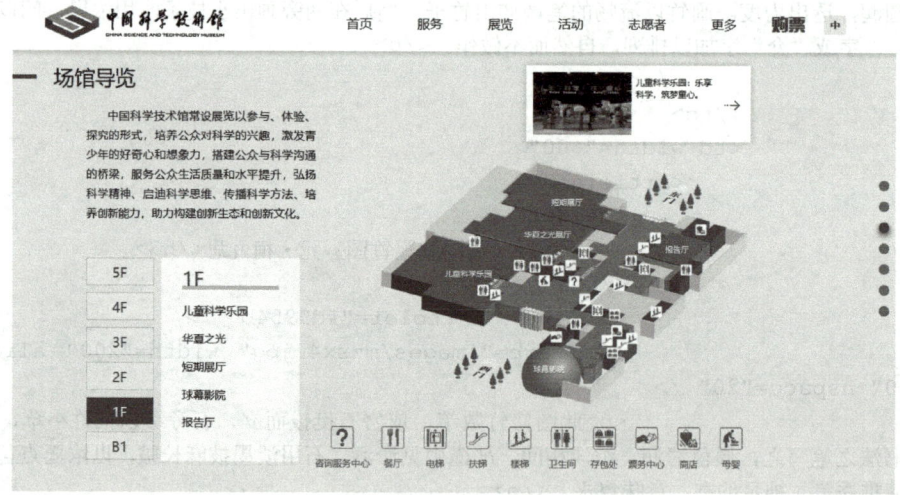

图 4-17　中国科学技术馆官方网站主页

任务 5　使用层叠样式表

【知识准备】

5.1　CSS3 的介绍

　　CSS 是 Cascading Style Sheet 的缩写,可以翻译为"层叠样式表"或"级联样式表",即样式表。CSS 的属性在 HTML 元素中是依次出现的,并不显示在浏览器中。它可以定义在 HTML 文档的标记里,也可以在外部附加文档中作为外加文件。此时,一个样式表可以作用于多个页面,乃至整个站点,因此具有更好的易用性和拓展性。CSS3 是 CSS 技术的升级版本,CSS3 的新特点是被分为若干个相互独立的模块。很多以前需要使用图片和脚本来实现的效果,甚至动画效果,CSS3 只需要短短几行代码就能实现。比如圆角、图片边框、文字阴影和盒阴影、过渡、动画等。CSS3 简化了前端开发工作人员的设计过程,加快了页面载入速度。

　　目前主流浏览器 Chrome、Edge、Safari、Firefox、Opera 等已经支持了 CSS3 的大部分功能。在编写 CSS3 样式时,不同的浏览器可能需要不同的前缀,它表示该 CSS 属性或规则尚未成为 W3C 标准的一部分,是浏览器的私有属性,虽然目前较新版本的浏览器都是不需要前缀的,但为了更好地向前兼容,前缀还是少不了的。在现实开发中,当使用 Chrome、Safari 浏览器时,CSS 会使用"-webkit-"前缀;当使用 Firefox 浏览器时,CSS 会使用"-moz-"前缀。

5.2　CSS 样式

5.2.1　CSS 样式设置规则

　　CSS 样式设置规则由选择器和声明部分组成。
　　语法: 选择器{属性 1:属性值 1; 属性 2:属性值 2; 属性 3:属性值 3;}
　　选择器是标识已设置格式元素(如<body>、<table>、<td>、<p>、类名、ID 名称)的术语,花括号内是对该对象设置的具体样式,声明则用于定义样式属性。声明由属性和值两部分组成,其中属性和属性值以"键值对"的形式出现,属性是对指定对象设置的样式属性,如字体大小、文本颜色等,属性和属性值之间用英文冒号":"连接,多个"键值对"之间用英文分号";"进行区分。
　　在下面的示例中,body 为选择器,在"{}"中的所有内容为声明块。

```
body{
    color: #ff0000;
    font-size: 16px;
}
```

以上代码表示<body>标签内所有文本的字体颜色为红色,字体大小为16px。

编写CSS样式时,遵循CSS样式规则的同时,还需注意以下几点。

- 尽量统一使用英文、英文简写或拼音。
- 尽量不缩写,除非是一看就懂的单词。
- 在编写CSS代码时,为了提高代码的可读性,通常会加上CSS注释,可以使用/**/(斜杠和星号)进行注释。
- CSS样式中的类和ID选择器严格区分大小写,属性和值不区分大小写,按照书写习惯,一般选择器、属性和值都采用小写的方式。
- 多个属性之间必须用英文状态下的分号隔开,最后用的分号可以省略,但是为了便于增加新样式,最好保留。
- 如果属性的值由多个单词组成且中间包含空格,则必须为这个属性值加上英文状态下的引号。例如:

```
p{font-family: "arial black";}
```

5.2.2 CSS样式的引入方法

使用CSS修饰网页,需要在HTML文档中引入CSS样式表。引入CSS样式表的常用方法有行内样式表、内部样式表、链接样式表、导入外部样式表。

微课 5-1
CSS 样式的引入方法

1. 行内样式表

语法: `<标签名称 style="样式属性1:属性值1; 样式属性2:属性值2;样式属性…">`

直接在HTML代码行中加入样式规则。适用于指定网页内某一小段文字的显示规则,效果仅用于该标签。

【例5-1】 行内样式表的使用,代码如下:

```
<body>
    <p style="background-color: #cc0808; color:#fde367; font-size: 36px; text-align:center;">
        弘扬和践行社会主义核心价值观
    </p>
</body>
```

运行后,页面效果如图5-1所示。

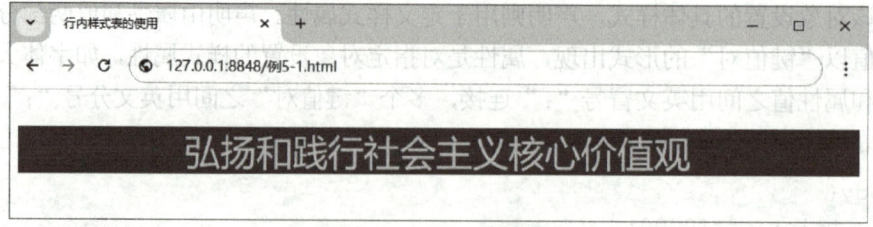

图5-1 行内样式表的使用效果

例 5-1 中，<p>元素作为一个块元素设置了背景为深红色（#cc0808），文本颜色为浅橙色（#fde367），文本大小为 32 像素，文本居中。

行内样式也可以通过标签的属性来控制样式，由于没有做到结构与表现的分离，所以不建议使用。只有在样式规格较少且只在该元素上使用一次，或者需要临时修改某个样式规则时使用。

2. 内部样式表

将样式表嵌入到 HTML 文件的文件头<head>。

语法：

```
<head>
    <style type="text/css">
    选择器{样式属性:属性值;…}
    </style>
</head>
```

语法中，<style>标签在<head>标签内嵌入样式表。设置 type 的属性值为"text/css"。将 CSS 代码放在头部便于提前被下载和解析，避免网页内容下载后没有样式修饰而不美观。设置 type 属性让浏览器知道<style>标签包含的是 CSS 代码。

【例 5-2】 内部样式表的使用，代码如下：

```
<!DOCTYPE html>
<html>
    <head>
        <meta charset="utf-8" />
        <title>内部样式表的使用</title>
        <style tyle="text/css">
            p {
                background-color: #cc0808;    /* 设置背景颜色 */
                color: #fde367;               /* 设置文本颜色 */
                font-size: 32px;              /* 设置文字大小 */
                text-align: center;           /* 设置文本居中 */
            }
        </style>
    </head>
    <body>
        <p>弘扬和践行社会主义核心价值观</p>
    </body>
</html>
```

运行后，页面效果与图 5-1 所示一样，唯一不同的是，内部样式表中已经将 HTML 的结构与 CSS 的表现分离，便于 CSS 样式的重复使用。

3. 链接样式表

将一个外部样式表链接到 HTML 文档中。

语法：`<link href= "*.css" type= "text/css " rel="stylesheet" >`

使用链接样式表需要注意以下几点。

- \<link\>标签需要放在\<head\>标签中,并且必须设置\<link\>标签的 3 个属性。href 属性用于设置链接的 CSS 文件的位置,可以为绝对地址或相对地址。type 属性定义所链接文档的类型,在这里需要指定为"text/css",表示链接的外部文件为 CSS 样式表。rel="stylesheet"表示是链接样式表,是链接样式表的必有属性。
- 样式定义在独立的 CSS 文件中,并将该文件链接到要运用该样式的 HTML 文件中。
- *.css 为已编辑好的 CSS 文件(CSS 文件的路径),CSS 文件只能由样式表规则或声明组成。
- 可以将多个 HTML 文件链接到同一个样式表上,如果改变样式表文件中的一个设置,所有的网页都会随之改变。

【例 5-3】 链接样式表的使用。

1)编写案例的 HTML 结构代码。代码如下:

```
<!DOCTYPE html>
<html>
    <head>
        <meta charset="utf-8">
        <title>链接样式表</title>
        <link rel="stylesheet" href="css/style.css" />
    </head>
    <body>
        <h2>社会主义核心价值观</h2>
        <p>【国家层面】<span>富强、民主、文明、和谐</span></p>
        <p>【社会层面】<span>自由、平等、公正、法治</span></p>
        <p>【个人层面】<span>爱国、敬业、诚信、友善</span></p>
        <p><img src="images/hxjzgbg.jpg" /></p>
    </body>
</html>
```

2)定义外部样式表,并保存为"style.css",保存于"css"文件夹下。代码如下:

```
h2{
background-color: #cc0808;          /* 设置背景颜色 */
color: #fde367;                     /* 设置文本颜色 */
font-size: 32px;                    /* 设置文字大小 */
text-align: center;                 /* 设置对齐方式 */
}
p{
font-size: 20px;                    /* 设置文字大小 */
color: #000000;                     /* 设置文本颜色 */
line-height:1.5;                    /* 设置行高 */
text-align:center;                  /* 设置对齐方式 */
}
span{
color: #cc0808;                     /* 设置文本颜色 */
}
img{
```

```
        padding: 8px;                    /* 设置内部填充 */
        border: 1px solid #cc0808;       /* 设置图片的边框 */
    }
```

运行后,页面效果如图 5-2 所示。

图 5-2　链接样式表的使用效果

4.导入外部样式表

导入外部样式表是指在 HTML 文件头部的<style>标签里导入一个外部样式表,采用 import 方式。

语法:@import url("样式表路径")

如果使用导入外部样式表的方法,只需要将例 5-3 的代码<link rel="stylesheet" href="css/style.css">改为:

```
<style type="text/css">
    @import url("css/style.css");
</style>
```

链接样式表和导入外部样式表最大的好处是同一个 CSS 样式表可以被不同的 HTML 页面链接使用,同时一个 HTML 页面也可以通过多个标签链接多个 CSS 样式表。

5.3　CSS 基本选择器

　　HTML 元素要应用 CSS 样式,首先就需要找到该目标元素。执行这一任务的样式规则部分被称为选择器。CSS3 提供了大量的选择器,大体上可以分为基本选择器、组合选择器、属性选择器、伪类选择器和伪元素选择器等。由于浏览器的支持情况,很多选择器在实际开发中很少用到,本节主要讲解最基本又常用的选择器。基本选择器包括标签选择器、类选择器、ID 选择器和通用选择器。

微课 5-2
CSS 基本选择器

5.3.1 标签选择器

标签选择器也称为类型选择器，是指用 HTML 标签名称作为选择器，HTML 中的所有标签都可以作为标签选择器。

语法： 标签名{属性1:属性值1；属性2:属性值2；属性3:属性值3；}

例如，对<p>标签定义网页中的文字大小、颜色、行高和字体，代码如下：

```
p{font-size: 18px;color: #ff0000;line-height:24px;font-family:"微软雅黑";}
```

上述 CSS 样式代码用于设置 HTML 页面中的段落：字体大小为 18 像素、颜色为#ff0000、行高为 24 像素，字体为微软雅黑。

例 5-3 中的 h2、p、span、img 就是标签选择器。

5.3.2 类选择器

类选择器能够把相同的元素分类定义成不同的样式。定义类选择器时，在自定义类的前面需要加一个英文点号"."。

语法： .类名{属性1:属性值1；属性2:属性值2；属性3:属性值3；}

依据语法，定义<p>标签的类选择器为".title"，例如：

```
.title {color: #cc0808; font-size: 20px;}
```

调用的方法是通过标签的 class 属性调用，例如：

```
<p class="title">社会主义核心价值观</p>
```

类选择器最大的优势是可以为元素对象定义单独或相同的样式。

【例 5-4】 类选择器的使用。

1）在<body>标签内定义 HTML 结构代码。代码如下：

```
<body>
    <p class="title">【国家层面】</p>
    <p class="content">富强、民主、文明、和谐</p>
    <p class="title">【社会层面】</p>
    <p class="content">自由、平等、公正、法治</p>
    <p class="title">【个人层面】</p>
    <p class="content">爱国、敬业、诚信、友善</p>
</body>
```

2）在<head>标签的<style type="text/css">元素中插入 CSS 样式。代码如下：

```
<style type="text/css">
    p {                          /* 标签选择器，设置段落的基本样式 */
        text-indent: 2em;        /*设置文本缩进*/
    }
    .title {                     /* 类选择器，设定同类内容的样式 */
        font-size: 1.2em;        /*设置文字大小*/
        color: #cc0808;          /*设置文本颜色 */
    }
    .content {                   /* 类选择器，设定同类内容的样式 */
```

```
            line-height: 2;              /* 设置行高 */
            color: #fde367;              /*设置文本颜色 */
            background: #cc0808;         /*设置背景颜色 */
        }
    </style>
```

运行后，页面效果如图 5-3 所示。

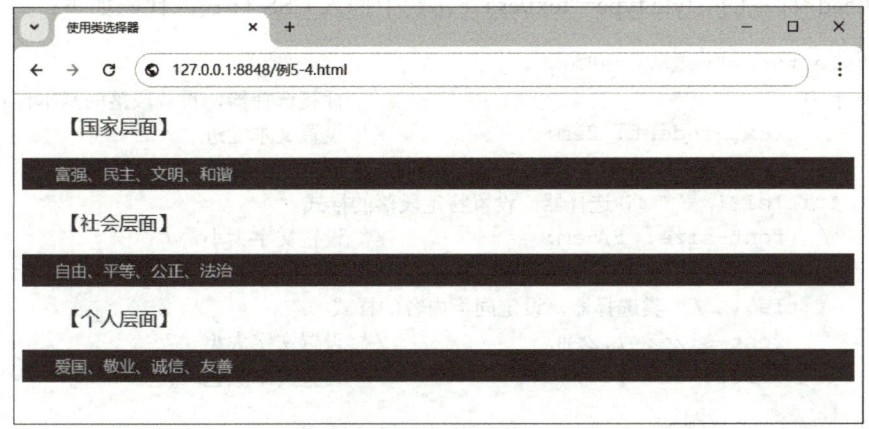

图 5-3　类选择器的使用效果

在例 5-4 中，通过标签选择器 p，设置所有的段落为文本缩进 2em；类选择器.title 和.content 可以被任何标签引用。在 6 个<p>标签中，第 1 个、第 3 个和第 5 个<p>标签调用了.title 类；第 2 个、第 4 个和第 6 个<p>标签调用了.content 类。

5.3.3　ID 选择器

ID 选择器用来对某个单一元素定义单独的样式。ID 选择器使用"#"进行标识，后面紧跟 ID 名。

语法： `#ID名{属性1:属性值1; 属性2:属性值2; 属性3:属性值3;}`

依据语法，定义<p>标签的 ID 选择器为"#title1"，例如：

```
#title1 {color: #cc0808; font-size: 30px;}
```

调用的方法是通过标签的 id 属性调用，例如：

```
<p id="title1">社会主义核心价值观</p>
```

ID 选择器的优势首先体现在唯一性。每个 HTML 元素的 ID 都应该是唯一的，这意味着通过 ID 应用的样式或脚本操作具有独一无二性，确保了样式或脚本只作用于具有特定 ID 的元素上；其次，ID 选择器的优势为优先级高，高于类选择器和标签选择器；最后，ID 选择器的优势为精确性，由于 ID 是唯一的，ID 选择器具有极高的特异性，能够非常精确地影响具有特定 ID 的元素。

【例 5-5】 ID 选择器的使用。

1) 在<body>标签内定义 HTML 结构代码。代码如下：

```
<body>
    <p id="title1" class="title">【国家层面】</p>
```

```
        <p id="content1" class="content">富强、民主、文明、和谐</p>
        <p class="title">【社会层面】</p>
        <p class="content">自由、平等、公正、法治</p>
        <p class="title">【个人层面】</p>
        <p class="content">爱国、敬业、诚信、友善</p>
    </body>
```

2）在<head>标签的<style type="text/css">元素中插入 CSS 样式。代码如下：

```
<style type="text/css">
    p {                                     /* 标签选择器，设置段落的基本样式 */
        text-indent: 2em;                   /* 设置文本缩进 */
    }
    #title1 {   /* ID 选择器，设置特定段落的样式 */
        font-size: 1.5em;                   /* 设置文字大小 */
    }
    .title {   /* 类选择器，设定同类内容的样式 */
        font-size: 1.2em;                   /* 设置文字大小 */
        color: #cc0808;                     /* 设置文本颜色 */
    }
    #content1{ /* ID 选择器，设置特定段落的样式 */
        border: 1px solid #cc0808;          /* 设置边框样式 */
        font-size: 1.5em;                   /* 设置文字大小 */
        color: #cc0808;                     /* 设置文本颜色 */
        background-color: #fde367;          /* 设置背景颜色 */
    }
    .content { /* 类选择器，设定同类内容的样式 */
        line-height: 2;                     /* 设置行高 */
        color: #fde367;                     /* 设置文本颜色 */
        background: #cc0808;                /* 设置背景颜色 */
    }
</style>
```

运行后，页面效果如图 5-4 所示。

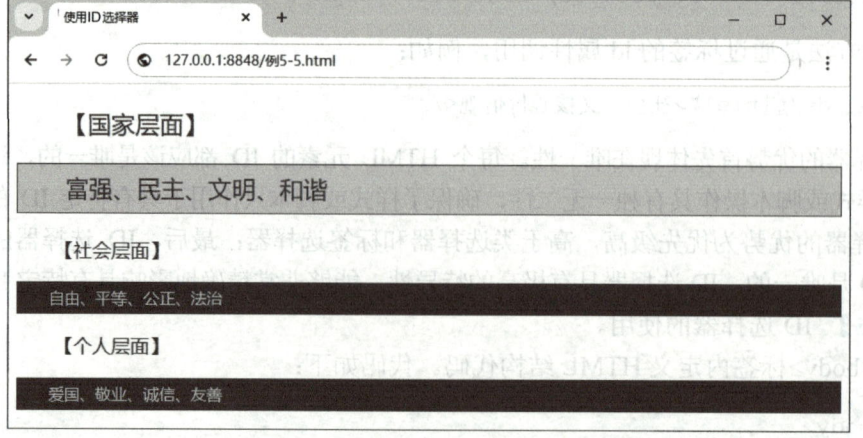

图 5-4　ID 选择器的使用效果

在例 5-5 中，第 1 个<p>标签使用 ID 选择器"#title1"单独定制了与同类元素区别的文本样式"font-size: 1.5em;"，既体现了它的唯一性，也体现了它的优先级高于同类的类选择器.title；同时，第 2 个<p>标签使用 ID 选择器"#content1"也是同样的原理，重点突出，体现了精准性，使其在样式上区别于第 4 个和第 6 个<p>标签。

5.3.4 通用选择器

通用选择器用星号"*"表示，它是所有选择器中作用范围最广的，能匹配页面中所有的元素。
语法：*{属性1:属性值1；属性2:属性值2；属性3:属性值3；}
一般都是使用这一句，设置所有元素的外边距（margin）和内边距（padding）都为 0 像素，即：

```
*{margin:0px; padding:0px;}
```

【例 5-6】 通用选择器的使用。
1）在<body>标签内定义 HTML 结构代码。代码如下：

```
<body>
    <h2>社会主义核心价值观</h2>
    <p>【国家层面】富强、民主、文明、和谐</p>
    <p>【社会层面】自由、平等、公正、法治</p>
    <p>【个人层面】爱国、敬业、诚信、友善</p>
</body>
```

2）在<head>标签的<style type="text/css">元素中插入 CSS 样式。代码如下：

```
<style type="text/css">
    *  {    /* 通用选择器 */
        margin: 5px;                        /* 外边距为 5 像素 */
        padding: 5px;                       /* 内边距为 5 像素 */
        border: 1px solid #cc0808;          /* 设置边框样式 */
        color: #cc0808;                     /* 设置文本颜色 */
        text-align: center;                 /* 设置文本水平居中 */
    }
</style>
```

运行后，页面效果如图 5-5 所示。

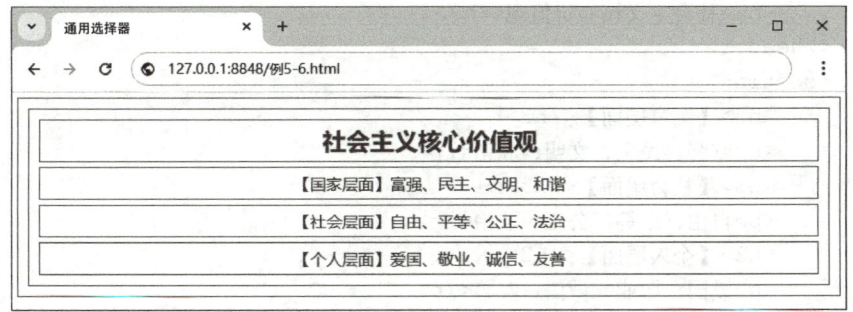

图 5-5 通用选择器的页面效果

在例 5-6 中，由于应用了代码"border: 1px solid #cc0808;"，最外层的红色边框是由<html>标签产生的；紧邻的内层红色边框是由<body>标签产生的；内层 4 个红色边框分别由 4 个块级元素（1 个<h2>和 3 个<p>）产生。由于设置了内、外边距，所有边框内外都产生了空白的边距，所有的文字为深红色（#cc0808），文本都设置为水平居中对齐。

5.4 其他 CSS 选择器

5.4.1 组合选择器

微课 5-3
CSS 组合选择器

组合选择器可以算作基本选择器的升级版，也就是组合使用基本选择器。组合选择器主要包含群组选择器、后代选择器、子代选择器、相邻兄弟选择器和普通兄弟选择器。组合选择器的名称与含义如表 5-1 所示。

表 5-1 组合选择器

名称	含义
群组选择器（E,F）	匹配所有的 E 元素和 F 元素，用","隔开
后代选择器（E F）	选择所有属于 E 元素后代的 F 元素，用空格隔开
子代选择器（E>F）	选择所有作为 E 元素的直接子元素 F，对更深一层的元素不起作用，用">"表示
相邻兄弟选择器（E+F）	选择紧跟在 E 元素之后的 F 元素，用"+"表示。选择相邻的第 1 个兄弟元素
普通兄弟选择器（E~F）	选择 E 元素之后的所有兄弟元素 F，作用于多个元素，用"~"隔开

1. 群组选择器

群组选择器是各个选择器通过逗号连接而成的，标签选择器、类选择器、ID 选择器都可以作为群组选择器的一部分。如果某些选择器定义的样式完全相同或部分相同，就可以利用群组选择器为它们定义相同的 CSS 样式。

语法：E,F {属性1:属性值1; 属性2:属性值2; 属性3:属性值3;}

【例 5-7】 群组选择器的使用。

1）在<article>标签内定义 HTML 结构代码。代码如下：

```
<article>
    <header>
        <h2>社会主义核心价值观</h2>
    </header>
    <section>
        <h3>【国家层面】</h3>
        <p>富强、民主、文明、和谐</p>
        <h3>【社会层面】</h3>
        <p>自由、平等、公正、法治</p>
        <h3>【个人层面】</h3>
        <p>爱国、敬业、诚信、友善</p>
    </section>
```

```
    </article>
```

2）在<head>标签的<style type="text/css">元素中插入 CSS 样式。代码如下：

```
<style type="text/css">
    body {                              /* 标签选择器 */
        text-align: center;             /* 设置文本水平居中 */
    }
    h3,p {                              /* 群组选择器 */
        padding: 5px;                   /* 内边距为 5 像素 */
        color: #cc0808;                 /* 设置文本颜色 */
        border: 1px solid #cc0808;      /* 设置边框样式 */
    }
</style>
```

运行后，页面效果如图 5-6 所示。

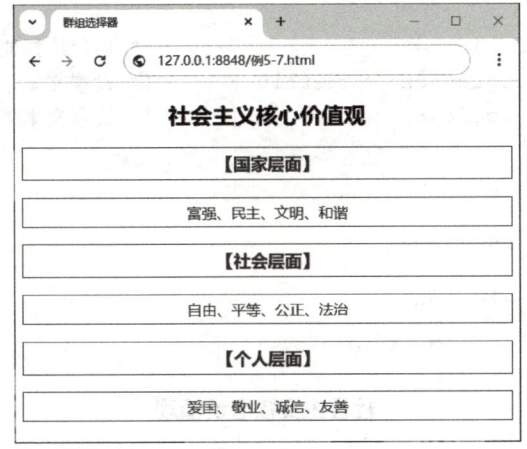

图 5-6　群组选择器的使用效果

在例 5-7 中，由于<h3>标签和<p>标签都需要设置深红色（#cc0808）的文本，以及同样的边框和内边距，所以使用了群组选择器，用逗号隔开。

2．后代选择器

后代选择器用来选择元素或元素组的后代，其写法就是把外层标签写在前面，内层标签写在后面，中间用空格分隔。当标签发生嵌套时，内层标签就成为外层标签的后代。

语法： E F {属性1:属性值1; 属性2:属性值2; 属性3:属性值3;}

【例 5-8】 后代选择器的使用。

1）在<body>标签内定义 HTML 结构代码。代码如下：

```
<body>
<header>
    <h2><span>社会主义核心价值观</span></h2>
</header>
<section>
    <h3>【<span>国家层面</span>】</h3>
```

```
            <p><span>富强</span> | <span>民主</span> | <span>文明</span> | <span>和谐</span></p>
            <h3>【<span>社会层面</span>】</h3>
            <p><span>自由</span> | <span>平等</span> | <span>公正</span> | <span>法治</span></p>
            <h3>【<span>个人层面</span>】</h3>
            <p><span>爱国</span> | <span>敬业</span> | <span>诚信</span> | <span>友善</span></p>
        </section>
    </body>
```

2）在<head>标签的<style type="text/css">元素中插入 CSS 样式。代码如下：

```
<style type="text/css">
    body {                                  /* 标签选择器 */
        text-align: center;                 /* 设置文本水平居中 */
    }
    section span {                          /* 后代选择器 */
        text-decoration: underline;         /* 设置文本下画线 */
        color: #cc0808;                     /* 设置文本颜色 */
    }
</style>
```

运行后，页面效果如图 5-7 所示。

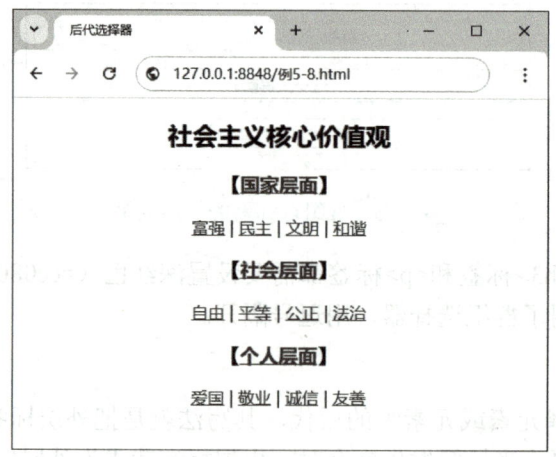

图 5-7　后代选择器的使用效果

在例 5-8 中，<section>标签内的所有<span>标签都设置深红色（#cc0808）的文本和下画线效果，而<h2>标签中的<span>标签由于不在<section>标签内部，所以文本样式没有变化。

3．子代选择器

子代选择器只能选择某元素的子元素，其中 E 为父元素，F 为直接子元素，E>F 表示选择 E 元素下的所有子元素 F。这与后代选择器不一样，在后代选择器中 F 是 E 的后代元素，而子代选择器中 F 是 E 的子元素。

语法：E>F {属性1:属性值1; 属性2:属性值2; 属性3:属性值3;}

【例 5-9】 子代选择器的使用。

1）在<body>标签内定义 HTML 结构代码。代码如下：

```
<body>
    <header>
        <h2><span>社会主义核心价值观</span></h2>
    </header>
    <section>
        <h3><p>【<span>国家层面</span>】</p></h3>
        <p><span> 富 强 </span> | <span> 民 主 </span> | <span> 文 明 </span> | <span>和谐</span></p>
        <h3><p>【<span>社会层面</span>】</p></h3>
        <p><span> 自 由 </span> | <span> 平 等 </span> | <span> 公 正 </span> | <span>法治</span></p>
        <h3><p>【<span>个人层面</span>】</p></h3>
        <p><span> 爱 国 </span> | <span> 敬 业 </span> | <span> 诚 信 </span> | <span>友善</span></p>
    </section>
</body>
```

2）在<head>标签的<style type="text/css">元素中插入 CSS 样式。代码如下：

```
<style type="text/css">
    body {                              /* 标签选择器 */
        text-align: center;             /* 设置文本水平居中 */
    }
    section>p>span {                    /* 子代选择器 */
        padding:5px;                    /* 内边距为 5 像素 */
        color: #ffffff;                 /* 设置文本颜色 */
        background-color: #cc0808;      /* 设置背景颜色 */
    }
</style>
```

运行后，页面效果如图 5-8 所示。

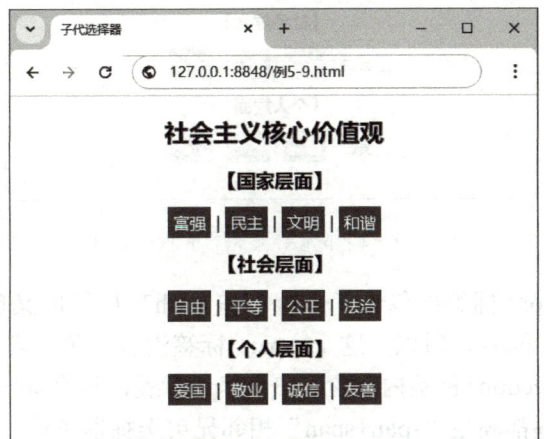

图 5-8 子代选择器的使用效果

在例 5-9 中，由于应用了"section>p>span"子代选择器，所以，<section>标签内的<p>标签为其子元素，而<p>标签内的<span>标签为其子元素，24 个社会主义核心价值观文本都呈现为白色，背景为深红色，同时还有 5 像素的内边距填充。另外，<section>标签内包含了<h3>标签，<h3>标签内部又包含了子元素<p>，<p>标签内部又包含了子元素<span>，这个子代选择器应表达为"section>h3>p>span"，所以不受定义的"section>p>span"子代选择器的样式影响。

4．相邻兄弟选择器

相邻兄弟选择器选择紧跟在某元素之后的另一元素，而且它们具有相同的父元素，也就是说，该选择器选择相邻的第 1 个兄弟元素。

语法： E +F {属性1:属性值1; 属性2:属性值2; 属性3:属性值3;}

【例 5-10】 相邻兄弟选择器的使用方式，在例 5-9 的 HTML 结构代码不变的情况下，在<style type="text/css">元素中插入相邻兄弟选择器的 CSS 样式。代码如下：

```
<style type="text/css">
    body {                              /* 标签选择器 */
        text-align: center;             /* 设置文本水平居中 */
    }
    span+span {                         /* 相邻兄弟选择器 */
        padding:5px;                    /* 内边距为 5 像素 */
        color: #ffffff;                 /* 设置文本颜色 */
        background-color: #cc0808;      /* 设置背景颜色 */
    }
</style>
```

运行后，页面效果如图 5-9 所示。

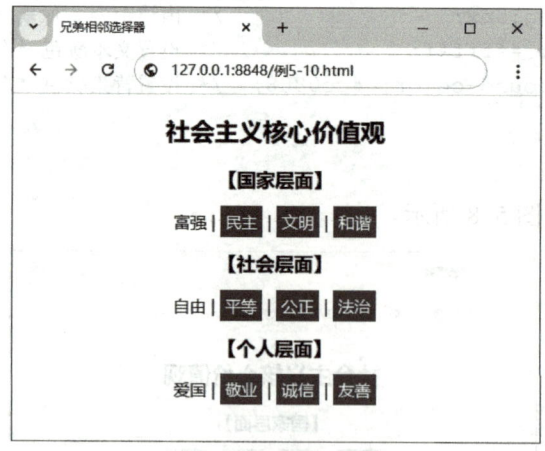

图 5-9 相邻兄弟选择器的使用效果

在例 5-10 中，<section>标签内包含了<h3>标签，<h3>标签内又包含了子元素<p>，<p>标签内仅包含 1 个子元素<span>，所以，这个<span>标签没有兄弟元素，不满足"span+span"相邻兄弟选择器条件。而<section>标签内包含了 3 个<p>标签，每个<p>标签内包含了 4 个<span>标签，后 3 个<span>标签都满足"span+span"相邻兄弟选择器条件，所以，后三个<span>标签呈现为文本白色，背景为深红色，同时还有 5 像素的内边距填充。

5. 普通兄弟选择器

普通兄弟选择器选择某元素后面的所有兄弟元素，它和相邻兄弟选择器类似，需要在同一个父元素之中，并且 F 元素在 E 元素之后。区别在于 E～F 表示匹配所有 E 元素后面的 F 元素，E+F 仅匹配紧跟在 E 元素后边的 F 元素。

语法： E～F {属性1:属性值1; 属性2:属性值2; 属性3:属性值3;}

【例 5-11】 普通兄弟选择器的使用。

1）在<body>标签内定义 HTML 结构代码。代码如下：

```
<body>
<header>
    <h2><span>社会主义核心价值观</span></h2>
</header>
<section>
    <h3 id="title1"><p>【<span>国家层面</span>】</p></h3>
    <p><span>富强</span> | <span>民主</span> | <span>文明</span> | <span>和谐</span></p>
    <h3><p>【<span>社会层面</span>】</p></h3>
    <p><span>自由</span> | <span>平等</span> | <span>公正</span> | <span>法治</span></p>
    <h3><p>【<span>个人层面</span>】</p></h3>
    <p><span>爱国</span> | <span>敬业</span> | <span>诚信</span> | <span>友善</span></p>
</section>
</body>
```

2）在<head>标签的<style type="text/css">元素中插入 CSS 样式。代码如下：

```
<style type="text/css">
    body {                              /* 标签选择器 */
        text-align: center;             /* 设置文本水平居中 */
    }
    #title1~p {                         /* 普通兄弟选择器 */
        padding:5px;                    /* 内边距为 5 像素 */
        color: #ffffff;                 /* 设置文本颜色 */
        background-color: #cc0808;      /* 设置背景颜色 */
    }
</style>
```

运行后，页面效果如图 5-10 所示。

在例 5-11 中，<section>标签内包含 3 个<h3>标签和 3 个<p>标签，第 1 个<h3>标签定义 id 属性为"title1"，所以，在样式表中定义了"#title1～p"普通兄弟选择器后，其后的 3 个<p>标签都呈现为文本白色，背景为深红色，同时还有 5 像素的内边距填充。

如果将"#title1～p"修改为"#title1+p"，则选择器变成了相邻兄弟选择器，只有第 1 个<p>标签文本为白色，背景为深红色，同时还有 5 像素的内边距填充，如图 5-11 所示。

如果给第 2 个<h3>标签定义 id 属性为"title1"，则<section>标签内的第 1 个<p>标签就不会呈现深红色背景、白色文本和 5 像素的内边距填充，如图 5-12 所示。

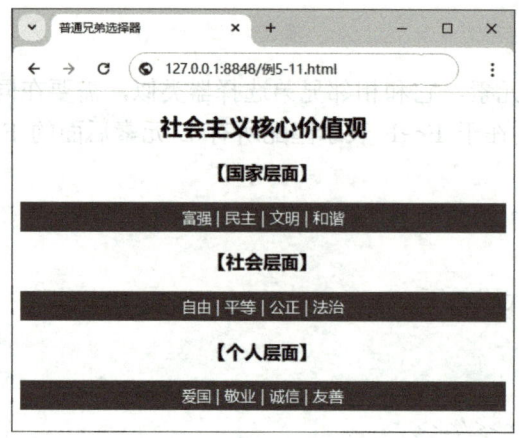
图 5-10　普通兄弟选择器的使用效果 1

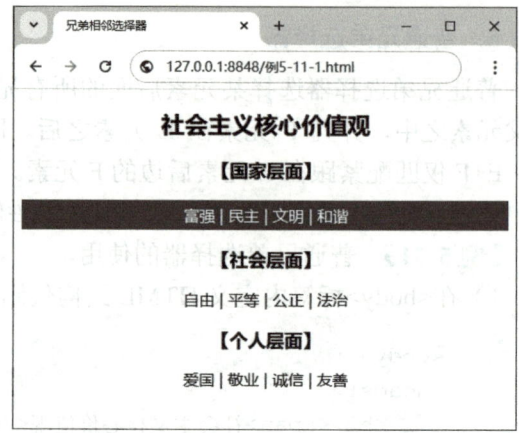
图 5-11　转换为相邻兄弟选择器

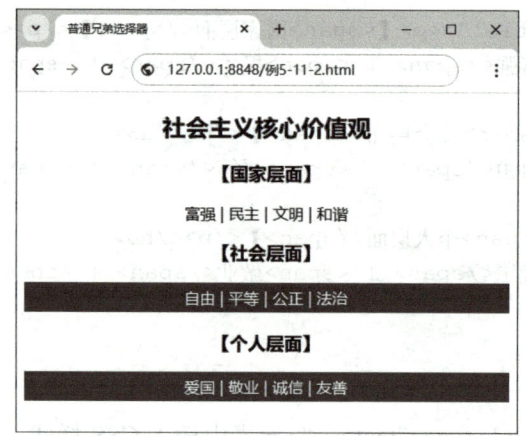
图 5-12　普通兄弟选择器的使用效果 2

5.4.2　属性选择器

CSS3 新添加了 3 个属性选择器：E[att^="value"]、E [att$="value"] 和 E [att*="value"]，用来匹配属性中某些特定的值，如表 5-2 所示。

表 5-2　属性选择器

属性名称	含义
E[att^="value"]	选择名称为 E 的标签，且该标签定义了 att 属性，att 属性值包含前缀为 value 的子字符串
E [att$="value"]	选择名称为 E 的标签，且该标签定义了 att 属性，att 属性值包含后缀为 value 的子字符串
E [att*="value"]	选择名称为 E 的标签，且该标签定义了 att 属性，att 属性值包含 value 的子字符串

需要注意的是 E 是可以省略的，如果省略则表示可以匹配满足条件的任意元素。

【例 5-12】属性选择器的使用。

1）在 \<body> 标签内定义 HTML 结构代码。代码如下：

```
<body>
    <header>
```

```
                <h2><span>社会主义核心价值观</span></h2>
            </header>
            <section>
                <h3 id="country"><p>【<span>国家层面</span>】</p></h3>
                <p><span>富强</span> | <span>民主</span> | <span>文明</span> | <span>和谐</span></p>
                <h3 id="society"><p>【<span>社会层面</span>】</p></h3>
                <p><span>自由</span> | <span>平等</span> | <span>公正</span> | <span>法治</span></p>
                <h3 id="personal"><p>【<span>个人层面</span>】</p></h3>
                <p><span>爱国</span> | <span>敬业</span> | <span>诚信</span> | <span>友善</span></p>
            </section>
        </body>
```

2）在<head>标签的<style type="text/css">元素中插入 CSS 样式。代码如下：

```
        <style type="text/css">
            body {  /* 标签选择器 */
                text-align: center;                /* 设置文本水平居中 */
            }
            h3[id*="o"]{                           /* 匹配包含字符串"o"的属性选择器 */
                font-size: 24px;                   /* 设置文本大小 */
            }
            h3[id^="c"]{                           /* 匹配前缀为"c"的属性选择器 */
                text-decoration: underline;        /* 设置文本下画线 */
            }
            h3[id$="l"]{                           /* 匹配后缀为"l"的属性选择器 */
                color: #ffffff;                    /* 设置文本白色 */
                background-color: #cc0808;         /* 设置背景深红色 */
            }
        </style>
```

运行后，页面效果如图 5-13 所示。

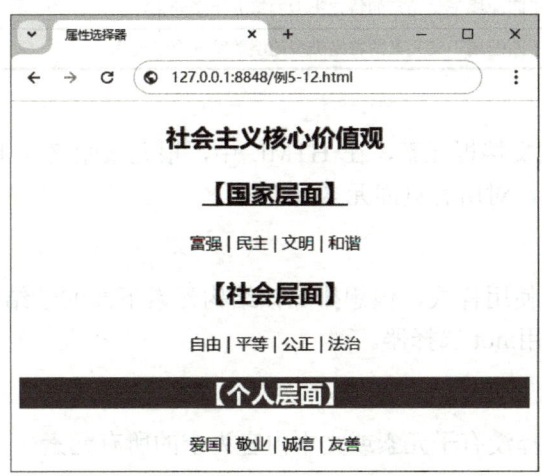

图 5-13　属性选择器的使用效果

在例 5-12 中，使用属性选择器"h3[id*="o"]"，将 3 个<h3>标签的文字大小设置为 24px；使用属性选择器"h3[id^="c"]"选择第一个<h3>标签，将该元素的文字添加了下画线；使用属性选择器"h3[id$="l"]"选择最后一个<h3>标签，将该元素的背景设置为深红色，文字设置为白色。

5.4.3 结构伪类选择器

结构伪类选择器是 CSS3 中新增的选择器。它利用文档结构树实现元素的过滤，通过文档的相互关系来匹配特定的元素，从而减少文档内 class 和 id 属性的定义，使文档更加简洁。常用的伪类选择器如表 5-3 所示。

微课 5-5
结构伪类选择器

表 5-3　结构伪类选择器

表达式	描述
:root	将样式绑定到页面的根元素中。所谓根元素，是指位于文档树中最顶层结构的元素，在 HTML 页面中就是指包含着整个页面的<html>部分
:not	想对某个结构元素使用样式，但想排除这个结构元素下的子结构元素，就使用:not
:empty	指定当元素内容为空白时使用的样式
:target	对页面中某个目标元素指定样式，该样式只在用户单击了页面中的链接且跳转到目标元素后生效
:only-child	当某个父元素中只有 1 个子元素时使用的样式
:first-child	对父元素中的第 1 个子元素指定样式 例如 p:first-child{}表示第 1 个 p 元素的样式
:last-child	对父元素中的最后一个子元素指定样式 例如 p:last-child{}表示倒数第 1 个 p 元素的样式
:nth-child(n)	对指定序号的子元素设置样式（正数），表示第几个子元素 例如：p:nth-child(2){}　表示第 2 个 p 元素的样式
:nth-last-child(n)	对指定序号的子元素设置样式（正数），表示倒数第几个子元素 例如：p:nth-last-child(2){}表示倒数第 2 个 p 元素的样式
:nth-child(even)	所有正数第偶数个子元素，等同于:nth-child(2n)
:nth-child(odd)	所有正数第奇数个子元素，等同于:nth-child(2n+1)
:nth-last-child(even)	所有倒数第偶数个子元素
:nth-last-child(odd)	所有倒数第奇数个子元素
:nth-of-type(n)	用于匹配属于父元素的特定类型的第 n 个子元素
:nth-last-of-type(n)	用于匹配属于父元素的特定类型的倒数第 n 个子元素

1. :root 选择器

:root 选择器用于匹配文档根元素，在 HTML 中，根元素始终是 html 元素。也就是说，使用:root 选择器定义的样式，对所有页面元素都生效。

2. :not 选择器

如果对某个结构元素使用样式，但想排除该结构元素下面的子结构元素，让其子结构元素不使用这个样式，可以使用:not 选择器。

3. :empty 选择器

:empty 选择器用来选择没有子元素或文本内容为空的所有元素。

4. :target 选择器

:target 选择器为页面的某个 target 元素（该元素的 ID 被当作页面中的超链接来使用）指定样式。只有单击页面的超链接，并且跳转到 target 元素后，:target 选择器所设置的样式才会起作用。

【例 5-13】 :root 选择器、:not 选择器、:empty 选择器和:target 选择器的使用。

1）在<body>标签内定义 HTML 结构代码。代码如下：

```
<body>
    <header>
        <h2>社会主义核心价值观</h2>
    </header>
    <section>
        <h3><a href="#country">【国家层面】</a></h3>
        <p id="country"><span>富强 | 民主 | 文明 | 和谐</span></p>
        <p></p>
        <h3><a href="#society">【社会层面】</a></h3>
        <p id="society"><span>自由 | 平等 | 公正 | 法治</span></p>
        <p></p>
        <h3><a href="#personal">【个人层面】</a></h3>
        <p id="personal"><span>爱国 | 敬业 | 诚信 | 友善</span></p>
    </section>
    <section>
        <p>提醒：如果单击链接，:target 选择器会突出显示当前活动的 HTML 锚点。</p>
    </section>
</body>
```

2）在<head>标签的<style type="text/css">元素中插入 CSS 样式。代码如下：

```
<style type="text/css">
    :root {                                /* :root 选择器 */
        text-align: center;                /* 设置文本水平居中 */
    }
    section :not(h3):not(a){               /* :not 选择器 */
        color: #cc0808;                    /* 设置文本颜色 */
    }
    p:empty{                               /* :empty 选择器 */
        height: 1px;                       /* 设置高度 */
        background-color: #cc0808;         /* 设置背景深红色 */
    }
    :target{                               /* :target 选择器 */
        color: #ffffff;                    /* 设置文本颜色 */
        background-color: #fcd4db;         /* 设置背景浅红色 */
    }
</style>
```

运行后，页面效果如图 5-14 所示。

在例 5-13 中，使用:root 选择器将页面中所有的文本设置为水平居中；使用"section

:not(h3):not(a)"定义的:not 选择器，排除<h3>标签和<a>标签，将其他元素的文本颜色设置为深红色；使用"p:empty"定义的:empty 选择器，将页面中空的<p>标签设置为高 1px、背景颜色为深红色，最终呈现为一条红线，例 5-13 中有两个空的<p>标签，所以最终呈现了 2 条深红色的线。当单击超链接"个人层面"时，地址栏中的地址"例 5-13.html"变为"例 5-13.html#personal"。由于使用了":target"定义的:target 选择器，目标锚点的背景变为浅红色，效果如图 5-15 所示。

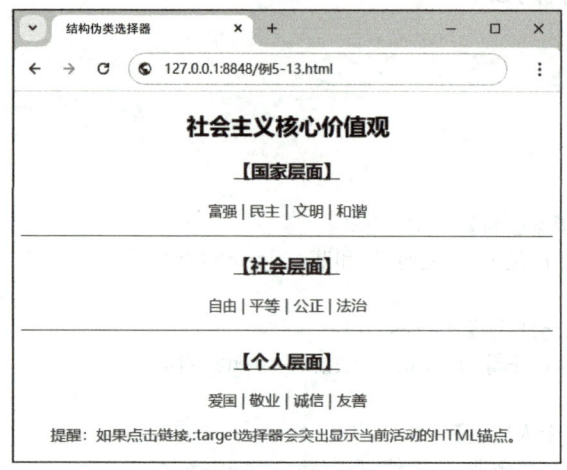
图 5-14　结构伪类选择器的使用效果 1

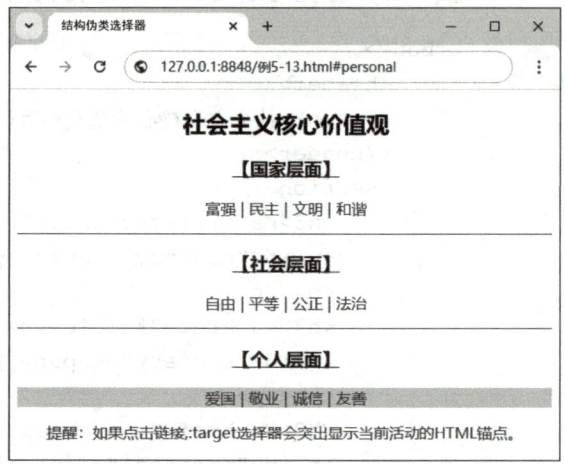
图 5-15　触发:target 选择器的效果

5．:only-child 选择器

:only-child 选择器用于指定某父元素唯一子元素的样式。

6．:first-child 选择器和:last-child 选择器

:first-child 选择器和:last-child 选择器分别用于为父元素中的第一个子元素和最后一个子元素设置样式。

7．:nth-child(n)选择器和:nth-last-child(n)选择器

:nth-child(n) 选择器和 :nth-last-child(n) 选择器表示对指定序号的子元素设置样式（正数）。:nth-child(n)选择器表示第 *n* 个子元素，而:nth-last-child(n) 选择器表示倒数第 *n* 个元素。所以，:first-child 相当于:nth-child(1)，:last-child 相当于:nth-last-child(1)。

【例 5-14】　:only-child 选择器、:first-child 选择器和:last-child 选择器的使用。

1）在<body>标签内定义 HTML 结构代码。代码如下：

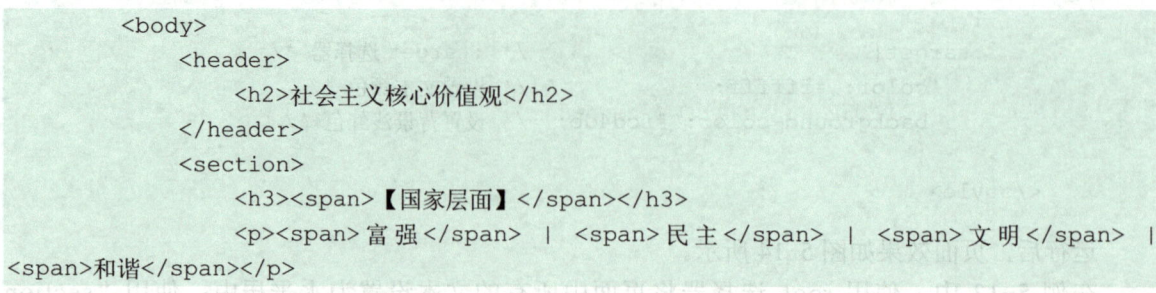

```
            <h3><span>【社会层面】</span></h3>
            <p><span>自由</span> | <span>平等</span> | <span>公正</span> | <span>法治</span></p>
            <h3><span>【个人层面】</span></h3>
            <p><span>爱国</span> | <span>敬业</span> | <span>诚信</span> | <span>友善</span></p>
        </section>
    </body>
```

2）在<head>标签的<style type="text/css">元素中插入 CSS 样式。代码如下：

```
<style type="text/css">
    body {                              /* 标签选择器 */
        text-align: center;             /* 设置文本水平居中 */
    }
    p span:first-child{                 /* :first-child 选择器 */
        color: #ffffff;                 /* 设置文本白色 */
        background-color: #cc0808;      /* 设置背景深红色 */
    }
    p span:last-child{                  /* :last-child 选择器 */
        color: #ffffff;                 /* 设置文本白色 */
        background-color: #cc0808;      /* 设置背景深红色 */
    }
    h3 span:only-child{                 /* only-child 选择器 */
        color:#cc0808;                  /* 设置文本深红色 */
    }
</style>
```

运行后，页面效果如图 5-16 所示。

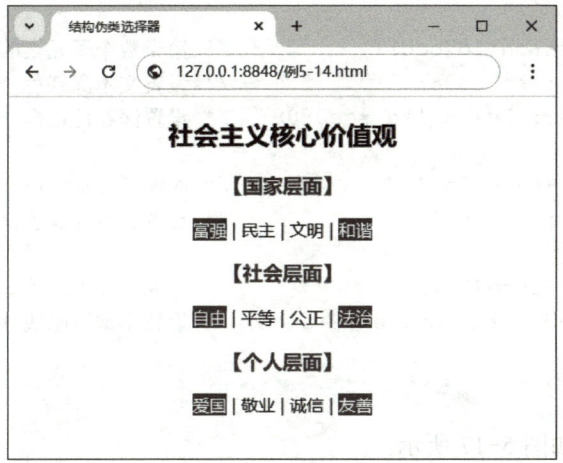

图 5-16 结构伪类选择器的使用效果 2

在例 5-14 中，<section>标签中有 3 个<p>标签，每个<p>标签中都包含了 4 个<span>标签，使用 "p span:first-child" 定义了<p>标签中第一个<span>标签，以及使用 "p span:last-child" 定义了<p>标签中最后一个<span>标签的背景为深红色，文字为白色。

"p span:first-child"相当于"p span:nth-child(1)",第 1 个孩子也相当于倒数第 4 个孩子,还可以定义为"p span: nth-last-child(4)"。同样,"p span:last-child"相当于"p span:nth-last-child(1)",倒数第 1 个孩子也相当于第 4 个孩子,还可以定义为"p span: nthchild(4)"。

8. :nth-child(even)选择器和: nth-child(odd)选择器

:nth-child(even)选择器表示对所有正数第偶数个子元素设置样式。:nth-child(odd)选择器表示对所有正数第奇数个子元素设置样式。

9. :nth-last-child(even)选择器和: nth-last-child(odd)选择器

:nth-last-child(even)选择器表示对所有倒数第偶数个子元素设置样式。:nth-last-child(odd)选择器表示对所有倒数第奇数个子元素设置样式。

10. :nth-of-type(n)选择器和: nth-last-of-type(n)选择器

:nth-of-type(n)选择器和:nth-last-of-type(n)选择器分别用于匹配属于父元素的特定类型的第 *n* 个子元素和倒数第 *n* 个子元素,与元素类型无关。

【例 5-15】 :nth-child(n)选择器、:nth-last-child(n)选择器、:nth-of-type(n)选择器和:nth-last-of-type(n)选择器的使用。代码如下:

1)在<body>标签内定义的 HTML 结构代码与例 5-14 的代码相同,参见例 5-14。
2)在<head>标签的<style type="text/css">元素中插入 CSS 样式。代码如下:

```css
<style type="text/css">
    body {                                        /* 标签选择器 */
        text-align: center;                       /* 设置文本水平居中 */
    }
    p span:nth-child(even){                       /* 第偶数个子元素的样式设置 */
        color: #ffffff;                           /* 设置文本白色 */
        background-color: #cc0808;                /* 设置背景深红色 */
    }
    p span:nth-child(odd){                        /* 第奇数个子元素的样式设置 */
        color: #cc0808;                           /* 设置文本深红色 */
        border: 1px solid #cc0808;                /* 设置深红色边框 */
    }
    h3:nth-of-type(3n){                           /* 匹配父元素的第 3n 个<h3>标签的样式 */
        color: #cc0808;                           /* 设置文本深红色 */
    }
    h3:nth-of-type(3n+1){                         /* 匹配父元素的第 3n+1 个<h3>标签的样式 */
        text-decoration: underline;               /* 设置文本下画线 */
    }
</style>
```

运行后,页面效果如图 5-17 所示。

<section>标签中有 3 个<p>标签,每个<p>标签中都包含了 4 个<span>标签,使用"p span:nth-child(even)"定义了第偶数个子元素的样式设置,其等同于"p span:nth-child(2n)",此时<span>标签的样式为深红色背景,白色文字。使用"p span:nth-child(odd)"定义了第奇数个子元素的样式设置,其等同于"p span:nth-child(2n+1)",此时<span>标签的样式为深红色边框,深红色文字。

图 5-17 结构伪类选择器的使用效果 3

使用"h3:nth-of-type(3n)"定义了匹配父元素<section>的第 3n 个<h3>标签的样式设置,因为只有 3 个<h3>标签,所以,在"n=1"时的值为 3,也就是第 3 个<h3>标签的文本为深红色。使用"h3:nth-of-type(3n+1)"定义了匹配父元素<section>的第 3n+1 个<h3>标签的样式设置,因为只有 3 个<h3>标签,所以,在"n=0"时的值为 1,也就是第 1 个<h3>标签的文本有下画线。

5.4.4 链接伪类选择器

定义超链接时,需要为超链接指定不同的状态,使得超链接在单击前、单击后和鼠标悬停时的样式不同。在 CSS 中,通过超链接伪类可以实现不同的链接状态。

所谓伪类并不是真正意义上的类,它的名称是由系统定义的,通常由标签名、类名或 ID 加":"构成。超链接标签<a>的伪类有 4 种,具体如表 5-4 所示。

表 5-4 超链接标签<a>的伪类

表达式	描述	表达式	描述
a:link	未访问时超链接的状态	a:hover	鼠标经过、悬停时超链接的状态
a:visited	访问后超链接的状态	a:active	鼠标单击时超链接的状态

【例 5-16】链接伪类选择器的使用。

1)在<body>标签内定义 HTML 结构代码。代码如下:

```
<body>
    <header>
        <h2>社会主义核心价值观</h2>
    </header>
    <section>
        <h3><a href="#country">【国家层面】</a></h3>
        <p id="country"><span>富强 | 民主 | 文明 | 和谐</span></p>
        <h3><a href="#society">【社会层面】</a></h3>
        <p id="society"><span>自由 | 平等 | 公正 | 法治</span></p>
```

```
            <h3><a href="#personal">【个人层面】</a></h3>
            <p id="personal"><span>爱国 | 敬业 | 诚信 | 友善</span></p>
        </section>
    </body>
```

2）在\<head\>标签的\<style type="text/css"\>元素中插入 CSS 样式。代码如下：

```
    <style type="text/css">
        body {                                      /* 标签选择器 */
            text-align: center;                     /* 设置文本水平居中 */
        }
        a:link, a:visited {                         /* 未访问和访问后 */
            color: #000000;                         /* 设置超链接颜色 */
            text-decoration: none;                  /* 清除超链接默认的下画线 */
        }
        a:hover {                                   /* 鼠标悬停 */
            color: #ffffff;                         /* 设置超链接颜色 */
            background-color: #cc0808;              /* 设置背景浅红色 */
            text-decoration: underline;             /* 鼠标悬停时出现下画线*/
        }
        a:active {                                  /* 鼠标单击 */
            color: #ffff00;                         /* 设置超链接颜色 */
        }
        :target {                                   /* :target 选择器 */
            color: #cc0808;                         /* 设置文本颜色 */
            background-color: #fcd2ac;              /* 设置背景浅红色 */
        }
    </style>
```

运行后，页面效果如图 5-18 所示。当鼠标悬停于"社会层面"时，页面效果如图 5-19 所示。当鼠标单击"社会层面"，文字颜色变为黄色，页面效果如图 5-20 所示。由于定义了:target 选择器，链接目标显示背景为浅红色，文字为深红色，页面效果如图 5-21 所示。

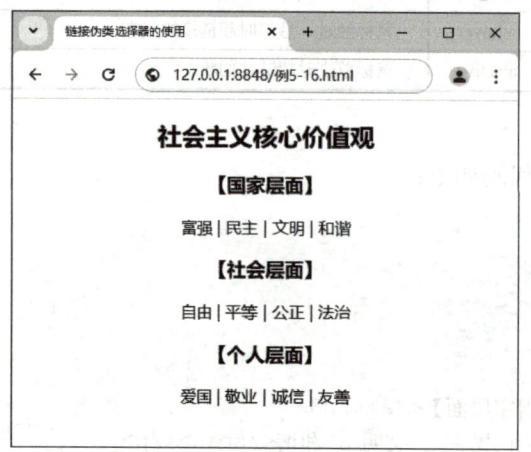

图 5-18　导航页面效果

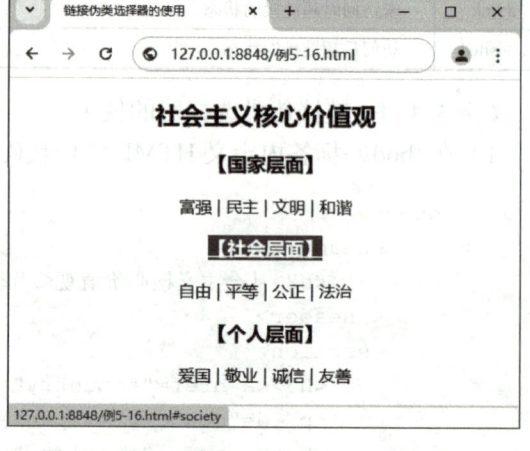

图 5-19　鼠标悬停页面效果

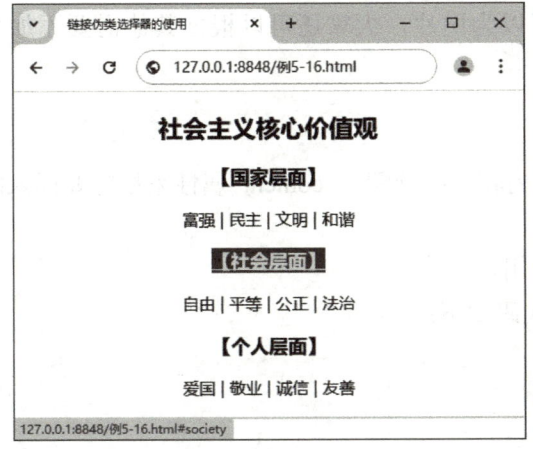

图 5-20　鼠标单击时的页面效果

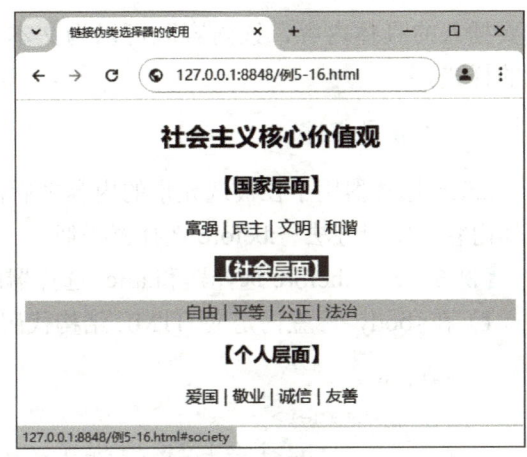

图 5-21　鼠标单击后的页面效果

在应用超链接伪类选择器时，要保持 a:link、a:visited、a:hover 和 a:active 的先后顺序来定义样式，在实际工作中，通常只需要使用 a:link、a:visited 和 a:hover 定义未访问、访问后和鼠标悬停时的链接样式，并且常对 a:link 和 a:visited 应用相同的样式，使未访问和访问后的链接样式保持一致。还可以简化为如下代码来写。

```
a{                                    /* 设置超链接基础样式 */
    color: #000000;                   /* 设置超链接颜色 */
    text-decoration: none;            /* 清除超链接默认的下画线 */
}
a:hover {                             /* 鼠标悬停 */
    color: #ffffff;                   /* 设置超链接颜色 */
    background-color: #cc0808;        /* 设置背景浅红色 */
    text-decoration: underline;       /* 鼠标悬停时出现下画线*/
}
```

5.4.5　伪元素选择器

伪元素选择器是针对 CSS 中已定义的伪元素使用的选择器。CSS 中主要使用的伪元素是:before 选择器和:after 选择器。

微课 5-7
伪元素选择器

1. :before 选择器

:before 选择器用于在被选元素的内容前插入内容，必须配合 content 属性来指定要插入的具体内容。

语法：

```
element:before{
    content:文字/url();
}
```

语法中，element 表示被选元素，位于":before"之前，"{ }"中的 content 属性用来指定要插入的具体内容，该内容既可以为文本也可以为图片，大家还可以根据其他需要添加相应的样式。

2. :after 选择器

:after 选择器用于在被选元素的内容之后插入内容，必须配合 content 属性来指定要插入的具体内容。使用方法与:before 选择器类似。

【例 5-17】 :before 选择器和:after 选择器的使用。

1）在<body>标签内定义 HTML 结构代码。代码如下：

```html
<body>
    <header>
        <h2>社会主义核心价值观</h2>
    </header>
    <section>
        <h3>【国家层面】</h3>
        <p><span>富强</span> <span>民主</span> <span>文明</span> <span>和谐</span></p>
        <h3>【社会层面】</h3>
        <p><span>自由</span> <span>平等</span> <span>公正</span> <span>法治</span></p>
        <h3>【个人层面】</h3>
        <p><span>爱国</span> <span>敬业</span> <span>诚信</span> <span>友善</span></p>
    </section>
</body>
```

2）在<head>标签的<style type="text/css">元素中插入 CSS 样式。代码如下：

```css
<style type="text/css">
    body {                       /* 标签选择器 */
        text-align: center;      /* 设置文本水平居中 */
    }
</style>
```

3）运行代码后，效果如图 5-22 所示，继续插入 CSS 样式。代码如下：

```css
span:before {                    /* :before 选择器 */
    content: "[ ";               /* 添加伪元素内容 */
    color: #cc0808;              /* 设置文本颜色 */
    font-size: 20px;             /* 设置文字大小 */
}
span:after {                     /* :after 选择器 */
    content: " ]";               /* 添加伪元素内容 */
    color: #cc0808;              /* 设置文本颜色 */
    font-size: 20px;             /* 设置文字大小 */
}
```

运行后，页面效果如图 5-23 所示。

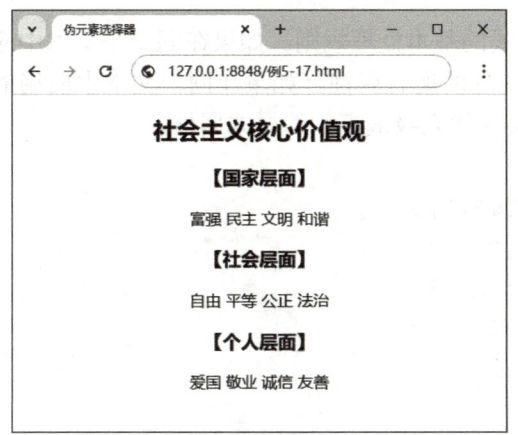

图 5-22　使用伪元素选择器前的页面效果

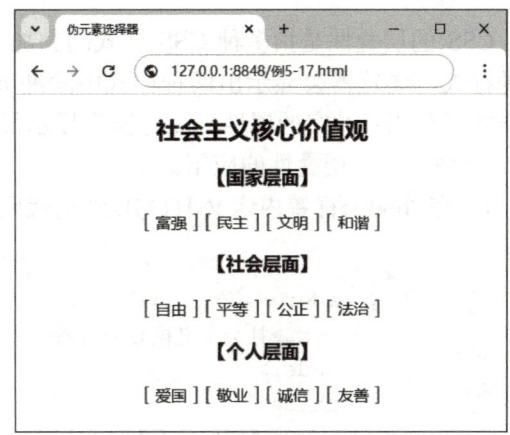

图 5-23　使用伪元素选择器后的页面效果

例 5-17 中，使用 "span:before" 在<span>标签原有的内容前添加新内容，同时使用 content 属性来指定添加的具体内容并设置了文本样式；使用 "span:after" 在<span>标签原有的内容尾部添加新内容，使用 content 属性来指定添加的具体内容，同时设置了文本样式。

5.5　CSS 的继承性与层叠性

5.5.1　CSS 的继承性

微课 5-8
CSS 的继承性
与层叠性

CSS 的继承性是指被包含的子元素将拥有外层元素的某些样式。
例如：

```
body{text-align: center; color: #ff0000; }
```

HTML 结构文档：

```
<body>
    <p>社会主义核心价值观</p>
</body>
```

在页面显示时，<body>标签定义的文本水平居中，颜色为红色，<p>标签虽然没有定义样式，但是里面的文字会继承<body>标签的样式，水平居中，呈现红色。这就是 CSS 的继承性。

在实际开发中，通常会对使用较多的字体、文本属性等网页中通用的样式使用继承，所以会在<body>标签中统一设置字体、字号、颜色、行距等样式。

注意：并不是所有的属性都可以继承，元素的布局属性、盒模型属性不能继承，如背景属性、边框属性、边距属性、定位属性、布局属性、元素宽高属性。

5.5.2 CSS 的层叠性

CSS 的层叠性是指多种 CSS 样式的叠加,样式的基本处理规则。如果在同一个文本中应用两种样式,浏览器会显示出两种样式中除冲突属性外的所有属性。如果在同一文本中应用的两种样式存在相互冲突的属性,浏览器将显示最内层(优先级最高)的样式属性。

【例 5-18】 层叠性的应用。

1)在<body>标签内定义 HTML 结构代码。代码如下:

```
<body>
    <header>
        <h2>社会主义核心价值观</h2>
    </header>
    <section>
        <h3>【国家层面】</h3>
        <p><span>富强</span> <span>民主</span> <span>文明</span> <span>和谐</span></p>
        <h3>【社会层面】</h3>
        <p><span>自由</span> <span>平等</span> <span>公正</span> <span>法治</span></p>
        <h3>【个人层面】</h3>
        <p><span>爱国</span> <span>敬业</span> <span>诚信</span> <span>友善</span></p>
    </section>
</body>
```

2)在<head>标签的<style type="text/css">元素中插入 CSS 样式。代码如下:

```
<style type="text/css">
    body {                              /* 标签选择器 */
        text-align: center;             /* 设置文本水平居中 */
    }
    section{                            /* 标签选择器 */
        color: #cc0808;                 /* 设置文本颜色 */
    }
    p{                                  /* 标签选择器 */
        background-color: #f8d9be;      /* 设置背景颜色 */
    }
    span{                               /* 标签选择器 */
        background-color: #cc0808;      /* 设置背景颜色 */
        color: #ffffff;                 /* 设置文本颜色 */
    }
</style>
```

运行后,页面效果如图 5-24 所示。

由于<body>标签定义文本水平居中,根据继承性,<section>标签内的文本也会水平居中。由于<section>标签选择器定义文字颜色为深红色,所以<p>标签内的文本都会显示水平居中,文字颜色为深红色。此外,<p>标签定义了段落背景色为浅红色(#f8d9be)。受继承性的影响,

<span>标签会继承<section>标签、<section>标签和<p>标签的样式，而<span>标签定义了深红色（#cc0808）背景，两个背景颜色冲突，显示将<span>标签定义的样式。这是根据优先级来判断的，基本的判断原则是：在同等条件下，距离元素近的样式拥有较高的优先级。

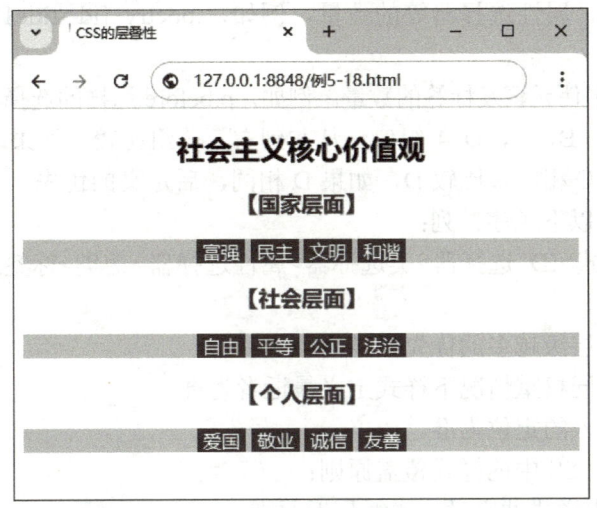

图 5-24　CSS 的层叠性页面效果

5.5.3　CSS 的冲突处理

处理层叠关系的最好方式就是使用优先级别来判断。

行内样式、内部样式和链接样式同时应用于同一个元素，就是使用多重样式的情况，这时依据它们的权重来判断。

微课 5-9
CSS 的冲突处理

一般情况下，优先级如下：链接样式<内部样式<行内样式。但如果链接样式表放在内部样式表下边引用，则外部样式表>内部样式表。

选择器的权重如下。

- 继承样式的权重为 0。
- 通配选择符的权重为 0。
- 伪元素选择器为 1。
- 标签选择器为 1。
- 伪类选择器为 10。
- 类选择器为 10。
- 属性选择器为 10。
- ID 选择器为 100。
- 行内样式的权值最高为 1000。
- !important 的权值最高为 10000。

!important 具有最高优先级，如果 JavaScript 控制脚本的样式，则权限更高。

权值使用规则：选择器的权值加到一起，大的优先；如果权值相同，后定义的优先。同类选择器无加权。

选择器权重值的计算如下。

A：如果规则写在标签的 style 属性中（内联样式），则 A=1，否则，A=0。对于内联样式，由于没有选择器，所以 B、C、D 的值都为 0，即 A=1,B=0,C=0,D=0（简写为 1,0,0,0，下同）。

B：计算该选择器中 ID 的数量。例如，#title1 这样的选择器，计算为 0, 1, 0, 0。

C：计算类选择器、属性选择器等的数量，例如，.poetry [id='title1'] 这样的选择器，计算为 0, 0, 2, 0。

D：计算该选择器中伪元素及标签的数量。例如，p:before 这样的选择器，计算为 0, 0, 0, 2。

计算权重值时，A，B，C，D 4 组值，从左到右，分组比较。如果 A 相同，比较 B，如果 B 相同，比较 C，如果 C 相同，比较 D，如果 D 相同，后定义的优先。

选择器优先级按照以下顺序排列：

!important>内联样式>ID 选择器>类选择器>属性选择器>伪类>标签选择器>通配符选择器>继承选择器。

同类选择器条件下层级越多的优先级越高。

优先级就近原则：同权重情况下样式定义最近者为准。

载入样式以最后载入的定位为准。

样式冲突的处理，CSS 中的样式覆盖原则：

1）由于继承而发生样式冲突时，遵循最近原则。
2）继承的样式和直接指定的样式冲突时，使用直接指定的样式，遵循最直接原则。
3）直接指定的样式发生冲突时，使用样式权值高的样式。
4）样式权值相同时，使用后定义的样式。
5）!important 的样式属性不被覆盖。

【例 5-19】 CSS 的冲突处理。

1）在<article>标签内定义 HTML 结构代码。代码如下：

```
<article>
    <header>
        <h2>社会主义核心价值观</h2>
    </header>
    <section id="society">
        <h3>【国家层面】</h3>
        <p class="content"><span>富强 民主 文明 和谐</span></p>
        <h3>【社会层面】</h3>
        <p class="content"><span>自由 平等 公正 法治</span></p>
        <h3>【个人层面】</h3>
        <p class="content"><span>爱国 敬业 诚信 友善</span></p>
    </section>
</article>
```

2）在<head>标签的<style type="text/css">元素中插入 CSS 样式。代码如下：

```
<style type="text/css">
    body {                              /* 标签选择器 */
        text-align: center;             /* 设置文本水平居中 */
    }
    #society p{                         /* 权值 100+1=101 */
```

```
            color:#ff0000;                  /* 设置红色文字 */
        }
        #society p.content span{           /* 权值 100+1+10+1=112 */
            color:#ffffff;                 /* 设置白色文字 */
            background-color: #cc0808;     /* 设置深红色背景 */
            padding: 0 8px;                /* 设置上下填充为0，左右填充为8px */
        }
        #society .content span{            /* 权值 100+10+1=111 */
            color:#ff00ff;                 /* 设置粉红文字 */
        }
        #society p span{                   /* 权值 100+1+1=102 */
            color:#0000ff;                 /* 设置蓝色文字 */
        }
    </style>
```

运行后，页面效果如图 5-25 所示。

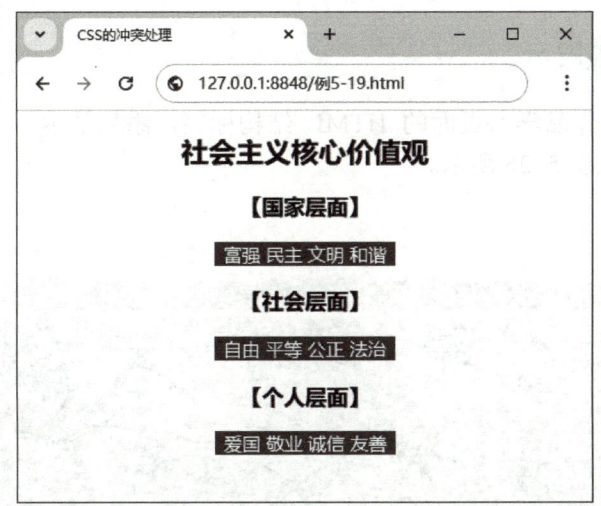

图 5-25　CSS 的冲突处理

在 CSS 样式表中，针对<section>标签内的 3 个<p>标签里的文本，共有 4 个样式能匹配其文本颜色。其中"#society p"的权值为 101，"#society p.content span"的权值为 112，"#society .content span"的权值为 111，"#society p span"的权值为 102。这 4 个权值中最大值为 112，所以，3 个<p>标签里的文本最终呈现的页面效果为背景深红色（#cc0808），文本白色（#ffffff）。

如果在<span>内部添加"style='color:#ffff00'"，代码如下。

```
    <p class="content"><span style="color:#ffff00">自由 平等 公正 法治</span></p>
```

此时，内联样式的权值为 1000，此时，文本的颜色将呈现为黄色。

如果在<style>内部添加一个新的类样式，代码如下。

```
        .special{
```

```
        color:#00ffff !important;
    }
```

而"自由 平等 公正 法治"文本 HTML 代码如下。

```
<span class="special" style="color:#ffff00">自由 平等 公正 法治</span>
```

虽然内联样式的权值为 1000，但是，由于.special 中文本的颜色使用了"!important"，所以，其权值为 10000，最终文本将呈现为青色（#00ffff）。

【任务实施】

5.6 历代优秀墨竹作品学习页面的 CSS 设计

5.6.1 页面效果展示

依据历代优秀墨竹作品学习页面的 HTML 结构标签，添加基本的 CSS 后的页面效果如图 5-26 所示。

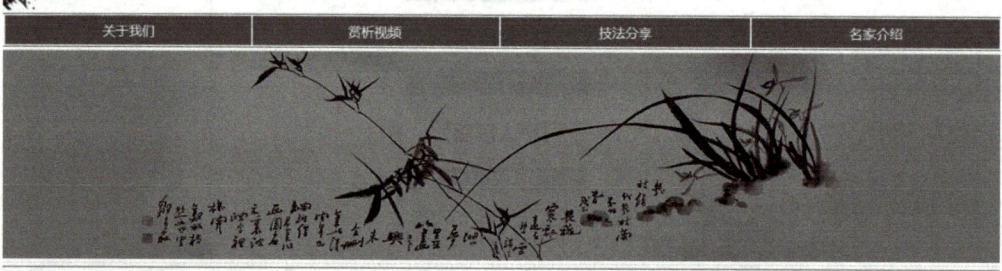

图 5-26 添加 CSS 后的页面效果

5.6.2 页面实现分析

页面中多条横向仿古线条,CSS 可以借助 "border-bottom: 1px solid #a8620a;"来实现。超链接的基本样式与整体风格一致,也是用仿古色(#a8620a;)。

根据 HTML 结构代码,完成项目要分为以下几步。
第一步:设计基本的 CSS 样式。
第二步:依据基本 HTML 结构,完成网站 Logo 与导航条样式编写。
第三步:依据基本 HTML 结构,完成 banner 区域样式编写。
第四步:依据基本 HTML 结构,完成"传统墨竹画源流析"区域样式编写。
第五步:依据基本 HTML 结构,完成版权板块样式编写。

5.6.3 页面实现过程

1. 编写页面通用样式

新建一个 CSS 文件,命名为"style.css",保存至目录文件夹。
首先,在 CSS 文件中编写通用的样式表。

```css
body {                              /* 页面基本样式 */
    font-size: 16px;                /* 设置文字大小 */
}
a {                                 /* 设置超链接基础样式 */
    color: #a8620a;                 /* 设置超链接颜色 */
    text-decoration: none;          /* 清除超链接默认的下画线 */
}
```

在 HTML 文档的<head>标签内,添加<link>标签,实现链接外部样式表"style.css"。

```html
<link rel="stylesheet" type="text/css" href="css/style.css">
```

2. 网站 Logo 与导航条的 HTML 结构与 CSS 样式设置

1)网站 Logo 与导航条的 HTML 结构代码如下。

```html
<header id="bamboologo">
    <table width="1200" border="0" align="center" cellpadding="0" cellspacing="0">
        <tr>
            <td>
                <img src="images/logo.jpg" />
            </td>
        </tr>
    </table>
</header>
<nav id="bamboonav">
    <table width="1200" border="0" align="center" cellpadding="0" cellspacing="2">
```

```
            <tr>
                <td align="center"><a href="#">关于我们</a></td>
                <td align="center"><a href="#">赏析视频</a></td>
                <td align="center"><a href="#">技法分享</a></td>
                <td align="center"><a href="#">名家介绍</a></td>
            </tr>
        </table>
    </nav>
```

2）在"style.css"文件中，网站 Logo 与导航条的相关样式如下。

```
        #bamboologo{                              /* ID 选择器定义 Logo 基础样式 */
            border-bottom: 1px solid #a8620a;     /* 设置底部边框 */
            background-color: #ffffff;            /* 设置背景颜色 */
        }
        #bamboonav{                               /* ID 选择器定义导航基础样式 */
            border-bottom: 1px solid #a8620a;     /* 设置底部边框 */
            background-color: #ffffff;            /* 设置背景颜色 */
        }
        #bamboonav td{                            /* 定义单元格的基础样式 */
            height: 35px;                         /* 设置单元格高度 */
            background: #a8620a;                  /* 设置背景颜色 */
        }
        #bamboonav td:hover{                      /* 定义单元格的悬停状态样式 */
            background-color: #dba514;            /* 设置背景色为浅仿古 */
        }
        #bamboonav td a{                          /* 定义单元格悬停状态下<a>的颜色 */
            color: #ffffff;                       /* 设置超链接颜色 */
        }
```

3. banner 区域的 HTML 结构与 CSS 样式设置

1）网站 banner 区域的 HTML 结构代码如下。

```
    <section id="banner">
        <table width="1200" border="0" align="center" cellpadding="0" cellspacing="0">
            <tr>
                <td align="center">
                    <img src="images/banner.jpg" />
                </td>
            </tr>
        </table>
    </section>
```

2）在"style.css"文件中，banner 区域的相关样式如下。

```
        #banner{                                  /* ID 选择器定义 banner 基础样式 */
            border-bottom: 1px solid #a8620a;     /* 设置底部边框 */
```

```
        }
        #banner img{                                /* ID选择器定义banner内部<img>的样式 */
            border-bottom: 1px solid #fae3c6;       /* 设置底部边框 */
            padding: 4px;                           /* 设置内边距 */
        }
```

4. "传统墨竹画源流析"区域的 HTML 结构与 CSS 样式设置

1）网站"传统墨竹画源流析"区域的 HTML 结构代码如下。

```
        <section id="analysis">
            <table width="1200" border="0" align="center" cellpadding="0" cellspacing="0">
                <tr>
                    <td id="imgtitle" colspan="2">
                        <img src="images/Tile.jpg" />
                    </td>
                </tr>
                <tr>
                    <td width="800">
                        <h3>萌源于唐</h3>
                        <p>
                            据资料显示,墨竹画在唐代已流行,在晚唐至五代,有张立、徐熙等的作品流传。
                        </p>
                        <h3>起点于宋</h3>
                        <p>
                            至北宋,文同(字与可)、苏轼(字子瞻)则使墨竹画发展到高峰。
                        </p>
                        <h3>盛行于元</h3>
                        <p>
                            元代的赵孟頫、管道升、李衎、高克恭、张彦辅、詹仲和、吴镇、王蒙、倪瓒、柯九思、顾安等均为墨竹画的佼佼者,他们给墨竹画注入了新的生机。
                        </p>
                        <h3>广大于明清</h3>
                        <p>
                            明代的墨竹画基本承袭前贤,画风稍有突破,代表人物有宋克、王绂、文徵明、夏昶、姚缓、陈芹、唐寅、朱端、陈淳、徐渭、孙克弘和项元汴、项德新、项圣谟祖孙三代以及赵备、詹景风、詹和、朱鹭、朱完、杨所修、归昌世等。墨竹画到了清代,高峰迭起,意境大开。清初期的石涛、八大山人为书画旷世奇才,所作墨竹,气势磅礴,淋漓洒脱,不拘一格,别开天地。清中期的"扬州八怪"几乎每人都擅画墨竹,尤其郑板桥"删繁就简""标新立异",其"六分半书"和"震电惊雷之学"与"掀天揭地"之文、之诗以"三绝诗书画"著称。清代能事竹者尚有多人,如禹之鼎、恽南田、吴宏、诸升、华喦、方薰、蒲华等亦很有造诣。
                        </p>
                    </td>
                    <td><img src="images/book.jpg" /></td>
```

```
            </tr>
        </table>
</section>
```

2）在"style.css"文件中，"传统墨竹画源流析"区域的相关样式如下。

```
#analysis{                                    /* ID 选择器定义基础样式 */
    border-bottom: 1px solid #a8620a;         /* 设置底部边框 */
}
#imgtitle{                                    /* ID 选择器定义<imgtitle>样式 */
    height: 50px;                             /* 设置图片标题高度 */
    border-bottom: 1px solid #a8620a;         /* 设置底部边框 */
}
#analysis h3{                                 /* ID 选择器内标题的样式 */
    padding: 4px;                             /* 设置内边距为 4 像素 */
    color: #ffffff;                           /* 设置超链接颜色 */
    background-color: #a8620a;                /* 设置背景为仿古色 */
}
```

5. 版权板块的 HTML 结构与 CSS 样式设置

1）版权板块的 HTML 结构代码如下。

```
<body>
<footer id="footer">
    版权信息：墨竹爱好者协会
</footer>
</body>
```

2）在"style.css"文件中，版权板块的相关样式如下。

```
#footer{                                      /* ID 选择器定义 footer 基础样式 */
    height: 40px;                             /* 设置版权信息的高度为 40 像素 */
    line-height: 40px;                        /* 设置行高为 40 像素 */
    text-align: center;                       /* 设置文本水平居中 */
    color: #ffffff;                           /* 设置超链接为白色 */
    background-color: #a8620a;                /* 设置背景为仿古色 */
}
```

运行以上代码，页面效果如图 5-26 所示。

【习题与拓展实践】

1. 选择题

1）（   ）选择器用来选择没有子元素或文本内容为空的所有元素。
　　A．:hover　　　　B．::first-line　　　C．:first-letter　　　D．:empty

2）超链接伪类中（　　）表示鼠标经过、悬停时超链接的状态。
　　A．a:link　　　　　　B．a:hover　　　　C．a:visited　　　　D．a:active
3）以下 CSS 中（　　）权值最大？
　　A．#nav2 p　　　　　　　　　　　　B．#nav2 p.title span
　　C．#nav2 .title span　　　　　　　　D．# nav2 p span

2．拓展实践

根据某博物院网站导航页面效果（见图 5-27），分析其 HTML5 代码结构，使用 CSS 实现所需样式。

图 5-27　博物院网站导航页面效果

任务 6　使用 CSS 美化页面效果

【知识准备】

6.1　文本样式设置

6.1.1　设置 CSS 的字体属性

为了方便控制网页中文本的字体，CSS 提供了一系列的字体样式属性。

1. 字体设置

字体族实际上就是 CSS 中设置的字体，用于改变 HTML 标签或元素的字体。

语法： `font-family:"字体1","字体2","字体3";`

微课 6-1
常规字体属性的使用

浏览器不支持第 1 个字体时，会采用第 2 个字体；前两个字体都不支持，则采用第 3 个字体，以此类推。如果浏览器不支持定义的所有字体，则会采用系统的默认字体。必须用双引号标识所有包含空格的字体名。

通常网页中都使用系统默认字体，这样任何用户的浏览器中都能正确显示。使用 font-family 设置字体时，需要注意以下几点。

- 中文字体需要加英文状态下的引号，各字体之间必须使用英文状态下的逗号隔开。
- 英文字体一般不需要加引号。当需要设置英文字体时，英文字体名必须位于中文字体名之前。
- 如果字体名中包含空格、#、$ 等符号，则该字体必须加英文状态下的单引号或双引号，例如：

```
font-family:"Times New Roman"
```

2. 字号大小

字体大小属性用作修改该字体显示的大小。

语法： `font-size:大小取值;`

取值范围：绝对大小，包括 xx-small、x-small、small、medium、large、x-large 和 xx-large；相对大小，包括 larger 和 smaller；长度值；百分比。

绝对值的大小设置，如 xx-small、x-small、small、medium、large、x-large、xx-large 和 xxx-large，这些值与基础字号有关，但不会低于 12px。相对值的大小设置，如 smaller 和 larger，这些值会根据当前字号的 0.833 倍或 1.2 倍来计算。文本字体大小可以设置为绝对大小，如像素（px）或磅（pt）；也可以设置为相对大小，如 em、rem 等单位，em 表示相对于当前对象父级元素的字体大小，rem 表示相对于页根<html>元素的字体大小。

3．字体风格

字体风格就是字体样式，主要是设置字体是否为斜体。

语法：`font-style:样式的取值；`

取值范围：normal、italic 或 oblique。

normal（默认值）是以正常的方式显示；italic 是以斜体显示文字；oblique 属于其中间状态，以偏斜体显示。

4．字体加粗

font-weight 属性用于设置字体的粗细，实现对一些字体的加粗显示。

语法：`font-weight:字体粗度值；`

取值范围：normal、bold、bolder、lighter 或 number。

normal（默认值）表示正常粗细；bold 表示粗体；bolder 表示特粗体；lighter 表示特细体；number 表示 font-weight 取数值，其范围是 100~900，而且在一般情况下都是整百的数，如 100、200 等。正常字体相当于 400 的粗细；粗体则相当于 700 的粗细。

实际项目开发中主要使用 normal 和 bold。

5．小型的大写字母

font-variant 属性用来设置英文字体是否显示为小型的大写字母。

语法：`font-variant:取值；`

取值范围：normal 或 small-caps。

normal（默认值）表示正常的字体，small-caps 表示英文显示为小型的大写字母字体。

6．复合属性

font 属性是复合属性，用作对不同字体属性的略写。

语法：`font:字体取值；`

字体取值可以包含字体风格、小型的大写字母、文本的粗细、字体大小、字体族科，之间使用空格相连接。font 复合属性的要采用 font-style、font-variant、font-weight、font-size、font-family 的顺序编写，不需要的可以不写，但要保证顺序正确。

【例 6-1】 font 属性的使用。

1）在<article>标签内定义 HTML 结构代码。代码如下：

```
<article>
    <h1 class="title">梅兰竹菊四君子</h1>
    <p>梅兰竹菊指梅花、兰花、竹、菊花，号称花中"四君子"，对应的品质分别是：傲、幽、坚、淡。梅、兰、竹、菊是中国人感物喻志的象征，也是咏物诗文和艺人字画中常见的题材，这源于人们对它们所象征的人格境界的神往。</p>
</article>
```

2）在<head>标签的<style type="text/css">元素中插入 CSS 样式。代码如下：

```
<style type="text/css">
    .title {                    /* 设置标题样式 */
        font-family: "楷体";     /* 设置字体*/
```

```
        color: #b17f07;              /* 设置文本颜色 */
    }
    p {                              /* 设置段落样式 */
        font: italic small-caps bold 16px/24px 黑体;  /* 设置字体复合属性 */
    }
</style>
```

运行后，页面效果如图 6-1 所示。

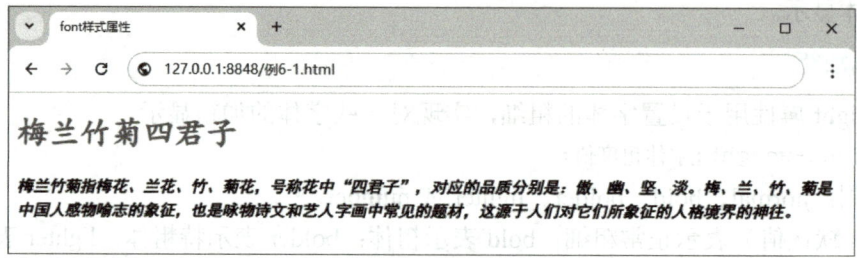

图 6-1　font 属性设置页面效果

7. @font-face 属性

@font-face 属性用于定义服务器字体。开发者可以在用户计算机未安装字体时，使用任何喜欢的字体。

语法：

```
@font-face: {
    font-family:字体名称;
    src:字体路径;
}
```

语法中，font-family 用于指定该服务器字体的名称，该名称可以随意定义；src 属性用于指定该字体文件的路径。

【例 6-2】 字体的使用。

1) 在<article>标签内定义 HTML 结构代码。代码如下：

```
<article>
    <h1 class="title">梅兰竹菊四君子</h1>
    <p class="article">梅兰竹菊指梅花、兰花、竹、菊花，号称花中"四君子"，对应的品质分别是：傲、幽、坚、淡。梅、兰、竹、菊是中国人感物喻志的象征，也是咏物诗文和艺人字画中常见的题材，这源于人们对它们所象征的人格境界的神往。</p>
</article>
```

2) 在<head>标签的<style type="text/css">元素中插入 CSS 样式。代码如下：

```
<style type="text/css">
    @font-face {                       /* 定义字体 */
        font-family: fzjqt;            /* 服务器字体名称 */
        src: url(font/方正启体简体.TTF);  /* 服务器字体路径 */
    }
```

```
    .title {                                    /* 文本标题样式 */
        color: #962009;                         /* 设置文本颜色 */
        font: italic bold 32px "微软雅黑";       /* 设置字体复合属性 */
    }
    .article {                                  /* 文本正文样式 */
        font-family: fzjqt;                     /* 调用服务器字体 */
        color: #a8620a;                         /* 设置文本颜色 */
    }
</style>
```

运行后，页面效果如图 6-2 所示。

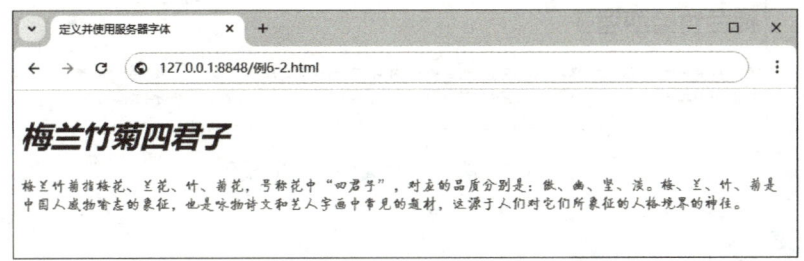

图 6-2 @font-face 属性设置页面效果

6.1.2 文本属性

1. 颜色属性

颜色（color）属性用来表示文本的颜色。

语法：color:颜色代码;

颜色取值可以是颜色关键字，如 red，blue，green，yellow 等。

颜色取值也可以用十六进制来表示，如#FF0000。

颜色取值还可以使用 RGB 代码来表示。可以使用 rgb(x,x,x)的形式，其中，x 是介于 0～255 之间的整数，如 rgb(255, 0, 0)。或者使用 rgb(y%, y%, y%)的形式表示，y 是一个介于 0～100 之间的整数，如 rgb(100%, 0%, 0%)表示为红色，当值为 0 时百分号不能省略。

2. 文本行高

行高属性用于控制文本基线之间的间隔值，或者说行与行之间的距离。

语法：line-height:行高值;

行高值通常使用像素（px），相对值（em）和百分比（%）。此外，还可以使用无单位数值，如 1.8，相当于 180%。

【例 6-3】 颜色与行高的使用，HTML 结构代码与例 6-3 的 HTML 部分相同，在<head>标签的<style type="text/css">元素中插入 CSS 样式。代码如下：

```
<style type="text/css">
    .title {                                    /* 文本标题样式 */
        color: #962009;                         /* 设置文本颜色 */
        font-size: 32px;                        /* 设置文字大小 */
```

```
        }
        .article {                      /* 文本正文样式 */
            color: #962009;             /* 设置文本颜色 */
            line-height: 1.8;           /* 设置行高 */
        }
    </style>
```

运行后，页面效果如图6-3所示。

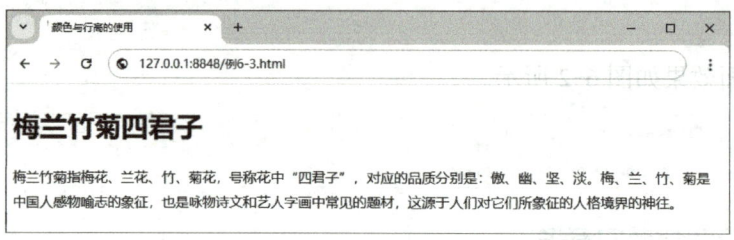

图6-3　颜色与行高的使用效果

3. 单词间隔

单词间隔属性用来定义英文单词之间的间隔，对中文无效。

语法：`word-spacing:取值;`

取值范围：normal 或长度。

normal 是指正常的间隔，是默认选项；长度是设定单词间隔的数值及单位，允许使用负值。

4. 字符间隔

字符间隔属性和单词间隔属性类似，不同的是字符间隔属性用于设置字符的间隔数。

语法：`letter-spacing:取值;`

取值范围：normal 或长度。

normal 是指正常的间隔，是默认选项；长度是设定单词间隔的数值及单位，允许使用负值。

【例6-4】　单词与字符间隔的使用。

1）在<body>标签内定义 HTML 结构代码。代码如下：

```
<body>
    <p class="letter">The Great Wall(字符间距)</p>
    <p class="word">The Great Wall(单词间距)</p>
</body>
```

2）在<head>标签的<style type="text/css">元素中插入 CSS 样式。代码如下：

```
<style type="text/css">
    .letter {                           /* 类选择器：测试字符间距 */
        letter-spacing: 20px;           /* 设置字符间距 */
    }
    .word {                             /* 类选择器：测试单词间距 */
        word-spacing: 20px;             /* 设置单词间距 */
    }
</style>
```

运行后，页面效果如图 6-4 所示。

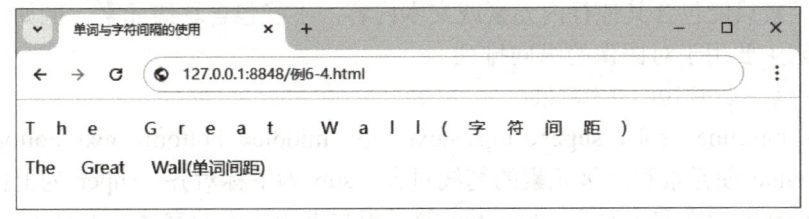

图 6-4　单词与字符间隔的使用效果

5．文字修饰

文字修饰属性主要用于对文本进行修饰，如设置下画线、上画线、删除线等。

语法：`text-decoration:修饰值;`

取值范围：none、underline、overline 或 line-through。

none 表示不对文本进行修饰，是默认属性值；underline 表示对文字添加下画线；overline 表示对文本添加上画线；line-through 表示对文本添加删除线。

注意：text-decoration 可以赋多个值。例如：

```
text-decoration: underline overline;
```

6．文本转换

文本转换属性仅用于表达某种格式的要求，是用来转换英文大小写的。

语法：`text-transform:转换值;`

取值范围：none、capitalize、uppercase 或 lowercase。

其中，none 表示使用原始值；capitalize 使每个单词的第 1 个字母大写；uppercase 使每个单词的所有字母大写；lowercase 则使每个单词的所有字母小写。

7．文本缩进

文本缩进属性用于定义 HTML 中块级元素（如 p，hl 等）的第 1 行可以接受的缩进数量，常用于设置段落的首行缩进。

语法：`text-indent:缩进值;`

文本的缩进值必须是一个长度或一个百分比。若设定为百分比，则依上级元素的宽度而定，通常使用 em 为单位。

8．文本水平对齐

text-align 属性用来设置文本水平对齐方式。

语法：`text-align:排列值;`

取值范围：left、right 或 center。

其中，left 为左对齐；right 为右对齐；center 为居中对齐。

微课 6-4
文本 vertical-align 属性的使用

9．垂直对齐

vertical-align 属性表示垂直对齐方式，它可以设置一个行内元素的纵向位置，相对于它的上级元素或相对于元素行。行内元素是指在 HTML 中默认呈现为一行的元素，它们不会独占一行，而是根据内容的大小进行排列。行内元素的宽度和高度由其内容决定，不能直接设置宽度和高度。行内元素只能包含其他行内元素或文本内容，不能包含块级元素，例如 HTML 中的 a 和 img 元素。它主要用于对图像的纵向排列。

语法：`vertical-align:排列取值;`

取值范围：baseline、sub、super、top、text-top、middle、bottom、text-bottom 或百分比。

其中，baseline 使元素和上级元素的基线对齐；sub 为下标对齐；super 为上标对齐；top 为使元素和行中最高的元素向上对齐；text-top 使元素与上级元素的字体向上对齐；middle 是纵向对齐元素基线加上上级元素的高度（字母"x"的高度）一半的中点；text-bottom 使元素和上级元素的字体向下对齐。

相对于元素行的关键字有 top 和 bottom，其中，top 使元素与行中最高的元素向上对齐；bottom 是元素与行中最低的元素向下对齐。

百分比是一个相对于元素行高属性的百分比，它会在上级基线上增高元素基线的指定数量。这里允许使用负值，负值表示减少相应的数量。

vertical-align 属性中常用的属性值图解如图 6-5 所示。

图 6-5　vertical-align 属性值图解

【例 6-5】　垂直对齐方式属性的使用。

1）在<body>标签内定义 HTML 结构代码。代码如下：

```
<body>
    <div id="digital-resources1">
    <img src="images/book.jpg" />
        <span>诗集 Poetry</span>
    </div>
    <div id="digital-resources2">
    <img src="images/book.jpg" />
        <span>诗集 Poetry</span>
    </div>
    <div id="digital-resources3">
        <img src="images/book.jpg" />
        <span>诗集 Poetry</span>
    </div>
    <div id="digital-resources4">
        <img src="images/book.jpg" />
        <span>诗集 Poetry</span>
    </div>
</body>
```

2）在<head>标签的<style type="text/css">元素中插入 CSS 样式。代码如下：

```css
<style type="text/css">
    div{                                /* 设置父元素的基本样式*/
        float: left;                    /* 设置左浮动，4 个 div 容器横向排列 */
        width:280px;                    /* 设置容器的宽度 */
        background-color: #9d2d0b;      /* 设置背景颜色 */
        text-align: center;             /* 设置文字水平居中 */
    }
    div img{                            /* 设置容器内图片的样式 */
        width: 80px;                    /* 设置图片的宽度 */
    }
    div span{                           /* 设置容器内<span>标签的样式 */
        font-size: 32px;                /* 设置文本的大小 */
        color: #ffffff;                 /* 设置文本颜色 */
    }
    #digital-resources1 img{            /* 测试第 1 幅图片的垂直对齐 */
        vertical-align: baseline;       /* 默认为基线对齐，可以删除 */
    }
    #digital-resources2 img{            /* 测试第 2 幅图片的垂直对齐 */
        vertical-align: bottom;         /* 设置为底线对齐 */
    }
    #digital-resources3 img{            /* 测试第 3 幅图片的垂直对齐 */
        vertical-align: middle;         /* 设置为中线对齐 */
    }
    #digital-resources4 img{            /* 测试第 4 幅图片的垂直对齐 */
        vertical-align: top;            /* 设置为顶线对齐 */
    }
</style>
```

运行后，页面效果如图 6-6 所示。

图 6-6　垂直对齐方式属性的使用效果

10．空白处理

white-space 属性用于设置页面对象内空白（包括空格和换行等）的处理方式。默认情况下，HTML 中的连续多个空格会被合并成一个，而使用这一属性可以设置成其他的处理方式。

微课 6-5
文本中的空白处理

语法：`white-space:值；`

取值范围：normal、pre 或 nowrap。

其中，normal 是默认属性，即将连续的多个空格合并；pre 会导致段落中的空格和换行符被保留；nowrap 则表示强制在同一行内显示所有文本，直到文本结束或遇到
标签。

【例 6-6】 空白处理的使用，代码如下：

1）在<body>标签内定义 HTML 结构代码。代码如下：

```
<body>
    <p id="p1">经史子集,    泛指中国古代典籍，是古人将古籍按内容区分的四大部类，即：
经、史、子、集，经：经书，是指儒家经典著作；史：史书，即正史；子：先秦百家著作，宗教；集：文集，
即诗词汇编。</p>
    <p id="p2">经史子集，泛指中国古代典籍，是古人将古籍按内容区分的四大部类，
        即：经、史、子、集，经：经书，是指儒家经典著作；
        史：史书，即正史；
        子：先秦百家著作，宗教；
        集：文集，即诗词汇编。</p>
    <p id="p3">经史子集，泛指中国古代典籍，是古人将古籍按内容区分的四大部类，即：
经、史、子、集，经：经书，是指儒家经典著作；史：史书，即正史；子：先秦百家著作，宗教；集：文集，
即诗词汇编。</p>
</body>
```

2）在<head>标签的<style type="text/css">元素中插入 CSS 样式。代码如下：

```
<style type="text/css">
    #p1 {                       /* ID 选择器定义段落 1 */
        white-space: normal;    /* 默认，将连续的多个空格合并 */
    }
    #p2 {                       /* ID 选择器定义段落 2 */
        white-space: pre;       /* 空格和换行符被保留 */
    }
    #p3 {                       /* ID 选择器定义段落 3 */
        white-space: nowrap;    /* 文本不换行 */
    }
</style>
```

运行后，页面效果如图 6-7 所示。

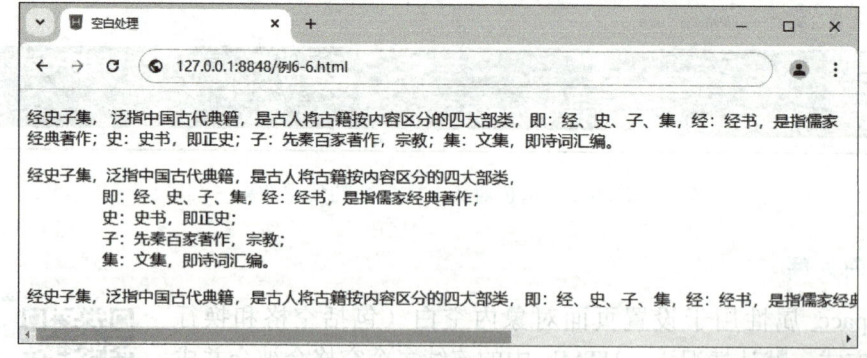

图 6-7 空白处理的使用效果

微课 6-6
文本的阴影效果设置

11. 阴影效果

text-shadow 属性可以为页面中的文本添加阴影效果。

语法： `text-shadow: h-shadow v-shadow blur color;`

其中，h-shadow 用于设置水平阴影的距离，v-shadow 用于设置垂直阴影的距离，blur 用于设置模糊半径，color 用于设置阴影颜色。

【例 6-7】 阴影效果的使用。

1）在 <body> 标签内定义 HTML 结构代码。代码如下：

```
<body>
    <h1>中华优秀传统文化是中华民族的根和魂</h1>
</body>
```

2）在 <head> 标签的 <style type="text/css"> 元素中插入 CSS 样式。代码如下：

```
<style type="text/css"/>
    h1 {                                      /* 标签选择器 */
        font-size: 48px;                      /* 设置字号大小 */
        color: #b17f07;                       /* 设置文本颜色 */
        text-shadow: 4px 4px 0px #d5cdca;    /* 文本不换行 */
    }
</style>
```

运行后，页面效果如图 6-8 所示。

图 6-8　文本阴影的使用效果

12．对象内溢出文本

text-overflow 属性用于标示对象内溢出的文本。

微课 6-7
文本的 text-overflow 属性

语法： `text-overflow:clip | ellipsis;`

其中，clip 表示修剪溢出文本，不显示省略标记"…"；ellipsis 表示用省略标记"…"标示被修剪文本，省略标记插入的位置是最后一个字符之后。

【例 6-8】 溢出文本属性的使用，代码如下：

1）在 <article> 标签内定义 HTML 结构代码。代码如下：

```
<article>
    <h1 class="title">梅兰竹菊四君子</h1>
    <p>梅兰竹菊指梅花、兰花、竹、菊花，号称花中"四君子"，对应的品质分别是：傲、幽、坚、淡。梅、兰、竹、菊是中国人感物喻志的象征，也是咏物诗文和艺人字画中常见的题材，这源于人们对它们所象征的人格境界的神往。</p>
</article>
```

2）在 <head> 标签的 <style type="text/css"> 元素中插入 CSS 样式。代码如下：

```
<style type="text/css">
    p {                              /* 标签选择器 */
        width: 420px;                /* 设置文本对象的宽度 */
        white-space: nowrap;         /* 同一行内显示所有文本 */
        overflow: hidden;            /* 设置溢出，溢出后隐藏 */
        text-overflow: ellipsis;     /* 用省略标记"…"标示被修剪文本 */
    }
</style>
```

运行后，页面效果如图 6-9 所示。

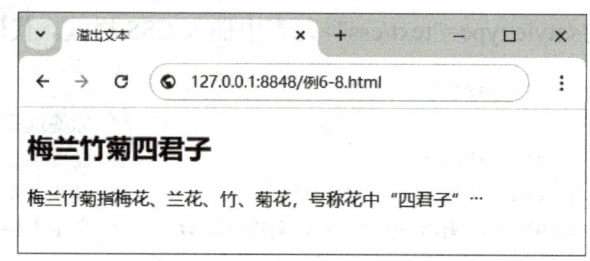

图 6-9　溢出文本的使用效果

在例 6-8 中，段落文本实现的省略标记"…"表示溢出文本的效果。这需要首先为文本对象定义适当的宽度，然后，通过设置"white-space:nowrap;"样式强制文本不能换行，设置"overflow:hidden;"样式隐藏溢出文本，最后设置"text-overflow:ellipsis;"显示省略标记"…"。

13. 文本换行属性

word-wrap 属性主要用于对长单词和 URL 地址的自动换行。

语法：word-wrap:取值;

取值范围：normal 或 break-word。

其中，normal 表示允许的断字点换行，是浏览器默认值；break-word 是在长单词或 URL 地址内部进行换行。

微课 6-8　文本换行属性的使用

【例 6-9】 文本换行属性的使用。

1）在<article>标签内定义 HTML 结构代码。代码如下：

```
<article class="wrap1">
    <p>中国国家画院是国家集国画、书法、篆刻、油画、雕塑、版画等各种艺术门类的研究、创作和画家培训机构。网址：https://www.cnap.org.cn/cnap/。</p>
</article>
<article class="wrap2">
    <p>中国国家画院是国家集国画、书法、篆刻、油画、雕塑、版画等各种艺术门类的研究、创作和画家培训机构。网址：https://www.cnap.org.cn/cnap/。</p>
</article>
```

2）在<head>标签的<style type="text/css">元素中插入 CSS 样式。代码如下：

```
<style type="text/css">
    article {                        /* 给文字所在的容器 article 设置大小边框等属性 */
```

```
            float: left;                  /* 设置左浮动，两个框水平排列 */
            width: 210px;                 /* 设置容器的宽度 */
            height: 180px;                /* 设置容器的高度 */
            margin: 25px;                 /* 设置外边距 */
            padding: 6px;                 /* 设置内边距 */
            border: 1px solid #9d2d0b;    /* 设置边框 */
            background-color: #fce877;    /* 设置背景色 */
            line-height: 150%;            /* 设置行高 */
        }
        .wrap1 {                          /* 类选择器，测试文本换行属性 */
            word-wrap: normal;            /* 允许的断字点换行，默认值 */
        }
        .wrap2 {                          /* 类选择器，测试文本换行属性 */
            word-wrap: break-word;        /* 长单词或 URL 地址内部进行换行 */
        }
    </style>
```

运行后，页面效果如图 6-10 所示。

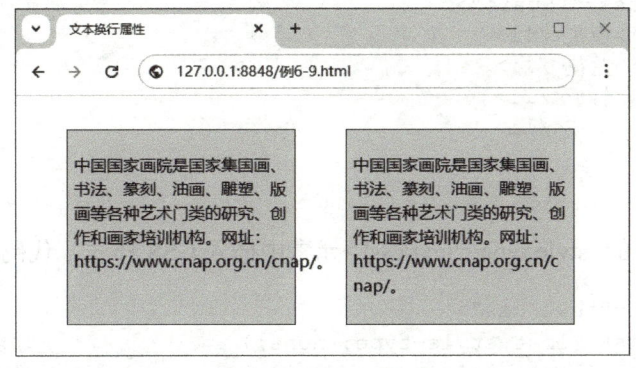

图 6-10　文本换行属性的使用效果

在例 6-9 的两个 <article> 标签中，当 URL 超出容量宽度时，处理的方式不同，左侧为默认效果，"https://www.cnap.org.cn/cnap/"顶破容器显示在外面。而右侧处理换行时规定字符在到达容器的宽度限制时换行。

6.2 列表样式设置

6.2.1 列表符号

微课 6-9
列表样式的
使用

列表符号属性用于设定列表项的符号。

语法： `list-style-type:<值>;`

其中，list-style-type 用来设置作为列表项的符号，其具体取值范围见表 6-1。

表 6-1 列表符号的取值

取值	含义
none	不显示任何项目符号或编码
disc	以实心圆形●作为项目符号
circle	以空心圆形○作为项目符号
square	以实心方块■作为项目符号
decimal	以普通阿拉伯数字 1，2，3，…作为项目编号
lower-roman	以小写罗马数字 i，ii，iii，…作为项目编号
upper-roman	以大写罗马数字Ⅰ，Ⅱ，Ⅲ，…作为项目编号
lower-alpha	以小写英文字母 a，b，c，…作为项目编号
upper-alpha	以大写英文字母 A，B，C，…作为项目编号

【例 6-10】 列表符号的使用。

1）在<body>标签内定义 HTML 结构代码。代码如下：

```
<body>
    <h3>梅兰竹菊四君子</h3>
    <ol class="square">
        <li>梅花</li>
        <li>兰花</li>
        <li>竹子</li>
        <li>菊花</li>
    </ol>
</body>
```

2）在<head>标签的<style type="text/css">元素中插入 CSS 样式。代码如下：

```
<style type="text/css">
    .nonelist {list-style-type: none;}           /* 无项目编号 */
    .decimal {list-style-type: decimal;}         /* 项目编号：阿拉伯数字 */
    .circle{ list-style-type:circle;}            /* 项目编号：空心圆形 */
    .square{ list-style-type:square;}            /* 项目编号：实心方块 */
    .lower-roman{ list-style-type:lower-roman;}  /* 项目编号：小写罗马数字 */
    .upper-roman{ list-style-type:upper-roman;}  /* 项目编号：大写罗马数字 */
</style>
```

运行后，页面效果如图 6-11 所示。在 CSS 中定义了 7 个样式类，此时调用.square 类，所以呈现为实心方块，如果无需项目编号可以使用.nonelist 类，如图 6-12 所示，其他类的调用可以自行测试。

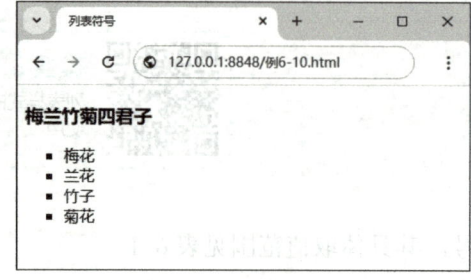

图 6-11 正常列表符号样式

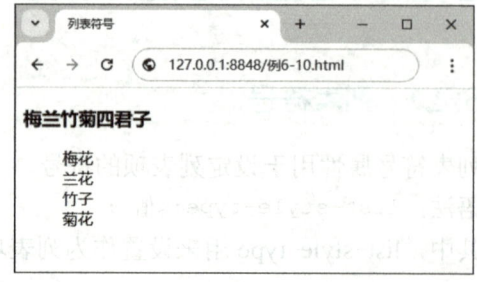

图 6-12 列表符号样式设置为"none"时的效果

6.2.2 图像符号

图像符号属性使用图像作为列表项目符号,以美化页面。

语法: `list-style-image: none | url(图像地址);`

其中,参数 none 表示不指定图像;url 则使用绝对或相对地址指定作为符号的图像。

使用 list-style-image 定义列表图像时,通常需要先设置 list-style-type 属性为"none",然后再设置 list-style-image 的值。

【例 6-11】 图像符号的使用。

1)在<body>标签内定义 HTML 结构代码。代码如下:

```
<body>
    <h3>中国经典书画丛书</h3>
    <ul class="list-img">
        <li>《芥子园画传:梅谱》</li>
        <li>《芥子园画传:兰谱》</li>
        <li>《芥子园画传:竹谱》</li>
        <li>《芥子园画传:菊谱》</li>
    </ul>
</body>
```

2)在<head>的<style type="text/css">元素中插入 CSS 样式。代码如下:

```
<style type="text/css">
    .list-img {                                     /* 定义图像列表符号 */
        list-style-image: url(images/icon.png);     /* 图像符号路径 */
        color: #d27900;                             /* 设置文本颜色 */
        background-color: #f7e4b2;                  /* 设置背景颜色 */
    }
    li{                                             /* 定义列表项基本样式 */
        height: 32px;                               /* 设置列表项高度 */
    }
</style>
```

运行后,页面效果如图 6-13 所示。

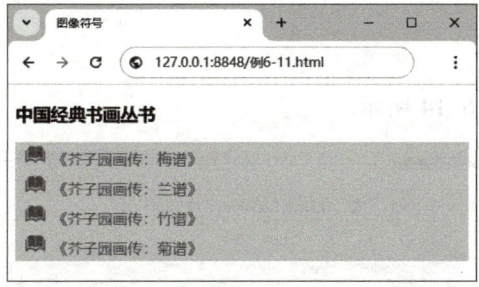

图 6-13 图像符号的使用效果

6.2.3 列表缩进

列表缩进属性用于列表缩进的设置。

语法：list-style-position: outside | inside;

其中，outside 表示列表项目标记放置在文本以外，且环绕文本不根据标记对齐；inside 是列表的默认属性，表示列表项目标记放置在文本以内，且环绕文本根据标记对齐。

【例6-12】 图像符号与列表缩进的使用。

1）在<body>标签内定义 HTML 结构代码。代码如下：

```
<body>
    <ul class="list-img">
        <li>《芥子园画传：梅谱》</li>
        <li>《芥子园画传：兰谱》</li>
    </ul>
    <ul class="list-img">
        <li>《芥子园画传：竹谱》</li>
        <li>《芥子园画传：菊谱》</li>
    </ul>
</body>
```

2）在<head>标签的<style type="text/css">元素中插入 CSS 样式。代码如下：

```
<style type="text/css">
    .list-img {                                /* 定义图像符号 */
        list-style-image: url(images/icon.png);    /* 图像符号路径 */
        color: #d27900;                        /* 设置文本颜色 */
        background-color: #f7e4b2;             /* 设置背景颜色 */
    }
    li{                                        /* 定义列表项基本样式 */
        height: 32px;                          /* 设置列表项高度 */
    }
    ul:nth-child(1){                           /* 结构伪类选择器定义第 1 个 ul 元素 */
        list-style-position:outside;           /* 列表符号在文本外*/
    }
    ul:nth-child(2){                           /* 结构伪类选择器定义第 2 个 ul 元素 */
        list-style-position:inside;            /* 列表符号在文本内*/
    }
</style>
```

运行后，页面效果如图 6-14 所示。

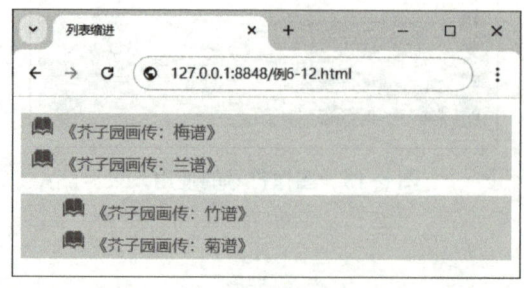

图 6-14 列表缩进的使用效果

6.2.4 列表复合属性

列表复合属性（list-style）是以上 3 种列表属性的组合。

此属性是设定列表样式的快捷写法。用这个属性可以同时设置列表样式类型属性（list-style-type）、列表样式位置属性（list-style-position）和列表样式图片属性（list-style-image）。

【例 6-13】 列表复合属性的使用。

1）在<body>标签内定义 HTML 结构代码。代码如下：

```
<body>
    <ul>
        <li>《芥子园画传：梅谱》</li>
        <li>《芥子园画传：兰谱》</li>
        <li>《芥子园画传：竹谱》</li>
        <li>《芥子园画传：菊谱》</li>
    </ul>
</body>
```

2）在<head>标签的<style type="text/css">元素中插入 CSS 样式。代码如下：

```
<style type="text/css">
    ul{                                      /* 标签选择器定义<ul>标签基本样式 */
        background-color: #d27900;  /* 设置背景颜色 */
        list-style: none outside url(images/icon-white.png);
                                             /* 设置复合属性 */
    }
    li {                                     /* 标签选择器定义<li>标签基本样式 */
        height: 32px;                        /* 设置列表项高度 */
        color: #ffffff;                      /* 设置文本颜色 */
    }
</style>
```

运行后，页面效果如图 6-15 所示。

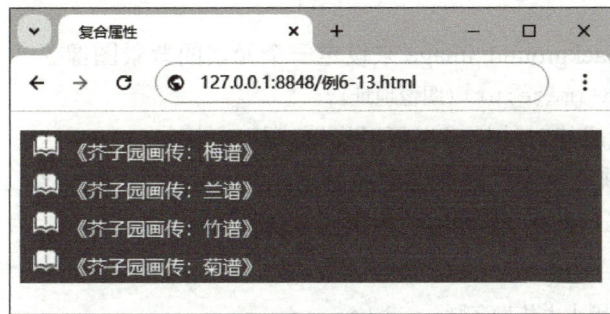

图 6-15 列表复合属性的使用效果

例 6-13 中，"list-style: none outside url(images/icon-white.png);"是复合属性，等同于如下代码：

```
list-style-type: none;
```

```
list-style-image: url(images/icon-white.png);
list-style-position: outside;
```

6.3 背景样式设置

6.3.1 背景的基本设置

1. 背景颜色

在 CSS 中，使用 background-color 属性设置背景颜色。

语法： `background-color:颜色取值;`

颜色取值可以是预定义的颜色值、十六进制#RRGGBB 或 RGB 代码(r, g, b)。background-color 的默认值为透明，此时子元素会显示父元素的背景。

微课 6-10
背景的基本设置

在 CSS3 中，引入了 RGBA 模式，可以对颜色与背景颜色实现不透明的设置。RGBA 模式就是在 RGB 模式的基础上添加 A，A 就是 alpha 参数，主要用来表示元素的不透明度，alpha 参数是一个介于 0.0（完全透明）～1.0（完全不透明）之间的数字。

例如：

```
background-color:rgba(150,220,200,0.5);
```

除了使用 RGBA 模式，也可以使用 opacity 属性来控制元素呈现出透明效果。

例如：

```
opacity:0.5;
```

opacity 属性用于定义元素的不透明度，参数表示不透明度的值，它是一个介于 0～1 的浮点数值。其中，0 表示完全透明，1 表示完全不透明，示例中的 0.5 则表示半透明。

2. 背景图像

在 CSS 中，使用 background-image 来设定一个元素的背景图像。

语法： `background-image:url(图像地址);`

图像地址可以设置成绝对地址，也可以设置成相对地址。

【例 6-14】 背景颜色与背景图像的应用。

1）在<article>标签内定义 HTML 结构代码。代码如下：

```
<article>
    <h1>《中国十大传世名画》</h1>
    <p>《中国十大传世名画》是洛神赋图、千里江山图、清明上河图、富春山居图、汉宫春晓图、百骏图、步辇图、唐宫仕女图、五牛图、韩熙载夜宴图。它是中国美术史的丰碑，华夏文明的巨著，是流动的历史、无声的乐章；承载着古老东方民族独特的艺术气质；用色彩记录了中华绵延五千年的悠久历史和横亘万里的锦绣河山。</p>
</article>
```

2）在<head>标签的<style type="text/css">元素中插入 CSS 样式。代码如下：

```css
<style type="text/css">
    article {                                      /* 标签选择器定义基本样式 */
        width: 1200px;                             /* 设置容器宽度 */
        height: 300px;                             /* 设置容器高度 */
        color: #ffffff;                            /* 设置文本颜色 */
        background-image: url(images/book-bg.jpg); /* 设置背景图像 */
    }
    h1 {                                           /* 标签选择器定义基本样式 */
        text-align: center;                        /* 设置文本居中 */
    }
    p {                                            /* 标签选择器定义基本样式 */
        color: #ffffff;                            /* 设置背景颜色 */
        text-indent: 2em;                          /* 设置文字首行缩进 */
        line-height: 2;                            /* 设置行高 */
        background-color: rgba(255, 255, 255, 0.1);/* 设置背景颜色 */
    }
</style>
```

运行后，页面效果如图 6-16 所示。

图 6-16　背景颜色和背景图像的使用效果

3．背景重复

背景重复属性也称为背景图像平铺属性，用来设定对象的背景图像重复及如何铺排。

语法： `background-repeat:取值;`

取值范围：repeat、no-repeat、repeat-x 或 repeat-y。

其中，repeat 表示背景图片横向和竖向都重复；no-repeat 表示背景图片横向和竖向都不重复；repeat-x 表示背景图片横向重复；repeat-y 表示背景图片竖向重复。

这个属性与 background-image 属性连用。只设置 background-image 属性，没设置 background-repeat 属性时，在默认状态下，图片既横向重复，又竖向重复。

4．背景位置

背景位置属性用于指定背景图像的最初位置。当设置 background-repeat 为"no-repeat"时，就能发现图像默认以元素的左上角为基准点显示。

语法：`background-position:位置取值;`

取值范围：[<百分比>|<长度>] {1,2}或[left | center | right] | [top | center | bottom]。

该语法中的取值范围包括两种，一种是采用数字，即[<百分比>|<长度>]{1,2}；另一种是关键字描述，即[left | center | right] | [top | center | bottom]，它们的具体含义如下：

- [<百分比>|<长度>]{1,2}：使用确切的数字表示图像位置，使用时首先指定横向位置，接着指定纵向位置。百分比和长度可以混合使用，设定为负值也是允许的，默认取值是 0% 0%。
- [left|center|right] | [top|center|bottom]：left、center、right 是横向的关键字，横向表示在横向上取 0%、50%、100%的位置；top、center、bottom 是纵向的关键字，纵向表示在纵向上取 0%、50%、100%的位置。

这个属性与 background-image 属性连用。

【例 6-15】 背景重复与背景位置的应用。

1）在<article>标签内定义 HTML 结构代码。代码如下：

```html
<article>
    <h1>《中国十大传世名画》</h1>
    <p>《中国十大传世名画》是洛神赋图、千里江山图、清明上河图、富春山居图、汉宫春晓图、百骏图、步辇图、唐宫仕女图、五牛图、韩熙载夜宴图。它是中国美术史的丰碑，华夏文明的巨著，是流动的历史、无声的乐章；承载着古老东方民族独特的艺术气质；用色彩记录了中华绵延五千年的悠久历史和横亘万里的锦绣河山。</p>
</article>
```

2）在<head>标签的<style type="text/css">元素中插入 CSS 样式。代码如下：

```css
<style type="text/css">
    article {                                     /* 基本样式，设置背景图片 */
        color: #8c4d09;                           /* 设置文字颜色 */
        background-image: url(images/icon-bg.jpg);  /* 设置背景图像 */
        background-repeat:repeat-x;               /* 水平位置会重复背景图像 */
    }
    h1 {                                          /* 标签选择器定义基本样式 */
        height: 60px;                             /* 设置高度 */
        line-height: 60px;                        /* 设置行高 */
        text-align: center;                       /* 设置水平居中 */
        background-image: url(images/title-bg.jpg); /* 设置背景图像 */
        background-repeat:no-repeat;              /* 背景图像不重复 */
        background-position:center top;           /* 背景图像水平居中，垂直顶部 */
    }
    p {                                           /* 标签选择器定义基本样式 */
        text-indent: 2em;                         /* 设置首行缩进 */
        line-height: 1.5;                         /* 设置行高 */
        background-image: url(images/p-bg.jpg);   /* 设置背景图像 */
        background-repeat:repeat;                 /* 背景图像重复 */
        padding: 8px;
    }
</style>
```

运行后,页面效果如图 6-17 所示。

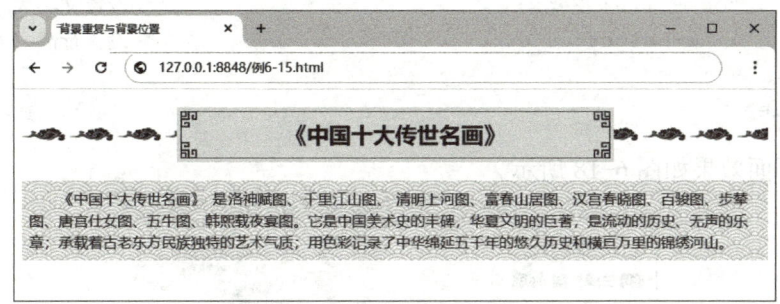

图 6-17 背景重复与背景位置的使用效果

5. 背景附件

背景附件属性用来设置背景图像是随对象内容滚动还是固定的。

语法: `background-attachment:scroll | fixed;`

其中,scroll 表示背景图像随对象内容滚动,是默认选项;fixed 表示背景图像固定在页面上静止不动,其他内容随滚动条滚动。

这个属性与 background-image 属性连用。

【例 6-16】 背景附件的应用。

1)在<body>标签内定义 HTML 结构代码。代码如下:

```
<body>
    <h3>《猗兰操》唐 韩愈</h3>
    <p>兰之猗猗,扬扬其香。</p>
    <p>不采而佩,于兰何伤。</p>
    <p>今天之旋,其曷为然。</p>
    <p>我行四方,以日以年。</p>
    <p>雪霜贸贸,荠麦之茂。</p>
    <p>子如不伤,我不尔觏。</p>
    <p>荠麦之茂,荠麦之有。</p>
    <p>君子之伤,君子之守。</p>
</body>
```

2)在<head>标签的<style type="text/css">元素中插入 CSS 样式。代码如下:

```
<style type="text/css">
    body {                                          /* 基本样式,设置背景图片 */
        background-image: url(images/jj-bg.jpg);    /* 设置网页的背景图像 */
        background-repeat: no-repeat;               /* 设置背景图像不平铺 */
        background-position: 100% 100%;             /* 设置背景图像位置 */
        background-attachment: fixed;               /* 设置背景图像位置固定 */
    }
    h3{                                             /* 设置<h3>标签基本样式 */
        font-size: 32px;                            /* 设置标题文字大小 */
    }
    p{                                              /* 设置<p>标签基本样式 */
```

```
        text-indent: 2em;                    /* 设置首行缩进 */
        font-size: 24px;                     /* 设置文字大小 */
        line-height: 1.2;                    /* 设置行高 */
    }
</style>
```

运行后，页面效果如图 6-18 所示。

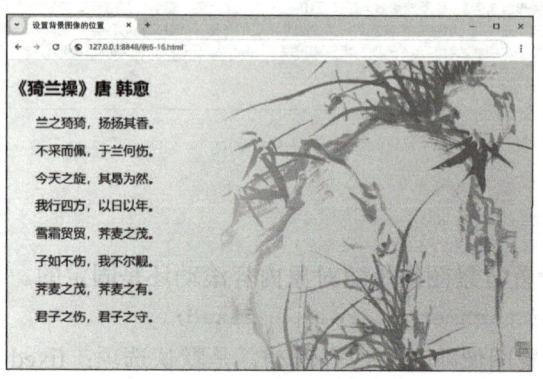

图 6-18　背景附件的使用效果

6．复合属性：背景（background）

背景（background）也是复合属性，它是一个更明确的背景关系属性的略写。

语法：background:取值；

这个属性是设置背景相关属性的一种快捷的综合写法，包括背景颜色（background-color）、背景图像（background-image）、背景重复（background-repeat）、背景附件（background-attachment）、背景位置（background-position）等，之间用空格相连。

微课 6-12
背景复合属性的使用

【**例 6-17**】 复合属性的应用，<body>标签内部的 HTML 代码与例 6-16 相同。将例 6-16 中的如下代码。

```
body {                                              /* 标签选择器 */
    color: #8c4d09;                                 /* 设置文本颜色 */
    background-image: url(images/jj-bg.jpeg);       /* 设置网页的背景图像 */
    background-repeat: no-repeat;                   /* 设置背景图像不平铺 */
    background-position: 100% 100%;                 /* 设置背景图像位置 */
    background-attachment: fixed;                   /* 设置背景图像位置固定 */
}
```

简写为

```
background: url('images/jj-bg.jpg') fixed 100% 100% no-repeat;
```

6.3.2　CSS3 新增的背景设置

1．背景图像大小

在 CSS3 中，background-size 属性用于控制背景图像的大小，解决了过去 CSS 无法控制背

微课 6-13
背景图像大小的控制

景图像大小的问题。

语法：`background-size:取值;`

取值范围：像素值、百分比、**contain** 或 **cover**。

如果使用像素值，使用 1 个像素值表示为背景图像的宽，如果使用两个像素值，则第 2 个值表示为高度；使用百分比，表示以父元素的百分比来设置背景图像的宽度和高度，第 1 个值设置宽度，第 2 个值设置高度。如果只设置 1 个值，则第 2 个值会默认为 auto，高度会随着宽度的变化而变化，从而保证图像的比例不失真。使用 cover 把背景图像扩展至足够大，使背景图像完全覆盖背景区域。背景图像的某些部分也许无法在背景定位区域中，这主要是背景图像的大小与父元素的比例不一致导致的。contain 则能把图像扩展至最大尺寸，以使其宽度和高度完全适应内容区域。

【例 6-18】 背景图像大小的应用。

1）在<body>标签内定义 HTML 结构代码。代码如下：

```
<body>
    <h3>背景图大小1000×500px（比例2：1），段落内容大小 300×200px（比例3：2）</h3>
    <p class="bg-size1">auto：图像真实大小，1000×500px</p>
    <p class="bg-size2">cover：等比（图像比例2：1）缩放到完全覆盖盒子</p>
    <p class="bg-size3">contain：等比（图像比例2：1）缩放到宽度和盒子相同</p>
    <p class="bg-size4">宽 400px，高等比例（200px）</p>
    <p class="bg-size5">宽 300px，高 200px</p>
    <p class="bg-size6">宽高分别为背景区域的 80%和90%</p>
</body>
```

2）在<head>标签的<style type="text/css">元素中插入 CSS 样式。代码如下：

```
<style type="text/css">
    p {                                        /* 基本样式，设置<p>标签的基本样式 */
        float: left;                           /*设置左浮动 */
        width: 300px;                          /*设置容器宽度 */
        height: 200px;                         /*设置容器高度 */
        margin: 10px;                          /*设置外边距 */
        padding: 20px;                         /*设置内边距 */
        border: 1px solid #8c4d09;             /*设置边框样式 */
        font-size: 20px;                       /*设置文字大小 */
        background-image: url(images/bg-size.jpg);  /*设置背景图像 */
        background-repeat: no-repeat;          /*设置背景图像不重复 */
    }
    .bg-size1 {                                /* 背景大小样式类1 */
        background-size: auto;                 /* 设置背景图像真实大小 */
    }
    .bg-size2 {                                /* 背景大小样式类2 */
        background-size: cover;                /* 背景图像缩放到完全覆盖盒子 */
    }
    .bg-size3 {                                /* 背景大小样式类3 */
        background-size: contain;              /* 背景图像缩放到宽度和盒子相同 */
    }
```

```css
.bg-size4 {                          /* 背景大小样式类 4 */
    background-size: 400px;          /* 背景图像宽度为 400 像素 */
}
.bg-size5 {                          /* 背景大小样式类 5 */
    background-size: 300px 200px;
                                     /* 背景图像宽度为 300 像素,高度为 200 像素 */
}
.bg-size6 {                          /* 背景大小样式类 6 */
    background-size: 80% 90%;        /* 背景图像宽度为 80%,高度为 90% */
}
</style>
```

运行后,页面效果如图 6-19 所示。

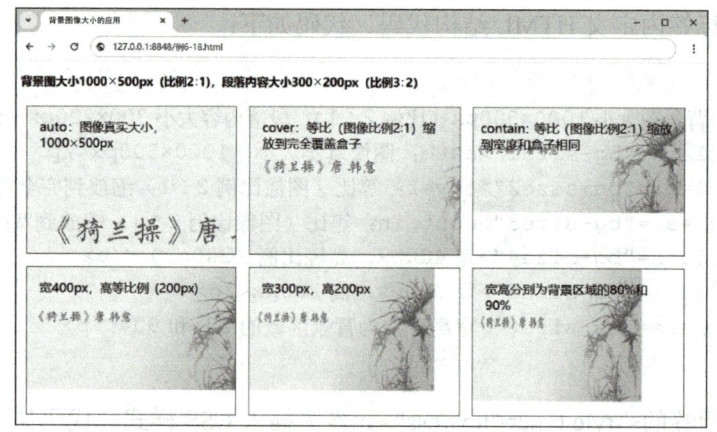

图 6-19 背景图像大小的使用效果

2. 背景图像的坐标

background-origin 属性用来定义背景图像的初始位置,即坐标。默认情况下,background-position 属性总是以元素左上角为坐标原点定位背景图像,在 CSS3 中的 background-origin 属性可以改变这种定位方式,自行定义背景图像的相对位置。

语法: `background-origin:取值;`

取值范围:padding-box、content-box 或 border-box。

其中,padding-box 表示背景图像相对于内边距区域来定位,为默认值;content-box 表示背景图像相对于内容来定位;border-box 表示背景图片相对于边框来定位。

【**例 6-19**】 背景图像坐标的应用。

1)在<body>标签内定义 HTML 结构代码。代码如下:

```html
<body>
    <p id="bg-origin1">从 padding 开始显示背景图片</p>
    <p id="bg-origin2">从 border 开始显示背景图片</p>
    <p id="bg-origin3">从 content 开始显示背景图片</p>
</body>
```

2)在<head>标签的<style type="text/css">元素中插入 CSS 样式。代码如下:

```
<style type="text/css">
    p {                                        /*基本样式，设置<p>标签的基本样式 */
        float: left;                           /*设置左浮动 */
        width: 320px;                          /*设置容器宽度 */
        height: 160px;                         /*设置容器高度 */
        margin: 10px;                          /*设置外边距 */
        padding: 10px;                         /*设置内边距 */
        border: 20px dashed #8c4d09;           /*设置边框 */
        font-size: 20px;                       /*设置文字大小 */
        background-color: #ffff00;             /*设置背景颜色 */
        background-image: url(images/bg-size.jpg);   /*设置背景图像 */
        background-size: 100% 100%;            /*设置背景图像大小 */
        background-repeat: no-repeat;          /*设置背景图像不重叠 */
    }
    #bg-origin1 {                              /* 定义背景坐标样式 1 */
        background-origin: padding-box;        /* 从 padding 开始显示背景图片 */
    }
    #bg-origin2 {                              /* 定义背景坐标样式 2 */
        background-origin: border-box;         /*从 border 开始显示背景图片 */
    }
    #bg-origin3 {                              /* 定义背景坐标样式 3 */
        background-origin: content-box;        /*从 content 开始显示背景图片 */
    }
</style>
```

运行后，页面效果如图 6-20 所示。

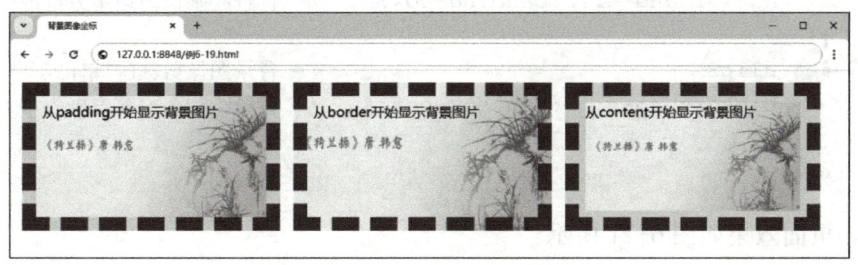

图 6-20　背景图像坐标的使用效果

3. 背景图像的裁剪区域

background-clip 属性用于定义背景图像的裁剪区域，就是规范背景的显示范围。

微课 6-15
背景图像的裁剪区域

语法：`background-clip:取值;`

取值范围：padding-box、content-box 或 border-box。

其中，默认值为 border-box，表示从边框向外裁剪背景；padding-box 表示从内边距区域向外裁剪背景；content-box 表示从内容区域向外裁剪背景。

【例 6-20】 背景图像裁剪区域的应用。

1) 在<body>标签内定义 HTML 结构代码。代码如下：

```
<body>
    <p id="bg-clip1">不发生裁剪</p>
    <p id="bg-clip2">border 区域背景被裁剪</p>
    <p id="bg-clip3">border 和 padding 部分被裁剪</p>
</body>
```

2）在\<head\>标签的\<style type="text/css"\>元素中插入 CSS 样式。代码如下：

```
<style type="text/css">
    p {                                    /* 基本样式，设置<p>标签的基本样式 */
        float: left;                       /* 设置左浮动 */
        width: 320px;                      /* 设置容器宽度 */
        height: 160px;                     /* 设置容器高度 */
        margin: 20px;                      /* 设置外边距 */
        padding: 10px;                     /* 设置内边距 */
        border: 15px dashed #8c4d09;       /* 设置边框 */
        font-size: 20px;                   /* 设置文字大小 */
        background-image: url(images/bg-size.jpg);  /* 设置背景图像 */
        background-origin: border-box;     /* 设置从 border 开始显示背景图片 */
        background-size: 100% 100%;        /* 设置背景图片占满父元素 */
        background-repeat: no-repeat;      /* 设置背景图片不重复 */
    }
    #bg-clip1 {                            /* 背景图像剪裁区域样式 1 */
        background-clip:border-box;        /* 背景绘制在边框方框内 */
    }
    #bg-clip2 {                            /* 背景图像剪裁区域样式 2 */
        background-clip:padding-box;       /* 背景绘制在内边距方框内 */
    }
    #bg-clip3 {                            /* 背景图像剪裁区域样式 3 */
        background-clip:content-box;       /* 背景绘制在内容方框内 */
    }
</style>
```

运行后，页面效果如图 6-21 所示。

图 6-21　背景图像裁剪区域的使用效果

微课 6-16
背景区域的线性渐变

4. 线性渐变

线性渐变是指一种颜色沿着一条直线按顺序过渡到另一种颜色。

语法： `background-image: linear-gradient(渐变角度,颜色值1,颜色值2,…,颜色值 n);`

其中，linear-gradient 用于定义渐变方式为线性渐变，括号内用于设定渐变角度和颜色值。渐变角度是以自上向下的垂直线为 0°角，然后顺时针计算，箭头所指方向为 45°角。以此为参考的话，0°相当于"to top"，90°相当于"to right"，180°相当于"to bottom"，270°相当于"to left"，默认情况下渐变角度为 180°。

例如：linear-gradient(yellow,white)等同于 linear-gradient(180deg,yellow,white)。

而 linear-gradient(180deg,yellow,white) 也等同于 linear-gradient(to bottom,yellow,white)。

在实现渐变的同时还可以控制颜色渐变的位置，实现方法是在每一个颜色值后写一个百分比数值，用于标示颜色渐变的位置，例如：

```
background-image: linear-gradient(180deg,yellow 20%,white 60%);
```

【例 6-21】 线性渐变的应用。

1）在<body>标签内定义 HTML 结构代码。代码如下：

```
<body>
    <p id="bg-lg1">背景从橙色到白色再到粉红色渐变</p>
    <p id="bg-lg2">背景 45°角，从白色到粉红色渐变，从 30%开始 </p>
    <p id="bg-lg3">背景自右向左（相当于 270°角），从橙色到白色渐变</p>
    <p id="bg-lg4">背景 90°角，从白色到粉红色渐变</p>
</body>
```

2）在<head>标签的<style type="text/css">元素中插入 CSS 样式。代码如下：

```
<style type="text/css">
    body {                                  /* 基本样式设置 */
        background-image: linear-gradient(#ffffff 65%, orange);
                                            /* <body>标签的背景色由白色向橙色渐变 */
        background-attachment: fixed;       /* 背景固定 */
    }
    p {                                     /* 基本样式，设置<p>标签的基本样式 */
        float: left;                        /* 设置左浮动 */
        width: 150px;                       /* 设置容器宽度 */
        height: 100px;                      /* 设置容器高度 */
        margin: 15px;                       /* 设置外边距 */
        padding: 10px;                      /* 设置内边距 */
        border: 1px solid #8c4d09;          /* 设置边框 */
        background-repeat: no-repeat;       /* 设置背景图片不重复 */
    }
    #bg-lg1 {/* 背景从橙色到白色再到粉红色 */
        background: linear-gradient(orange, white, pink);
    }
    #bg-lg2 {/* 背景 45°角，从白色到粉红色渐变，从 30%开始 */
        background: linear-gradient(45deg, white 30%, pink);
    }
    #bg-lg3 { /* 背景自右向左（相当于 270°角），从橙色到白色渐变 */
        background: linear-gradient(to left, orange, white);
    }
```

```
#bg-lg4 { /* 背景 90°角，从白色到粉红色渐变 */
    background: linear-gradient(90deg, white, pink);
}
</style>
```

运行后，页面效果如图 6-22 所示。

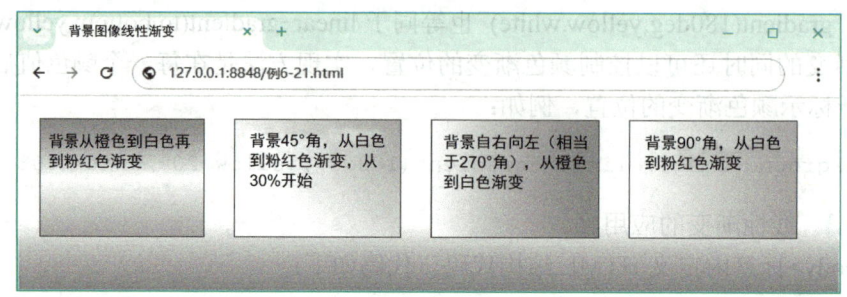

图 6-22　线性渐变页面效果

5．径向渐变

径向渐变是指，一种颜色从一个中心点开始，依据椭圆或圆形形状进行扩张渐变到另一种颜色。

微课 6-17
背景区域的径向渐变

语法：`background-image:radial-gradient (渐变形状 圆心位置,颜色值 1,颜色值 2,…,颜色值 n);`

其中，radial-gradient 表示渐变方式为径向渐变，括号内的参数值用于设定渐变形状、圆心位置和颜色值。渐变形状用来定义径向渐变的形状，主要包括"circle"和"ellipse"两个值，其参数含义如表 6-2 所示。

表 6-2　渐变形状的参数含义

参数名称	含义
circle	圆形的径向渐变
ellipse	椭圆形的径向渐变
像素值/百分比	定义水平半径和垂直半径的像素值，如"200px 150px"表示水平半径为 200px，垂直半径为 150px 的椭圆形，如果两个数值相同则为圆形，也可以通过百分比来定义形状，如"80% 80%"

圆心位置用于确定元素渐变的中心位置，使用"at"加上关键词或参数值来定义径向渐变的中心位置，参数的含义如表 6-3 所示。

表 6-3　圆心位置的参数含义

参数名称	含义
center	设置中间为径向渐变圆心的横坐标值或纵坐标值
left	设置左边为径向渐变圆心的横坐标值
right	设置右边为径向渐变圆心的横坐标值
top	设置顶部为径向渐变圆心的纵坐标值
bottom	设置底部为径向渐变圆心的纵坐标值
像素值/百分比	用于定义圆心的水平和垂直坐标，可以为负值

颜色值的设置是与线性渐变是一致的,"颜色值 1"表示起始颜色,"颜色值 *n*"表示结束颜色,起始颜色和结束颜色之间可以添加多个颜色值,各颜色值之间用","隔开。例如:

```
background-image: linear-gradient(180deg,yellow 20%,white 60%);
```

【例 6-22】 径向渐变的应用。
1)在<body>标签内定义 HTML 结构代码。代码如下:

```
<body>
    <p id="bg-rg1">
        径向渐变 1:以容器中心为圆形渐变圆心,从白色的 10%渐变到浅仿古的 40%,再渐变到橙色的 80%。
    </p>
    <p id="bg-rg2">
        径向渐变 2:以容器顶部为椭圆形渐变圆心,容器中心顶端,从白色渐变到橙色。
    </p>
</body>
```

2)在<head>标签的<style type="text/css">元素中插入 CSS 样式。代码如下:

```
<style type="text/css">
    p {                                    /* 基本样式,设置<p>标签的基本样式 */
        float: left;                       /* 设置左浮动 */
        width: 300px;                      /* 设置容器宽度 */
        height: 300px;                     /* 设置容器高度 */
        padding: 20px;                     /* 设置内边距 */
        margin: 10px;                      /* 设置外边距 */
        border: 1px solid #8c4d09;         /* 设置边框 */
        line-height: 2;                    /* 设置行高 */
        background-repeat: no-repeat;      /* 设置背景图片不重复 */
    }
    #bg-rg1 {/* 圆形渐变,容器中心为径向渐变圆心,从白色的 10%渐变到浅仿古的 40%,再渐变到橙色的 80% */
        background-image: radial-gradient(circle at center, #ffffff 10%, #f6d5a6 40%, orange 80%);
    }
    #bg-rg2 {/* 椭圆形渐变,容器中心顶端,从白色渐变到橙色 */
        background-image: radial-gradient(ellipse at top, #ffffff, orange);
    }
</style>
```

运行后,页面效果如图 6-23 所示。

微课 6-18
背景区域的重复渐变

6. 重复渐变

在 CSS3 中,重复渐变包括重复线性渐变和重复径向渐变。
重复线性渐变的语法如下。

语法: background-image: repeating-linear-gradient (渐变角度,颜色值 1,颜色值 2,…,颜色值 *n*);

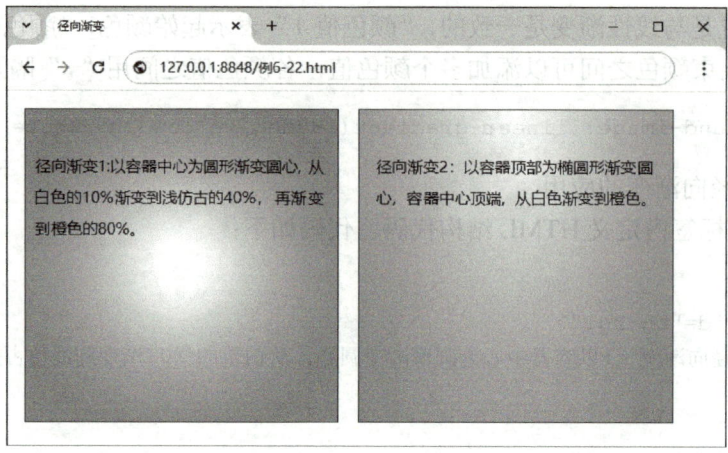

图 6-23 径向渐变页面效果

参数的设置与线性渐变相同。

重复径向渐变的语法如下。

语法：`background-image: repeating-radial-gradient`（渐变形状 圆心位置，颜色值 1，…，颜色值 n）；

参数的设置与径向渐变相同。

【例 6-23】 重复渐变的应用。

1）在<body>标签内定义 HTML 结构代码。代码如下：

```
<body>
    <p id="bg-rlg1">重复线性渐变</p>
    <p id="bg-rrg2">重复径向渐变</p>
</body>
```

2）在<head>标签的<style type="text/css">元素中插入 CSS 样式。代码如下：

```
<style type="text/css">
    p {                                     /* 基本样式，设置<p>标签的基本样式 */
        float: left;                        /* 设置左浮动 */
        width: 300px;                       /* 设置容器宽度 */
        height: 300px;                      /* 设置容器高度 */
        margin: 10px;                       /* 设置外边距 */
        padding: 10px;                      /* 设置内边距 */
        border: 1px solid #8c4d09;          /* 设置边框 */
    }
    #bg-rlg1 {
        /* 沿 45°角从白色 6%的位置向橙色 12%的位置，再向白色 18%的位置重复线性渐变 */
        background-image: repeating-linear-gradient(45deg, #ffffff 6%,
#fea201 12%, #ffffff 18%);
    }
    #bg-rrg2 {
        /* 容器中心为径向渐变圆心，从白色 8%向橙色 24%的位置开始重复径向渐变 */
        background-image: repeating-radial-gradient(circle at left, #ffffff
```

```
8%, #fea201 24%);
        }
    </style>
```

运行后，页面效果如图 6-24 所示。

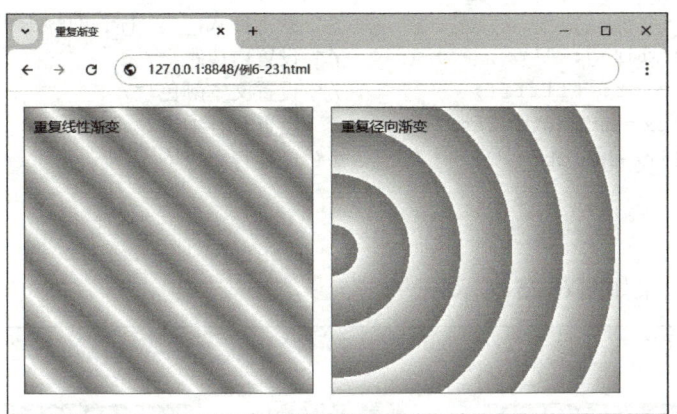

图 6-24　重复渐变页面效果

微课 6-19
多背景图像的设置

7．多背景图像

在 CSS3 中，允许一个容器里显示多个背景图像，使背景图像效果更容易控制。通过 background-image、background-repeat、background-position 和 background-size 等属性提供多个属性值来实现多重背景图像效果，各属性值之间用逗号隔开。

【例 6-24】　多背景图像的应用。

1) 在<article>标签内定义 HTML 结构代码。代码如下：

```
<article>
    <h1>《中国十大传世名画》</h1>
    <p>《中国十大传世名画》是洛神赋图、千里江山图、清明上河图、富春山居图、汉宫春晓图、百骏图、步辇图、唐宫仕女图、五牛图、韩熙载夜宴图。它是中国美术史的丰碑，华夏文明的巨著，是流动的历史、无声的乐章；承载着古老东方民族独特的艺术气质；用色彩记录了中华绵延五千年的悠久历史和横亘万里的锦绣河山。</p>
</article>
```

2) 在<head>标签的<style type="text/css">元素中插入 CSS 样式。代码如下：

```
<style type="text/css">
    article {  /* 基本样式，设置容器的宽度、高度、边框、多图像背景 */
        width: 1200px;                    /* 设置容器宽度 */
        height: 330px;                    /* 设置容器高度 */
        border: 1px dotted #8c4d09;       /* 设置边框 */
        /* 设置多背景图像设置 */
        background-image: url(images/title-bg.jpg), url(images/icon-white.png), url(images/book-bg.jpg);
        background-repeat: no-repeat, repeat-x, no-repeat;
        background-position: center 12px, 0 35px, right bottom;
```

```
        }
        h1{                               /* 基本样式，<h1>标签的颜色和文本居中 */
            color:#8c4d09;                /* 设置文字颜色 */
            text-align: center;           /* 设置文字水平居中 */
        }
        p{                                /* 基本样式，<p>标签的颜色和文本居中 */
            padding: 10px;                /* 设置内边距 */
            color: #ffffff;               /* 设置文本颜色 */
            text-indent: 2em;             /* 设置首行缩进 */
            line-height: 2;               /* 设置行高 */
        }
    </style>
```

运行后，页面效果如图 6-25 所示。

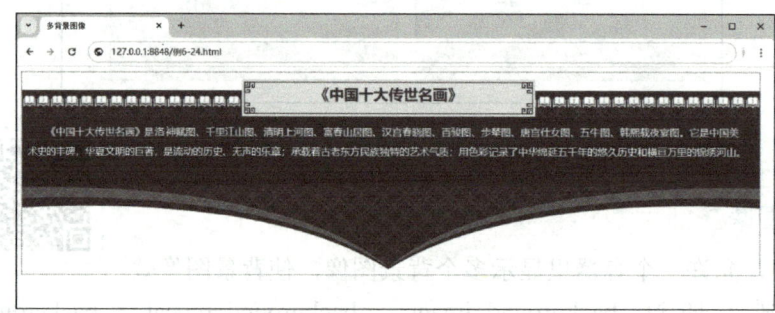

图 6-25　多背景图像的页面效果

【任务实施】

6.4　历代优秀墨竹作品学习页面 Logo、导航条与 banner 的 CSS 样式设计

6.4.1　页面效果展示

美化后的页面效果如图 6-26 所示。

图 6-26　页面效果图

6.4.2 页面实现分析

根据图 6-26 分析，应用结构性标签设计的 HTML5 结构示意图如图 6-27 所示。

图 6-27 HTML5 结构示意图

完成任务需要以下 3 步。
第 1 步：编写网页顶部与 banner 区域的 HTML 代码。
第 2 步：完成网页顶部区域的渐变背景与列表样式设置。
第 3 步：完成 banner 区域的多背景图像设置。

6.4.3 页面实现过程

1. 网页顶部与 banner 区域的 HTML 代码

通过对图片的分析，设计的 HTML 代码如下。

微课 6-20
历代优秀墨竹作品学习页面 Logo、导航条与 banner 的 CSS 样式设计

```html
<body>
    <!--网站顶部 begin-->
    <header>
        <div class="container">
            <a href="index.html"><img src="images/logo.png"></a>
            <nav>
                <ul>
                    <li><a href="#">网站首页</a></li>
                    <li><a href="#">赏析视频</a></li>
                    <li><a href="#">技法分享</a></li>
                    <li><a href="#">名家介绍</a></li>
                    <li><a href="#">画源分析</a></li>
                    <li><a href="#">联系我们</a></li>
                </ul>
            </nav>
        </div>
    </header>
    <!--网站 banner begin-->
    <section class="banner"></section>
</body>
```

2. 完成网页顶部区域的渐变背景与列表样式设置

通过对图片的分析，网页顶部区域的渐变背景与列表样式设置如下。

在<head>标签内添加<link>标签,引入"css"文件夹下的"style.css"文件。

```
<link rel="stylesheet" type="text/css" href="css/style.css">
```

在"css"文件夹下新建"style.css"文件,编写顶部区域的渐变背景与列表样式。

```css
* {                                          /* 通用样式 */
    margin: 0;                               /* 设置无外边距 */
    padding: 0;                              /* 设置无内边距 */
    border: none;                            /* 设置无边框 */
    font-size: 16px;                         /* 设置文字大小 */
}
a {                                          /* 设置超链接样式 */
    text-decoration: none;                   /* 设置文字无修饰 */
}
header {                                     /* 顶部区域样式设置 */
    position: relative;                      /* 定位方式:相对定位 */
    height: 80px;                            /* <header>标签高为80像素 */
    background-image: linear-gradient(to bottom, #ffffff, #fce1b7);
                                             /* 设置渐变背景 */
}
header .container {                          /* 设置容器的样式 */
    position: relative;                      /* 定位方式:相对定位 */
    z-index: 1;                              /* 设置z轴,屏幕纵深方向的层次顺序 */
    width: 1200px;                           /* 设置宽度 */
    margin: 0 auto;                          /* 设置外边距 */
}
header > .container > a {                    /* 设置第一个<a>标签的样式 */
    display: block;                          /* 转换<a>标签为块级元素显示 */
    float: left;                             /* 设置左浮动 */
    margin: 10px 25px;                       /* 设置外边距 */
}
header:after {                               /* 添加伪元素 */
    content: '';                             /* 设置内容为空 */
    position: absolute;                      /* 设置定位方式:绝对定位 */
    bottom: 0px;                             /* 设置伪元素bottom为0像素 */
    left: 0px;                               /* 设置伪元素left为0像素 */
    width: 100%;                             /* 设置宽度为100% */
    height: 7px;                             /* 设置高度为7像素 */
    background: #ffffff;                     /* 设置背景为白色 */
}
header .container nav {                      /* 设置导航 */
    float: right;                            /* 设置导航右浮动 */
}
nav ul {                                     /* 设置导航中<ul>标签的样式 */
    list-style: none;                        /* 设置列表样式为none */
}
nav ul li {                                  /* 设置列表<li>标签样式 */
```

```css
        float: left;                    /* 设置左浮动 */
        width: 110px;                   /* 设置宽度为 110 像素 */
        height: 73px;                   /* 设置高度为 73 像素 */
        text-align: center;             /* 设置水平居中对齐 */
    }
    nav a {                             /* 设置超链接的基本样式 */
        color: #ffffff;                 /* 设置文本颜色 */
        font-size: 16px;                /* 设置字体大小*/
        line-height: 73px;              /* 设置行高 */
    }
    nav a:hover {                       /* 设置<a>标签的悬停状态字体大小 */
        font-size: 18px;                /* 设置字体大小*/
    }
    nav ul li:nth-child(1) {            /* 设置<ul>标签内第 1 个<li>标签的样式 */
        background: #fbd163;            /* 设置<li>标签的背景颜色 */
    }
    nav ul li:nth-child(2) {            /* 设置<ul>标签内第 2 个<li>标签的样式 */
        background: #f9c232;            /* 设置<li>标签的背景颜色 */
    }
    nav ul li:nth-child(3) {            /* 设置<ul>标签内第 3 个<li>标签的样式 */
        background: #fbb808;            /* 设置<li>标签的背景颜色 */
    }
    nav ul li:nth-child(4) {            /* 设置<ul>标签内第 4 个<li>标签的样式 */
        background: #e6a508;            /* 设置<li>标签的背景颜色 */
    }
    nav ul li:nth-child(5) {            /* 设置<ul>标签内第 5 个<li>标签的样式 */
        background: #cd9307;            /* 设置<li>标签的背景颜色 */
    }
    nav ul li:nth-child(6) {            /* 设置<ul>标签内第 6 个<li>标签的样式 */
        background: #b17f07;            /* 设置<li>标签的背景颜色 */
    }
    nav ul li:hover {                   /* 设置<li>标签悬停状态的底部内边距 */
        padding-bottom: 7px;            /* 设置<li>标签的底部内边距 */
    }
```

运行代码，页面效果如图 6-28 所示。

图 6-28　页面顶部区域的页面效果

3. 完成 banner 区域的多背景图像设置

通过对图片的分析，banner 区域的多背景图像样式设置如下。

```css
    .banner {                           /* banner 区域样式 */
        height: 400px;                  /* 设置容器高度 */
```

```
            background-color: #fce1b7;          /* 设置背景颜色 */
            /* 设置多背景图像 */
            background-image: url(../images/banner/banner1.jpg), url(../images/
banner/banner2.jpg), url(../images/banner/banner3.jpg);
            background-repeat: no-repeat,no-repeat, no-repeat;
            background-position: 50% 50%, 5% 50%, 95% 50%;
            background-size: 900px, 800px, 800px;
        }
```

预览页面效果如图 6-26 所示。

【习题与拓展实践】

1. 选择题

1）下列哪种 CSS 样式定义的方式拥有最高的优先级？（   ）

    A．嵌入　　　　　B．行内　　　　　C．链接　　　　　D．导入

2）指定背景绘制区域 background-clip 属性中，（   ）从边框向外裁剪背景。

    A．padding-box　　　　　　　　B．border-box

    C．content-box　　　　　　　　D．clip-box

3）实现背景平铺效果，对应的 CSS 为（   ）。

    A．div{backgroud-image:url(images/bg.gif);}

    B．div{backgroud-image:url(images/bg.gif) repeat-x;}

    C．div{backgroud-image:url(images/bg.gif) repeat-y;}

    D．div{backgroud-image:url(images/bg.gif) no-repeat;}

4）（   ）属性表示段落的首行缩进。

    A．text-indent　　B．text-align　　C．font-family　　D．font-face

2. 拓展实践

运用所学的知识，使用 CSS 样式表完成图 6-29 所示的页面效果。

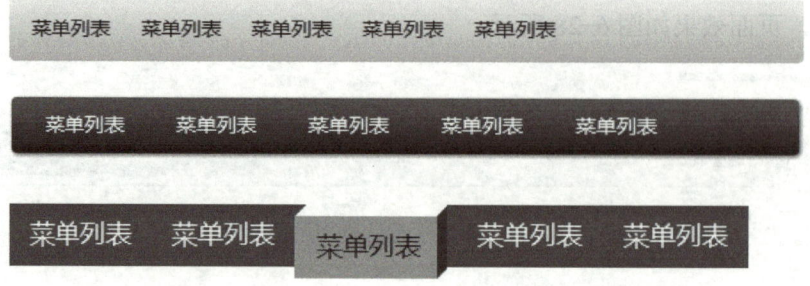

图 6-29　页面效果

任务 7　使用 CSS 实现页面布局

【知识准备】

7.1　盒子模型

盒子模型是 CSS 中一个重要的概念，理解了盒子模型才能更好地排版。所谓盒子模型就是将所有 HTML 元素看作盒子。在 CSS 中，"box model"这一术语是在设计和布局时使用的。CSS 盒子模型本质上是一个盒子，封装周围的 HTML 元素，它包括外边距、边框、内边距和实际内容。

微课 7-1
认识盒子模型

大多数浏览器都采用了 W3C 规范，一个标准的 W3C 盒子模型由内容（content）、内边距（padding）、边框（border）、外边距（margin）这 4 个属性组成，如图 7-1 所示。

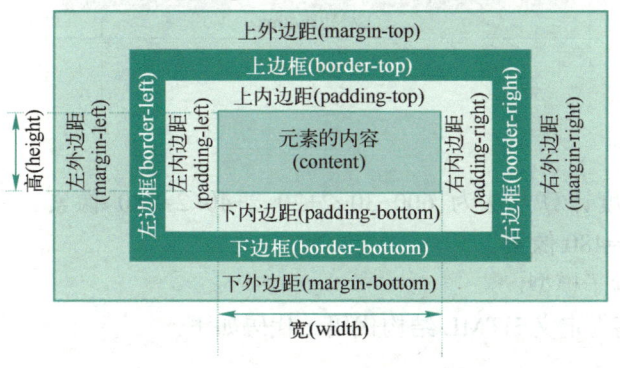

图 7-1　盒子模型示意图

所谓网页的布局，其实就是多个盒子嵌套排列，通常会使用<div>标签来作为容器进行网页布局。div 是英文 division 的缩写，意为"分割、区域"。<div>标签简单而言就是一个区块容器标记，可以将网页分割为独立的、不同的部分，以实现网页的规划和布局。

可以把这些属性转移到日常生活中的盒子上来理解，日常中生活的盒子也有这些属性。把瓷盘想象成 HTML 元素，那么瓷盘盒子就是一个 CSS 盒子模型，其中瓷盘为 CSS 盒子模型的内容，填充泡沫的厚度为 CSS 盒子模型的内边距（padding），纸盒的厚度为 CSS 盒子模型的边框（border），当多个瓷盘盒子装在一起时，它们的距离就是 CSS 盒子模型的外边距（margin），如图 7-2 所示。

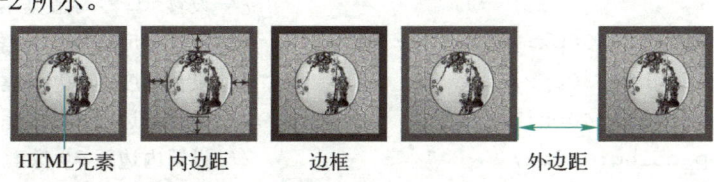

图 7-2　瓷盘与 CSS 盒子示意图

虽然盒子模型有内边距、边框、外边距、宽和高等基本属性,但是并不要求每个元素都必须定义这些属性。

盒子结构的纵深顺序,自下而上为外边距、背景颜色、背景图像、内边距、内容、边框。

CSS 代码中的宽和高,指的是填充以内的内容范围。因此,可以得到以下结论:

盒子的总宽度=width+左右内边距之和+左右边框宽度之和+左右外边距之和;

盒子的总高度=height+上下内边距之和+上下边框宽度之和+上下外边距之和。

以装饰画的盒子为例,宽度的计算如图 7-3 所示。

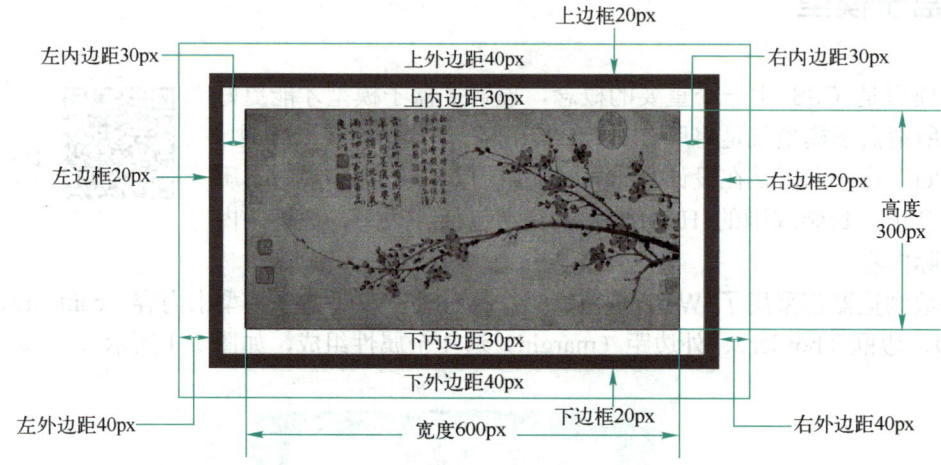

图 7-3　元素总宽度的计算

所以,盒子的宽度计算方法为 600+30×2+20×2+40×2=780 像素。盒子高度的计算方法为 300+30×2+20×2+40×2=480 像素。

【例 7-1】　认识盒子模型。

1)在<body>标签内定义 HTML 结构代码。代码如下:

```
<body>
    <div><img src="images/box1.jpg"></div>
</body>
```

2)在<head>标签的<style type="text/css">元素中插入 CSS 样式。代码如下:

```
<style type="text/css">
    body{                                   /* 设置<body>标签基本样式 */
        border: 1px solid #ab2f3b;          /* 设置为 1 像素深红色实线边框 */
    }
    div {                                   /* 设置<div>标签基本样式 */
        width: 600px;                       /* 设置宽度为 600 像素 */
        height: 300px;                      /* 设置高度为 300 像素 */
        margin: 40px;                       /* 设置外边距 40 像素 */
        padding: 30px;                      /* 设置内边距 30 像素 */
        border: 20px solid #ab2f3b;         /* 设置边框为 20 像素深红色实线
```

```
    }
</style>
```

运行后,页面效果如图 7-4 所示。

图 7-4 盒子模型页面效果

在浏览器中,鼠标右击,再单击"检查"命令,在"Elements"选项卡中,选择<div>标签,在"Style"选项卡中能浏览到<div>标签的宽和高(见图 7-5a),单击"padding"则可以浏览到内边距的值为 30px(见图 7-5b),单击"border"则可以浏览到边框的值为 20px(见图 7-5c),单击"margin"则可以浏览到外边距的值为 40px(见图 7-5d)。

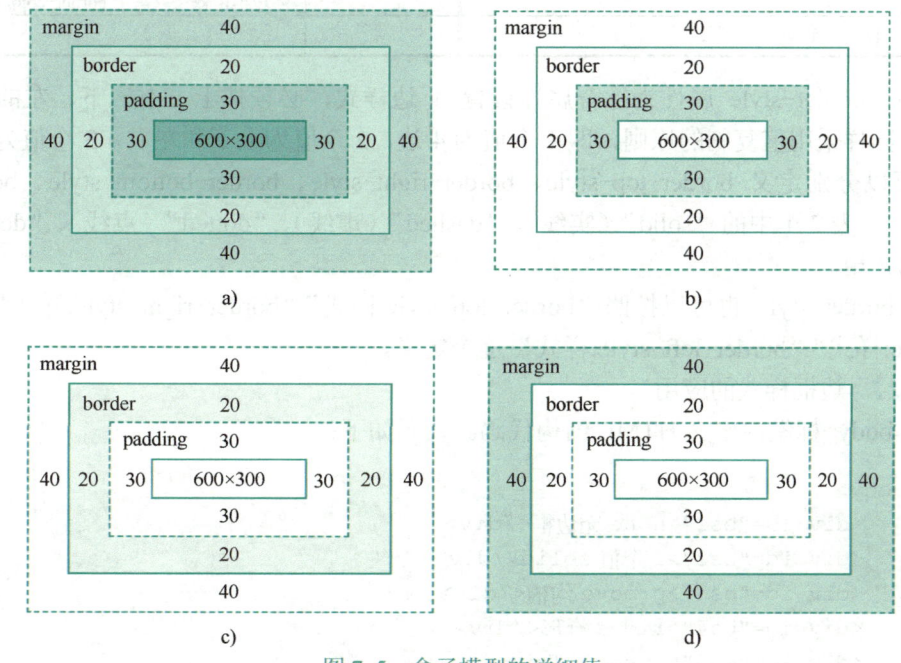

图 7-5 盒子模型的详细值
a) 内容(content)的宽度与高度 b) 内边距(padding)的值模型
c) 边框(border)的值模型 d) 外边距(margin)的值模型

7.2 盒子模型的常用属性

7.2.1 边框属性

微课 7-2
使用边框属性

边框属性控制元素所占用空间的边缘。主要包括边框样式、边框宽度、边框颜色等，此外还有边框的综合属性，在 CSS3 中还添加了圆角边框、边框图片属性等。

1. 边框样式

边框样式属性用以定义边框的风格呈现样式，这个属性必须用于指定的边框。
语法：border-style:上边框样式[右边框样式 下边框样式 左边框样式]；
样式取值共有 9 种，见表 7-1。

表 7-1 边框样式取值含义

样式取值	含义	样式取值	含义
none	不显示边框，为默认属性值	groove	边框带有立体感的沟槽
dotted	点线	ridge	边框成脊形
dashed	虚线	inset	使整个方框凹陷，即在外框内嵌入一个立体边框
solid	实线	outset	使整个方框凸起，即在外框内嵌入一个立体边框，效果取决于 border-color 的值
double	双实线		

语法中，border-style 属性为综合属性设置 4 边样式，必须按上、右、下、左的顺时针顺序，省略时同样采用值复制的原则，即 1 个值为 4 边，2 个值为上下和左右，3 个值为上、左右和下。也可以分别定义 border-top-style、border-right-style、border-bottom-style、border-left-style 的样式。表 7-1 中的"solid"（实线）、"dashed"（虚线）、"dotted"（点线）、"double"（双实线）较为常用。

同样，border-style 也可以按照"border-top-style:样式""border-right-style:样式""border-bottom-style:样式""border-left-style:样式"逐个定义。

【例 7-2】 边框样式的应用。
1）在<body>标签内定义 HTML 结构代码。代码如下：

```
<body>
    <div id="bs1">none 无边框</div>
    <div id="bs2">1 个值 solid</div>
    <div id="bs3">groove 沟槽</div>
    <div id="bs4">ridge 脊形</div>
    <div id="bs5">inset3D 凹边</div>
    <div id="bs6">outset3D 凸边</div>
    <div id="bs7">2 个值 solid dashed</div>
    <div id="bs8">3 个值 solid dashed double</div>
```

```html
        <div id="bs9">4个值 solid dashed double dotted</div>
        <div id="bs10">分别设定 4 个边</div>
    </body>
```

2）在<head>标签的<style type="text/css">元素中插入 CSS 样式。代码如下：

```css
<style type="text/css">
    div {                                /* 设置<div>标签基本样式 */
        float: left;                     /* 设置元素左浮动*/
        width: 100px;                    /* 设置宽度 */
        height: 100px;                   /* 设置高度 */
        margin: 10px;                    /* 设置外边框 */
        background-color: #f6d5a6;       /* 设置背景颜色 */
    }
    #bs1 {border-style: none;}           /* 不显示边框 */
    #bs2 {border-style: solid;}          /* 实线边框 */
    #bs3 {border-style: groove;}         /* 立体感的沟槽边框 */
    #bs4 {border-style: ridge;}          /* 脊形边框 */
    #bs5 {border-style: inset;}          /* 方框凹陷立体边框 */
    #bs6 {border-style: outset;}         /* 方框凸起立体边框 */
    #bs7 {   /* 边框样式展示 */
        border-top-style: solid;         /* 上边框样式为实线 */
        border-right-style: dashed;      /* 右边框样式为虚线 */
        border-bottom-style: double;     /* 下边框样式为双实线 */
        border-left-style: dotted;       /* 左边框样式为点状线 */
    }
    #bs8 {border-style: solid dashed;}              /* 上下实线、左右虚线 */
    #bs9 {border-style: solid dashed double;}       /* 上实线、左右虚线、下双实线*/
    #bs10 {border-style: solid dashed double dotted;}
                                                     /* 4 条不同的边框 */
</style>
```

运行后，页面效果如图 7-6 所示。

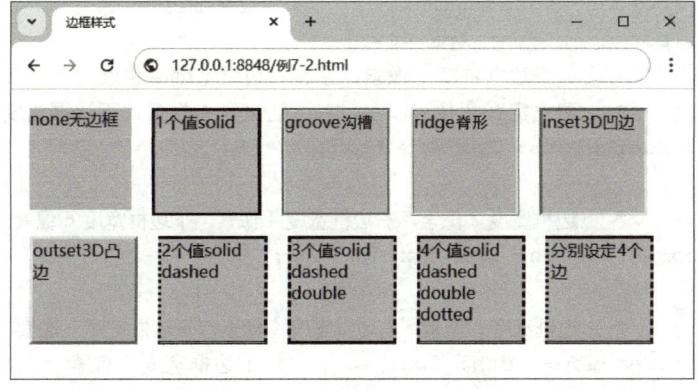

图 7-6　边框样式页面效果

2. 边框宽度

边框宽度用于设置元素边框的宽度值。

语法：border-width:上边框宽度值[右边框宽度值 下边框宽度值 左边框宽度值];

其中，宽度值可以是长度或关键字，关键字可以是 medium、thin 和 thick，分别表示中等厚度的边框、细边框和粗边框。由数字和单位组成的长度值，不可为负值，常用取值单位为像素（px）。并且遵循值复制的原则，值可以取 1~4 个：设置 1 个值，应用于 4 个边框；设置 2 个或 3 个值，省略的值与对边相等；设置 4 个值，按照上、右、下、左的顺序显示结果。

也可以按照"border-top-width:宽度值""border-right-width:宽度值""border-bottom-width:宽度值""border-left-width:宽度值"逐个定义。

【例 7-3】 边框宽度的应用。

1）在<body>标签内定义 HTML 结构代码。代码如下：

```html
<body>
    <div id="bw1">值 thin</div>
    <div id="bw2">值 2px 4px</div>
    <div id="bw3">值 2px 4px 6px</div>
    <div id="bw4">值 2px 4px 6px 8px</div>
    <div id="bw5">设定 4 个边 2px、4px、6px 和 8px</div>
</body>
```

2）在<head>标签的<style type="text/css">元素中插入 CSS 样式。代码如下：

```css
<style type="text/css">
    div {                              /* 设置<div>标签基本样式 */
        float: left;                   /* 设置元素左浮动 */
        width: 100px;                  /* 设置宽度 */
        height: 150px;                 /* 设置高度 */
        margin: 10px;                  /* 设置外边距 */
        background-color: #f6d5a6;     /* 设置背景颜色 */
        border-style:solid;            /* 实线边框 */
    }
    #bw1 {border-width: thin;}         /* 设置细边框 */
    #bw2 {border-width: 2px 4px;}
        /* 上、下边框宽度 2 像素，左、右边框宽度 4 像素 */
    #bw3 {  /* 上边框宽度 2 像素，左、右边框宽度 4 像素，下边框宽度 6 像素 */
        border-width: 2px 4px 6px;
    }
    #bw4 {  /* 上边框宽度 2 像素，右边框宽度 4 像素，下边框宽度 6 像素，左边框宽度 8 像素 */
        border-width: 2px 4px 6px 8px;
    }
    #bw5 {  /* 上边框宽度 2 像素，右边框宽度 4 像素，下边框宽度 6 像素，左边框宽度 8 像素 */
        border-top-width: 2px;         /* 上边框宽度 2 像素 */
        border-right-width: 4px;       /* 右边框宽度 4 像素 */
        border-bottom-width: 6px;      /* 下边框宽度 6 像素 */
        border-left-width: 8px;        /* 左边框宽度 8 像素 */
```

```
        }
    </style>
```

运行后，页面效果如图 7-7 所示。

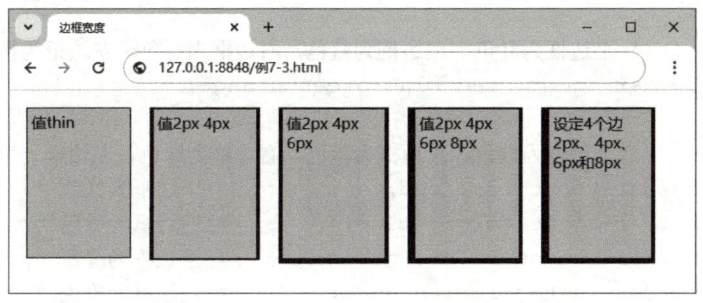

图 7-7　边框宽度页面效果

3. 边框颜色

边框颜色属性用于定义边框的颜色。

语法：`border-color:`上边框颜色值[右边框颜色值　下边框颜色值　左边框颜色值]；

border-color 的属性值同样复合颜色的定义法：预定义的颜色值、十六进制#RRGGBB 和 RGB 代码 `rgb(r,g,b)`3 种，其中，十六进制#RRGGBB 使用最多。

border-color 的值可以取 1～4 个：设置 1 个值，应用于 4 个边框；设置 2 个或 3 个值，省略的值与对边相等；设置 4 个值，按照上、右、下、左的顺序显示结果。

同样，border-color 也可以按照 "border-top-color:颜色值" "border-right-color:颜色值" "border-bottom-color:颜色值" "border-left-color:颜色值" 逐个定义。

【例 7-4】 边框颜色的应用。

1）在<body>标签内定义 HTML 结构代码。代码如下：

```
<body>
    <div id="bc1">1 个颜色值,样式 solid</div>
    <div id="bc2">2 个颜色值,样式 solid</div>
    <div id="bc3">3 个颜色值,样式 solid</div>
    <div id="bc4">4 个颜色值,样式 solid</div>
    <div id="bc5">分别设定 4 个边表现同样的效果</div>
</body>
```

2）在<head>标签的<style type="text/css">元素中插入 CSS 样式。代码如下：

```
<style type="text/css">
    div {                              /* 设置<div>标签基本样式 */
        float: left;                   /* 设置元素左浮动 */
        width: 120px;                  /* 设置宽度 */
        height: 60px;                  /* 设置高度 */
        margin: 10px;                  /* 设置外边距 */
        border-style: solid;           /* 实线边框 */
        border-width: 12px;            /* 边框宽度 12 像素 */
    }
```

```css
#bc1 {border-color: red;}              /* 4个边框为红色 */
#bc2 {border-color: red blue;}         /* 上、下边框为红色，左、右边框为蓝色 */
#bc3 {  /* 上边框为红色，左、右边框为蓝色，下边框为绿色 */
    border-color: red blue green;
    }
#bc4 {  /* 上边框为红色，左边框为蓝色，右边框为绿色，左边框为橙色 */
    border-color: red blue green orange;
    }
#bc5 {  /* 上边框为红色，左边框为蓝色，右边框为绿色，左边框为橙色 */
    border-top-color: red;             /* 上边框为红色 */
    border-right-color: blue;          /* 右边框为蓝色 */
    border-bottom-color: green;        /* 下边框为绿色 */
    border-left-color: orange;         /* 左边框为橙色 */
    }
</style>
```

运行后，页面效果如图 7-8 所示。

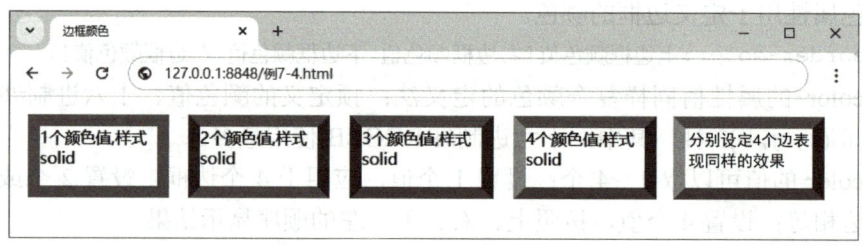

图 7-8　边框颜色页面效果

4．边框综合属性

使用边框的宽度（border-width）、样式（border-style）和颜色（border-color）属性来设置一个元素的边框样式比较繁琐，为了编写更为简洁的代码，可以使用边框的综合属性。

语法： `border:<边框宽度>|<边框样式>|<边框颜色>;`

在综合属性中，边框属性（border）能同时设置 4 种边框。如果只需要给出一组边框的宽度、样式与颜色，可以通过"border-top""border-right""border-bottom""border-left"分别设置。

【例 7-5】　边框综合属性的应用。

1）在<body>标签内定义 HTML 结构代码。代码如下：

```html
<body>
    <div id="b1">
        <img src="images/painting.jpg" />
    </div>
    <div id="b2">
        <img src="images/painting.jpg" />
    </div>
</body>
```

2）在<head>标签的<style type="text/css">元素中插入 CSS 样式。代码如下：

```
<style type="text/css">
    div {                                    /* 设置<div>标签基本样式 */
        float: left;                         /* 设置元素左浮动 */
        margin: 10px;                        /* 设置外边距为10像素 */
    }
    div img{                                 /* 设置<div>标签内的<img>样式 */
        vertical-align: bottom;              /* 设置图片垂直对齐方式为底部 */
    }
    #b1 {                                    /* 设置边框综合属性 */
        border: 8px double #da8b0f;          /* 设置8像素双实线的仿古色边框 */
    }
    #b2 {                                    /* 设置边框综合属性 */
        border: 8px dashed #da8b0f;          /* 设置8像素虚线的仿古色边框 */
    }
</style>
```

运行后，页面效果如图 7-9 所示。

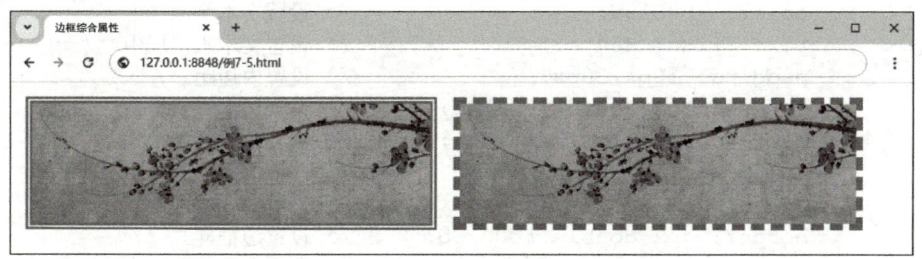

图 7-9　边框综合属性页面效果

7.2.2　边距属性

CSS 的边距属性分为内边距（padding）和外边距（magin）两种。

1. 内边距

内边距主要用来调整内容在盒子中的位置，指的是元素内容与边框（border）之间的距离，也常被称为内填充。

语法：`padding:上内边距值[右内边距值 下内边距值 左内边距值];`

在 CSS 中 padding 属性用于设置内边距，它是一个复合属性。其中，边距值是由数字和单位组成的长度值，不可为负值，常用取值单位为像素（px）。数值也可以是百分比，使用百分比时，内边距的宽度值随着父元素宽度（width）的变化而变化，与 height 无关。

padding 也遵循值复制的原则，值可以取 1～4 个：设置 1 个值，应用于 4 个内边距相等；设置 2 个或 3 个值，省略的值与对应的内边距相等；设置 4 个值，按照上、右、下、左的顺序设置 4 个内边距。

当只对某个方向的填充进行设置时，可以通过 "padding-top"（上填充）、"padding-right"（右填充）、"padding-bottom"（下填充）与 "padding-left"（左填充）分别设置。

【例7-6】 内边距的应用。

1）在<article>标签内定义HTML结构代码。代码如下：

```html
<article class="poetry">
    <header>
        <h1>《墨梅》</h1>
        <h4>年代：元 作者：王冕 </h4>
    </header>
    <section>
        <p>我家洗砚池头树，朵朵花开淡墨痕。</p>
        <p>不要人夸好颜色，只留清气满乾坤。</p>
    </section>
</article>
```

2）在<head>标签的<style type="text/css">元素中插入CSS样式。代码如下：

```css
<style type="text/css">
    .poetry {                                  /* 设置容器的基本样式 */
        color: #b0813d;                        /* 设置文本颜色 */
        text-align: center;                    /* 设置文本水平居中 */
        padding: 10px 20px;                    /* 设置内边距 */
        border: 1px solid #b0813d;             /* 设置边框样式 */
        background-color: #f7e4ba;             /* 设置背景颜色 */
    }
    h1,h4{                                     /* 设置标题样式 */
        border: 4px double #b0813d;            /* 设置边框样式 */
        background-color: #ffffff;             /* 设置背景颜色 */
        padding: 5px 0;                        /* 设置内边距 */
    }
    section{                                   /* 设置内层容器的边框与背景颜色 */
        border: 4px double #b0813d;            /* 设置边框样式 */
        background-color: #ffffff;             /* 设置背景颜色 */
    }
    p {
        padding-top: 5px;                      /* 设置上边距*/
    }
</style>
```

运行后，页面效果如图7-10所示。

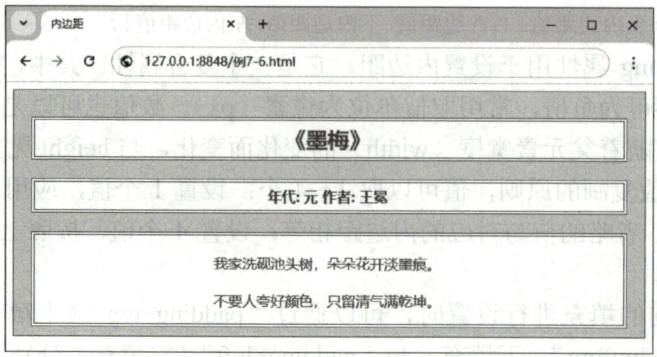

图7-10 内边距页面效果

2. 外边距

外边距（margin）指的是元素边框与相邻元素之间的距离。

语法：`margin：上外边距值[右外边距值 下外边距值 左外边距值];`

在 CSS 中，margin 属性用于设置外边距，它是一个复合属性，与内边距（padding）的用法类似。当只需要对某个方向的外边距进行设置时，可以通过"margin-top"（上外边距）、"margin-right"（右外边距）、"margin-bottom"（下外边距）、"margin-left"（左外边距）分别设置。

使用 margin 注意以下两点。

1）外边距可以使用负值，使相邻元素重叠。

2）当使用盒元素进行布局时，设置宽度属性，并将左右外边距设置为 auto，可以实现盒元素的居中。

【例 7-7】 外边距的应用。

1）在 <article> 标签内定义 HTML 结构代码。代码如下：

```html
<article class="poetry">
    <img src="images/mei.jpg" />
    <header>
        <h1>《墨梅》</h1>
        <h4>年代：元 作者：王冕 </h4>
    </header>
    <section>
        <p>我家洗砚池头树，朵朵花开淡墨痕。</p>
        <p>不要人夸好颜色，只留清气满乾坤。</p>
    </section>
</article>
```

2）在 <head> 标签的 <style type="text/css"> 元素中插入 CSS 样式。代码如下：

```css
<style type="text/css">
    .poetry {                              /* 设置外层容器的样式 */
        width: 800px;                      /* 设置宽度 */
        margin: 10px auto;                 /* 设置容器水平居中 */
        color: #b0813d;                    /* 设置文本颜色 */
        text-align: center;                /* 设置文本水平居中 */
        padding: 10px 20px;                /* 设置内距 */
        border: 1px solid #b0813d;         /* 设置边框样式 */
        background-color: #f7e4ba;         /* 设置背景颜色 */
    }
    h1,h4{                                 /* 设置标题样式 */
        width: 70%;                        /* 设置宽度 */
        border: 4px double #b0813d;        /* 设置边框样式 */
        background-color: #ffffff;         /* 设置背景颜色 */
        padding: 5px 0;                    /* 设置内边距 */
    }
    section{                               /* 设置内层容器的边框与背景颜色 */
```

```
            width: 70%;                    /* 设置宽度 */
            border: 4px double #b0813d;    /* 设置边框样式 */
            background-color: #ffffff;     /* 设置背景颜色 */
        }
        p {                                /* 设置段落样式 */
            padding: 8px;                  /*设置内边距 */
            margin: 8px;                   /*设置外边距 */
        }
        img {                              /* 设置<img>标签选择器样式 */
            float: right;                  /* 设置元素右浮动 */
            width: 180px;                  /* 设置宽度 */
            margin: 8px                    /* 设置图像外边距 */
            padding: 8px;                  /* 设置图像内边距 */
            background-color: #ffffff;     /* 设置背景颜色 */
            border: 1px solid #b0813d;     /* 设置边框样式 */
        }
    </style>
```

运行后，页面效果如图 7-11 所示。

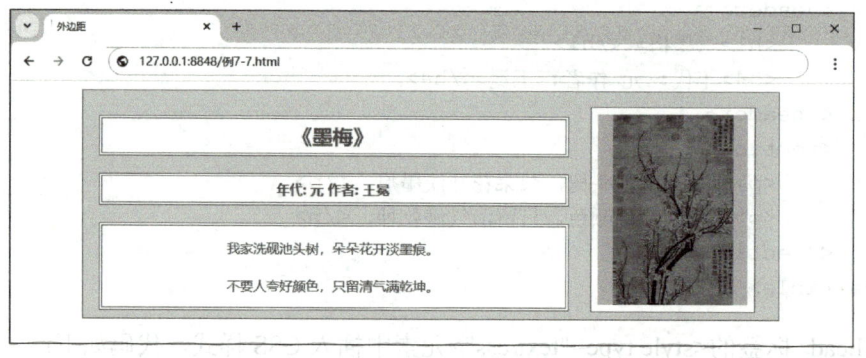

图 7-11　外边距页面效果

7.2.3　边框其他属性

1. 圆角边框

微课 7-4
使用圆角边框

在 CSS3 中，使用 border-radius 属性实现了矩形边框的圆角化。

语法：`border-radius:半径值1/半径值2;`

其中，border-radius 的属性值包含 2 个参数，取值可以为像素值或百分比。其中，"半径值 1"表示圆角的水平半径，"半径值 2"表示圆角的垂直半径，两个参数之间用"/"隔开。border-radius 也遵循值复制的原则，值可以取 1～4 个：设置 1 个值时，4 个圆角具有相同的弧度；设置了 2 个值时，左上与右下圆角半径使用第 1 个值，右上与左下使用第 2 个参数；设置了 3 个值时，左上圆角半径使用第 1 个值，右上与左下圆角半径使用第 2 个值，右下使用第 3 个参数；设置 4 个值时，将按左上、右上、右下与左下的顺序使用参数值。

【例 7-8】 圆角边框的应用。

1）在<article>标签内定义 HTML 结构代码。代码如下：

```html
<article>
    <img id="br1" src="images/wangmian1.jpg">
    <img id="br2" src="images/wangmian1.jpg">
    <img id="br3" src="images/wangmian1.jpg">
    <img id="br4" src="images/wangmian1.jpg">
</article>
```

2）在<head>标签的<style type="text/css">元素中插入 CSS 样式。代码如下：

```css
<style type="text/css">
    article {                              /* 设置外层容器的样式 */
        margin: 20px 0px;                  /* 设置容器外边距 */
        padding: 10px;                     /* 设置容器内边距 */
        text-align: center;                /* 设置文本水平居中 */
        border: 8px double #b0813d;        /* 设置边框样式 */
        background-color: #f6d5a6;         /* 设置容器背景颜色*/
    }
    img{                                   /* 设置图片基本样式 */
        width: 240px;                      /* 设置图片宽度 */
        padding: 10px;                     /* 设置图片内边距 */
        margin: 5px;                       /* 设置图片外边距 */
        border: 1px solid #b0813d;         /* 设置边框样式 */
        background-color: #ffffff;         /* 设置背景颜色*/
    }
    #br1 {border-radius: 4px;}             /* 设置 4 个圆角半径为 4 像素的边框 */
    #br2 {border-radius: 50%;}             /* 设置圆形边框 */
    #br3 { /* 设置左上、右下边框半径为 4 像素，右上、左下边框半径为 16 像素 */
        border-radius: 4px 16px;
    }
    #br4 { /* 设置边框半径左上为 0 像素，右上、左下为 140 像素，右下为 50 像素 */
        border-radius: 0 140px 50px;
    }
</style>
```

运行后，页面效果如图 7-12 所示。

图 7-12 圆角边框的页面效果

2. 阴影效果

CSS 中的 box-shadow 属性可以实现阴影效果。

语法： `box-shadow：水平阴影值 垂直阴影值 模糊距离值 阴影大小值 颜色 阴影类型；`

其中，水平阴影值表示元素水平阴影位置，可以为负值（必选属性）；垂直阴影值表示元素垂直阴影位置，可以为负值（必选属性）；模糊距离值表示阴影模糊半径（可选属性）；阴影大小值表示阴影扩展半径，不能为负值（可选属性）；颜色表示阴影的颜色（可选属性）；阴影类型主要包含内阴影（inset）和外阴影（默认）（可选属性）。

微课 7-5
使用阴影效果

【例 7-9】 阴影效果的应用。

1）在<article>标签内定义 HTML 结构代码。代码如下：

```
<article>
    <div id="bs1">盒子阴影</div>
    <img id="bs2" src="images/wangmian2.jpg">
    <img id="bs3" src="images/wangmian2.jpg">
    <img id="bs4" src="images/wangmian2.jpg">
</article>
```

2）在<head>标签的<style type="text/css">元素中插入 CSS 样式。代码如下：

```
<style type="text/css">
    article {                              /* 设置外层容器的基本样式 */
        height: 200px;                     /* 设置容器高度 */
        margin: 20px;                      /* 设置容器外边距 */
        padding: 10px;                     /* 设置容器内边距 */
        border: 6px solid #b0813d;         /* 设置边框样式 */
    }
    div,img {                              /* 设置<div>与<img>标签的基本样式 */
        float: left;                       /* 设置元素左浮动 */
        width: 200px;                      /* 设置宽度 */
        height: 100px;                     /* 设置高度 */
        margin: 20px;                      /* 设置容器外边距 */
        padding: 20px;                     /* 设置容器内边距 */
        border: 1px solid #b0813d;         /* 设置边框样式 */
    }
    #bs1 {                                                    /* 为盒子设置普通阴影效果 */
        box-shadow: 0 0 10px 10px #d2d2d2;  /* 设置普通阴影效果 */
        background-color: #daceb2;          /* 设置背景颜色 */
        background-clip: content-box;       /* 背景裁剪为内容区域 */
    }
    #bs2 { /* 为图片设置普通阴影效果 */
        box-shadow: 10px 10px 10px 5px #d2d2d2;
    }
    #bs3 { /* 为图片设置内阴影效果 */
        box-shadow: 0 0 5px 5px #cccccc inset;
    }
```

```
#bs4 { /* 为图片设置多重阴影效果 */
    box-shadow: 0 0 4px 4px #f8e2b0, 0 0 12px 14px #fecc34, 0 0 7px 7px #ffffff;
}
</style>
```

运行后，页面效果如图 7-13 所示。

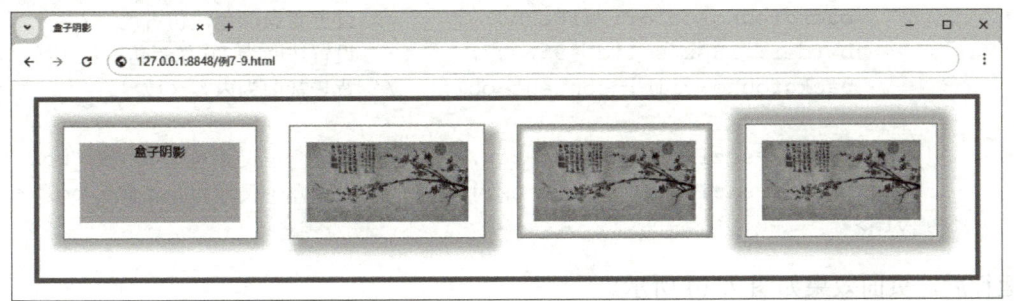

图 7-13　盒子阴影的页面效果

微课 7-6
使用 box-sizing 属性

3. box-sizing 属性

CSS 中盒子的实际宽等于 width 的值、左右内边距值、左右边框的宽度值、左右外边距值之和，高度也一样。这样容易出现一个问题：当一个盒子的实际宽度确定之后，如果添加或修改了边框或内边距，会影响盒子的实际宽度。为了不影响整体布局，通常会通过调整 width 属性值来让盒子总宽度保持不变。运用 CSS3 的 box-sizing 属性可以解决这个问题。

box-sizing 属性用于定义盒子的宽度（width）和高度值（height）是否包含元素的内边距和边框。

语法： `box-sizing: content-box | border-box;`

其中，box-sizing 属性的名称与含义如表 7-2 所示。

表 7-2　box-sizing 属性名称与含义

名称	含义
content-box	宽度和高度分别应用到元素的内容框 在宽度和高度之外绘制元素的内边距和边框
border-box	为元素设定的宽度和高度决定了元素的边框盒 也就是说，为元素指定的任何内边距（padding）和边框（border）都将在已设定的宽度和高度内进行绘制 通过从已设定的宽度和高度分别减去边框和内边距才能得到内容的宽度和高度

【例 7-10】box-sizing 属性的应用。

1）在 <body> 标签内定义 HTML 结构代码。代码如下：

```
<body>
    <div class="box1">content_box 属性值</div>
    <div class="box2">border_box 属性值</div>
</body>
```

2）在 <head> 标签的 <style type="text/css"> 元素中插入 CSS 样式。代码如下：

```
<style type="text/css">
    div{                                    /* 设置外层容器的基本样式 */
        float: left;                        /* 设置元素左浮动 */
        width: 300px;                       /* 设置宽度为 300 像素 */
        height: 150px;                      /* 设置高度为 150 像素 */
        margin-left: 20px;                  /* 设置容器左外边距为 20 像素 */
        padding: 30px;                      /* 设置容器内边距为 30 像素 */
        background-color: #f8e2b0;          /* 设置背景颜色浅仿古色 */
        border: 10px solid #956907;         /* 设置边距为 10 像素仿古色实线 */
        background-clip: content-box;       /* 背景裁剪为内容区域 */
    }
    .box1 {box-sizing: content-box;}        /* 设置盒子尺寸为 content_box */
    .box2 {box-sizing: border-box;}         /* 设置盒子尺寸为 border_box */
</style>
```

运行后，页面效果如图 7-14 所示。

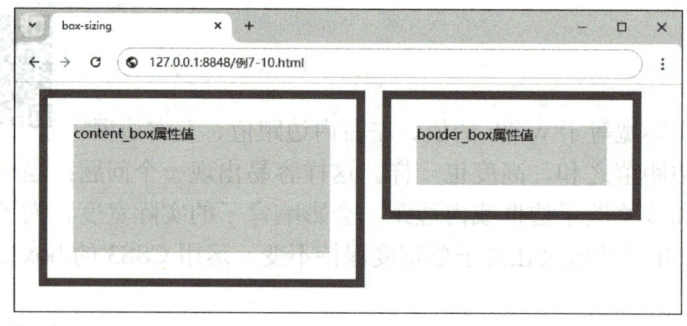

图 7-14　box-sizing 属性的使用效果

在浏览器中，鼠标右击，再单击"检查"命令，在"Elements"选项卡中，选择<div>标签，在"Style"选项卡中能浏览到第 1 个<div>标签的呈现效果，如图 7-15a 所示，单击第 2 个<div>标签，呈现效果如图 7-15b 所示。

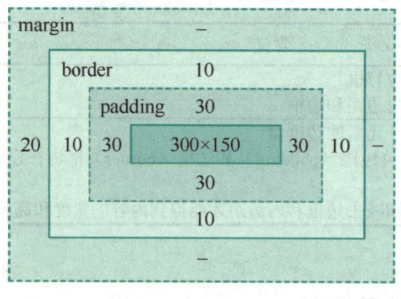
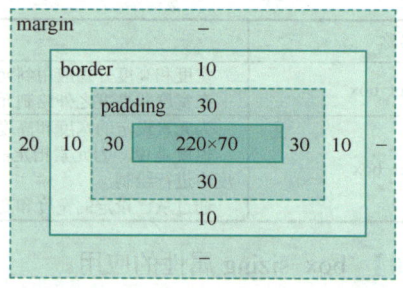

a)　　　　　　　　　　　　　　b)

图 7-15　box-sizing 属性的使用效果

a) 设置为"content_box"时的宽度与高度　b) 设置为"border_box"时的宽度与高度

4. 边框图片

在 CSS3 中，使用边框图片（border-image）属性实现为区域整体添加一个边框图片。border-image 属性是综合属性，还包括

微课 7-7
使用边框图片

border-image-source、border-image-slice、border-image-width、border-image-outset 和 border-image-repeat 等属性，属性名称及其含义如表 7-3 所示。

表 7-3 边框图片属性名称与含义

名称	含义
border-image-source	指定图片路径
border-image-slice	指定图像的切片方式，设置边框图像顶部、右侧、底部、左侧内偏移量
border-image-width	指定边框宽度，可以设置 1~4 个值
border-image-outset	指定背景向盒子外部延伸的距离，可以设置 1~4 个值
border-image-repeat	指定背景图片的平铺方式，包括拉伸（stretch）、重复（repeat）、环绕（round）

这些属性的使用语法如下。

border-image-source：none 或图片路径；

border-image-slice：图像顶部、右侧、底部、左侧内偏移值（像素、百分比或数字 1~4 加 fill）；

这 4 个值分别表示相对于图片的上、右、下、左边缘的偏移量，将图像分成 4 个角、4 条边和中间区域的 9 个切片，中间区域始终是透明的（即没有图像填充），除非加上关键字 fill。

border-image-width：边框的宽度值（像素）；

border-image-outset：数值；

border-image-repeat：stretch、repeat 或 round；

综合属性语法如下：

```
border-image:border-image-source border-image-slice | border-image-width | border-image-outset border-image-repeat;
```

其中，border-image-slice 边框图片的九宫格切片示意图如图 7-16 所示。

借用 W3C 的专用图，1 个 81×81px 的正方形位图，包含 9 个菱形图案，图案大小为 27×27px，把图片上的区域标上标号，如图 7-17 所示，以追踪在实例中出现的位置。

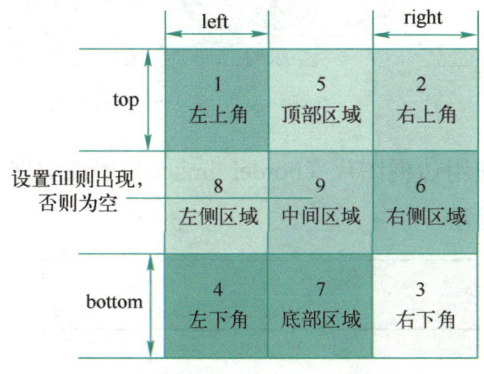

图 7-16 九宫格切片示意图

图 7-17 边框图片示意图

【例 7-11】边框图片的应用。

1）在 <body> 标签内定义 HTML 结构代码。代码如下：

```
<body>
```

```
        <div id="bis1">图像边框</div>
    </body>
```

2）在\<head\>标签的\<style type="text/css"\>元素中插入 CSS 样式。代码如下：

```
<style type="text/css">
    div {                                    /* 设置外层容器的基本样式 */
        width: 270px;                        /* 设置宽度 */
        height: 81px;                        /* 设置高度 */
        padding: 27px;                       /* 设置容器内边距 */
        margin: 20px auto;                   /* 设置容器外边距，水平居中 */
    }
    #bis1 {  /* 设置图像边框效果样式 */
        border-image-source: url("images/borderimg.png");/* 设置图片路径 */
        border-image-slice: 27 fill;         /* 设置区域切片 */
        border-image-width: 27px;            /* 设置边框的宽度值 */
        border-image-outset: 0 10px;         /* 设置外部延伸的距离 */
        border-image-repeat: repeat;         /* 设置平铺方式 */
    }
</style>
```

运行例 7-11，页面效果如图 7-18 所示，在浏览器中，右击，再单击"检查"命令，在"Elements"选项卡中，选择\<div\>标签，在"Style"选项卡中能浏览到\<div\>标签的呈现效果，如图 7-19 所示。

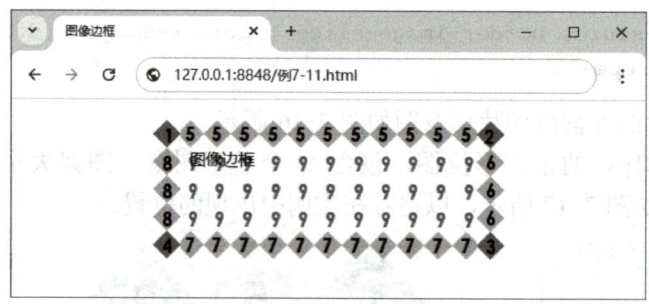

图 7-18　边框图片页面效果

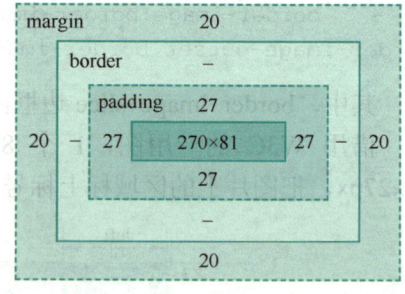

图 7-19　"Style"选项卡中对应的模型

利用这个原理，如图 7-20 所示的图案，使用边框图片（border-image）属性实现为区域整体添加一个图像边框，达成的效果如图 7-21 所示。

图 7-20　图案　　　　　　　　图 7-21　边框图片（border-image）预期达成效果

【例 7-12】边框图片的应用。

1）在\<body\>标签内定义 HTML 结构代码。代码如下：

```
<body>
```

```
            <h1 id="bis1">《中国十大传世名画》</h1>
            <p id="bis2">《中国十大传世名画》是洛神赋图、千里江山图、清明上河图、富春山居
图、汉宫春晓图、百骏图、步辇图、唐宫仕女图、五牛图、韩熙载夜宴图。它是中国美术史的丰碑,华夏文明
的巨著,是流动的历史、无声的乐章;承载着古老东方民族独特的艺术气质;用色彩记录了中华绵延五千年的
悠久历史和横亘万里的锦绣河山。</p>
        </body>
```

2)在<head>标签的<style type="text/css">元素中插入 CSS 样式。代码如下:

```
<style type="text/css">
    h1,p{                                    /* 设置<h1>和<p>标签的基本样式 */
        color: #940e09;                      /* 设置文本颜色 */
        padding: 18px;                       /* 设置容器内边距 */
        margin: 10px auto;                   /* 设置容器外边距 */
        border-image-source: url("images/flower-bg.png");/* 设置图片路径 */
        border-image-slice: 18 fill;         /* 设置区域切片 */
        border-image-width: 18px;            /* 设置边框的宽度值 */
        border-image-outset: 0 10px;         /* 设置外部延伸的距离 */
        border-image-repeat: repeat;         /* 设置平铺方式 */
    }
    #bis1 {                                  /* 设置标题的基本样式 */
        width: 360px;                        /* 设置宽度 */
        height: 54px;                        /* 设置高度 */
        line-height: 54px;                   /* 设置行高 */
        text-align: center;                  /* 设置文本水平居中 */
    }
    #bis2 {                                  /* 设置段落文字的基本样式 */
        width: 90%;                          /* 设置宽度 */
        line-height: 1.5;                    /* 设置行高 */
        text-indent: 2em;                    /* 设置文本首行缩进 */
    }
</style>
```

运行例 7-12 后,页面效果如图 7-22 所示。

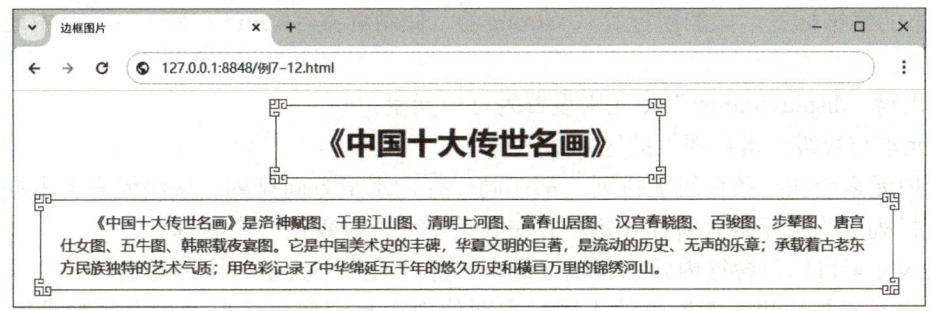

图 7-22 边框图片的使用效果

7.3 浮动与定位

7.3.1 元素的类型与转换

1. 元素的类型

HTML 用于布局网页页面的元素主要分为块级元素、行内元素和行内块级元素。

（1）块级元素

块级元素在网页中就是以块状的形式显示，所谓块状就是元素显示为矩形区域，主要用于网页布局和网页结构的搭建，具有以下特点。

1）默认情况下，块级元素都会占据一行，通俗地说，两个相邻块级元素不会出现并列显示的现象；默认情况下，块级元素会按顺序自上而下排列。

2）块级元素可以定义自己的宽度和高度，还可以设置行高、边距等。

3）元素宽度在不设置的情况下，是其父容器的 100%（和父元素的宽度一致），除非设定一个宽度。

常见的块级元素有<div>、<dl>、<dt>、<dd>、<ol>、<ul>、<fieldset>、<h1>～<h7>、<p>、<form>、<iframe>、<colgroup>、<table>、<tr>、<td>等，其中，<div>标签是最典型的块级元素，被广泛应用到了页面布局中。

通过代码"display:block;"将元素设置为块级元素。

（2）行内元素

行内元素（inline）也称内联元素，始终在行内逐个进行显示，常用于控制页面中文本的样式，具有以下特点。

1）和其他元素在一行。

2）元素的高度、宽度、行高、顶部和底部边距不可设置。

3）元素的宽度就是它包含的文字或图片的宽度，不可改变。

常见的行内元素有<a>、<samp>、<strong>、<b>、<em>、<i>、<del>、<s>、<ins>、<u>、<span>等。其中，<span>标签是最典型的行内元素。<span>与</span>之间只能包含文本和各种文本的修饰标签，如加粗标签（<strong>）、倾斜标签（<em>）等，<span>中还可以嵌套多层<span>。

通过代码"display:inline;"将元素设置为行内元素。

行内元素与块级元素直观上的区别如下：

- 行内元素会在一条直线上排列，都在同一行，水平方向排列。块级元素各占据一行，垂直排列。块级元素从新行开始，并在其后结束，接着是一个断行。
- 块级元素可以包含行内元素和块级元素。行内元素不能包含块级元素。
- 行内元素与块级元素属性的不同，主要体现在盒模型属性上。行内元素设置 width 无效，height 无效（可以设置 line-height），margin 上下方向无效，padding 上下方向无效。

（3）行内块级元素

行内块级元素（inline-block）同时具备行内元素、块级元素的特点。本质仍是行内元素，但是可以设置 width 及 height 属性。

例如，<img>、<input>标签就是这种行内块级标签。

通过代码"display:inline-block;"将元素设置为行内块级元素。

2. 元素的类型转换

盒子模型可通过 display 属性来改变默认的显示类型。

语法：display:inline | block | inline-block | none;

inline：此元素将显示为行内元素（行内元素默认的 display 属性值）。block：此元素将显示为块级元素（块级元素默认的 display 属性值）。inline-block：此元素将显示为行内块级元素，可以对其设置宽高和对齐等属性，但是该元素不会独占一行（行内块级元素的 display 属性值）。none：此元素将被隐藏，不显示，也不占用页面空间，相当于该元素不存在。

【例 7-13】 元素的类型使用。

1) 在<body>标签内定义 HTML 结构代码。代码如下：

```
<body>
    <div class="trs1">块级元素 1 转换为行内块级元素</div>
    <div class="trs1">块级元素 2 转换为行内块级元素</div>
    <a class="trs2" href="#">超链接<a>行内块级元素转换为块级元素</a>
<body>
```

2) 在<head>标签的<style type="text/css">元素中插入 CSS 样式。代码如下：

```
<style type="text/css">
    div {                              /* 设置容器的基本样式 */
        width: 500px;                  /* 设置宽度 */
        height: 50px;                  /* 设置高度 */
        line-height: 50px;             /* 设置行高 */
        text-align: center;            /* 设置文本水平居中 */
        background-color: #fbebd6;     /* 设置背景颜色 */
    }
    .trs1 {                            /* 设置容器的基本样式 */
        display: inline-block;         /* 将块级元素 div 转换为行内块级元素 */
        border: 1px solid #985d07;     /* 设置边框样式 */
    }
    .trs2 {                            /* 设置容器的基本样式 */
        display: block;                /* 将行内元素 a 转换为块级元素*/
        width: 1007px;                 /* 设置宽度 */
        height: 50px;                  /* 设置高度 */
        line-height: 50px;             /* 设置行高 */
        background-color: #fbebd6;     /* 设置背景颜色 */
        border: 1px solid #985d07;     /* 设置边框样式 */
        margin-top: 5px;               /* 设置上外边距 */
        color: #985d07;                /* 设置文本颜色 */
        text-align: center;            /* 设置文本水平居中 */
```

```
        text-decoration: none;        /* 取消链接下画线样式 */
    }
</style>
```

运行例 7-13 后，页面效果如图 7-23 所示。

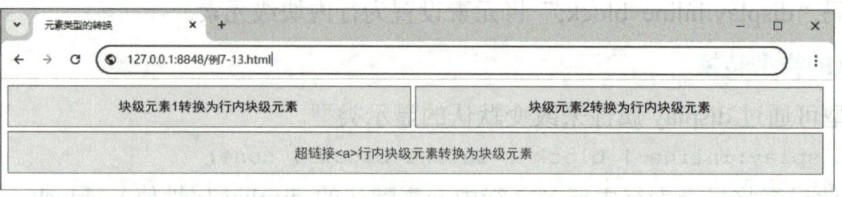

图 7-23　元素类型转换的页面效果

7.3.2　浮动属性

在 CSS 中，通过 float 属性定义元素向哪个方向浮动。应用了浮动后，元素会脱离标准文档流的控制，移动到其父元素中指定位置。

微课 7-9
使用浮动属性

语法：float: none | left | right;

其中，属性值 none 表示元素不浮动，默认值；属性值 left 表示元素向左浮动；属性值 right 表示元素向右浮动。

如果当前行没有足够的水平空间来包含该浮动盒子，则它逐行向下移动，直至某一行有足够的空间来容纳。

【例 7-14】浮动属性的使用。

1）在<body>标签内定义 HTML 结构代码。代码如下：

```
<body>
    <!--第一组的盒子浮动方式：不浮动，默认值为不浮动-->
    <section>
        <h2 class="float-none">《墨梅》<span>（元·王冕）</span></h2>
        <p class="float-none">
            我家洗砚池头树，朵朵花开淡墨痕。<br/>
            不要人夸好颜色，只留清气满乾坤。
        </p>
    </section>
    <!--第二组的盒子浮动方式：<h2>向左浮动，<p>向左浮动-->
    <section>
        <h2 class="float-left">《墨梅》<span>（元·王冕）</span></h2>
        <p class="float-right">
            我家洗砚池头树，朵朵花开淡墨痕。<br/>
            不要人夸好颜色，只留清气满乾坤。
        </p>
    </section>
    <!--第三组的盒子浮动方式：<h2>和<p>向右浮动-->
    <section>
```

```html
            <h2 class="float-right">《墨梅》<span>（元·王冕）</span></h2>
            <p class="float-right">
                我家洗砚池头树，朵朵花开淡墨痕。<br/>
                不要人夸好颜色，只留清气满乾坤。
            </p>
        </section>
    </body>
```

2）在<head>标签的<style type="text/css">元素中插入 CSS 样式。代码如下：

```css
<style type="text/css">
    section {                               /* 设置容器的基本样式 */
        height: 120px;                      /* 设置高度 */
        border: 1px solid #733533;          /* 设置边框样式 */
        margin: 5px;                        /* 设置外边距 */
        color: #733533;                     /* 设置文本颜色 */
    }
    h2, p {                                 /* 设置<h2>和<p>的基本样式 */
        margin: 5px;                        /* 设置外边距 */
        padding: 5px;                       /* 设置内边距 */
        border: 1px solid #733533;          /* 设置边框样式 */
        text-align: center;                 /* 设置文本水平居中 */
        width: 360px;                       /* 设置宽度 */
        line-height: 1.5;                   /* 设置行高 */
        background-color: #fbebd6;          /* 设置背景颜色 */
    }
    h2 span{font-size: 0.7em;}              /* 设置副标题文字大小 */
    .float-none {float: none;}              /* 设置不浮动 */
    .float-left {float: left;}              /* 设置左浮动 */
    .float-right {float: right;}            /* 设置右浮动 */
</style>
```

该例中总共三组内容，每组包含<h2>标签和<p>标签。第一组为默认的文档流顺序；第二组中<h2>标签左浮动，<p>标签右浮动；第三组中<h2>标签和<p>标签均设置 float 属性为右浮动，运行例 7-14 后，页面效果如图 7-24 所示。

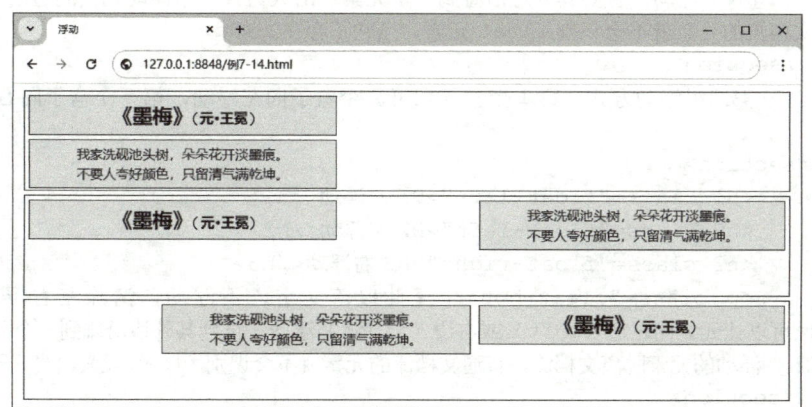

图 7-24　浮动属性的使用效果

7.3.3 清除浮动属性

在 CSS 中，清除浮动（clear）属性定义了元素的哪一侧不允许出现浮动元素。

语法：clear: left、right 或 both;

其中，属性值 left 表示不允许左侧有浮动元素；属性值 right 表示不允许右侧有浮动元素；属性值 both 同时清除左右两侧浮动的影响。

【例 7-15】清除浮动属性的使用。

1）在<body>标签内定义 HTML 结构代码。代码如下：

```
<body>
    <!--第一组的浮动方式：第 1 个盒子和第 2 个盒子向左浮动，第 3 个盒子向右浮动，第 4 个盒子不浮动-->
    <section>
        <h1 class="float-left">H1 左浮动</h1>
        <h2 class="float-left">H2 左浮动</h2>
        <h3 class="float-right">H3 右浮动</h3>
        <h4 class="float-none">H4 不浮动</h4>
    </section>
    <!--第二组浮动方式：第 1 个盒子和第 2 个盒子向左浮动，第 3 个盒子向右浮动，第 4 个盒子不浮动且清除两侧浮动-->
    <section>
        <h1 class="float-left">H1 左浮动</h1>
        <h2 class="float-left">H2 左浮动</h2>
        <h3 class="float-right">H3 右浮动</h3>
        <h4 class="float-none clear-both">H4 不浮动，清除两侧浮动</h4>
    </section>
    <!--第三组的浮动方式：第 1 个盒子和第 2 个盒子向左浮动，第 3 个盒子向右浮动，段落不浮动-->
    <section>
        <h1 class="float-left">H1 左浮动</h1>
        <h2 class="float-left">H2 左浮动</h2>
        <h3 class="float-right">H3 右浮动</h3>
        <p>【此段落文字，不浮动，不清除浮动时效果。】<br>float 属性可以让元素向左边（left）或右边（right）浮动，直到其外边沿碰到一个元素边沿或另外一个浮动元素的边沿。 浮动的元素脱离文档流，普通文档流的元素就不会识别 float 元素，当它不存在。</p>
    </section>
    <!--第四组浮动方式：第 1 个盒子和第 2 个盒子向左浮动，第 3 个盒子向右浮动，段落清除浮动-->
    <section>
        <h1 class="float-left">H1 左浮动</h1>
        <h2 class="float-left">H2 左浮动</h2>
        <h3 class="float-right">H3 右浮动</h3>
        <p class="clear-both">【此段落文字，不浮动，清除左右浮动时的效果。】<br>float 属性可以让元素向左边（left）或右边（right）浮动，直到其外边沿碰到一个元素边沿或另外一个浮动元素的边沿。 浮动的元素脱离文档流，普通文档流的元素就不会识别 float 元素，当它不存在。</p>
    </section>
</body>
```

2）在\<head\>标签的\<style type="text/css"\>元素中插入 CSS 样式。代码如下：

```css
<style type="text/css">
    section {                              /* 设置容器的基本样式 */
        width: 800px;                      /* 设置宽度 */
        margin: 10px;                      /* 设置外边距 */
        padding: 0 10px;                   /* 设置内边距 */
        border: 1px solid #b7500b;         /* 设置边框样式 */
        background: #ffffff;               /* 设置背景颜色 */
    }
    h1,h2,h3 {                             /* 设置基本样式 */
        font-size: 16px;                   /* 设置文字大小 */
        text-align: center;                /* 设置文本水平居中 */
        margin: 10px;                      /* 设置外边距 */
        padding: 5px;                      /* 设置内边距 */
        border: 1px solid #b7500b;         /* 设置边框样式 */
        background-color: #efe7bb;         /* 设置背景颜色 */
    }
    h1 {width: 60px;}                      /* 设置宽度 */
    h2 {width: 100px;}                     /* 设置宽度 */
    h3 {width: 150px;}                     /* 设置宽度 */
    h4 {                                   /* 设置标题基本样式 */
        text-align: center;                /* 设置文本水平居中 */
        padding: 10px;                     /* 设置内边距 */
        background: #f1e185;               /* 设置背景颜色 */
        border: 1px dashed #b7500b;        /* 设置边框样式 */
    }
    p {/* 设置基本样式 */
        border: 1px solid #b7500b;         /* 设置边框样式 */
        background-color: #fbebd6;         /* 设置背景颜色 */
    }
    .float-none {float: none;}             /* 设置不浮动 */
    .float-left {float: left;}             /* 设置向左浮动 */
    .float-right {float: right;}           /* 设置向右浮动 */
    .clear-both {clear: both;}             /* 清除左右两侧浮动 */
</style>
```

例 7-15 中，第一组的浮动方式：第 1 个和第 2 个盒子向左浮动，第 3 个盒子向右浮动，第 4 个盒子不浮动；第二组浮动方式：第 1 个和第 2 个盒子向左浮动，第 3 个盒子向右浮动，第 4 个盒子不浮动且清除两侧浮动；第三组的浮动方式：第 1 个和第 2 个盒子向左浮动，第 3 个盒子浮动在右，段落不浮动；第四组浮动方式：第 1 个和第 2 个盒子向左浮动，第 3 个盒子向右浮动，段落清除浮动。运行例 7-15，运行后的页面效果如图 7-25 所示。

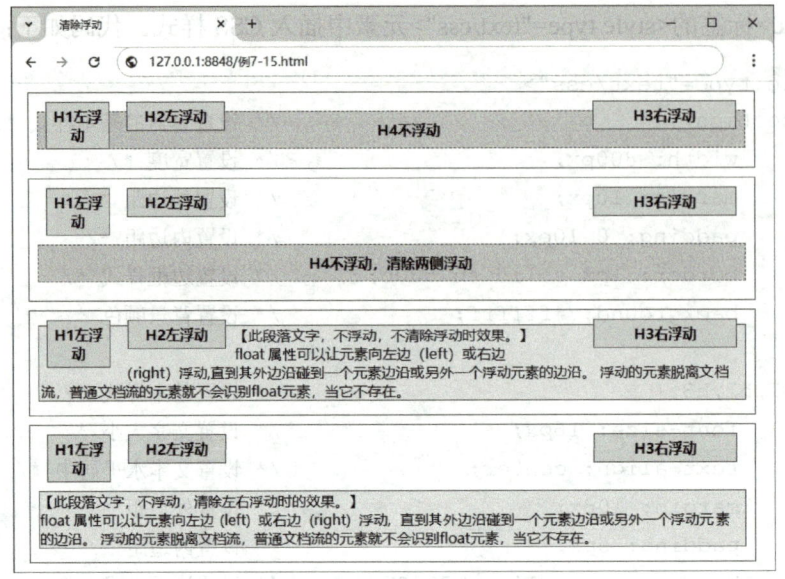

图 7-25　清除浮动的页面效果

7.3.4　元素的定位

在 CSS 页面布局时，通过 position 属性定来设置元素的定位模式。

语法：`position: static、relative、absolute 或 fixed;`

其中，static 表示静态定位，是默认的定位方式；relative 表示相对定位，相对于原文档流的位置进行定位；absolute 表示绝对定位，相对于上一个已经定位的父元素进行定位；fixed 表示固定定位，相对于浏览器窗口进行定位。

微课 7-11
元素的定位

在确定了定位模式后，还要配合偏移的边缘属性来定义元素的具体位置，在 CSS 中主要通过 top、right、bottom 和 left 来精确定义定位元素的位置，具体含义见表 7-4。

表 7-4　偏移属性名称与含义

名称	含义
top	顶部偏移量，定义元素相对于其父元素上边线的距离
right	右侧偏移量，定义元素相对于其父元素右边线的距离
bottom	底部偏移量，定义元素相对于其父元素下边线的距离
left	左侧偏移量，定义元素相对于其父元素左边线的距离

当多个元素同时设置定位时，定位元素之间有可能会发生重叠。在 CSS 中，要想调整重叠定位元素的堆叠顺序，可以对定位元素应用层叠等级（z-index）属性，其值可为正整数、负整数和 0。

下面分别介绍几种定位方式。

1. 静态定位

静态定位（static）是元素的默认定位方式，各个元素遵循 HTML 文档流中默认的位置，所以通常在代码中省略。

在静态定位状态下,无法通过边偏移属性(top、right、bottom 和 left)来改变元素的位置。

【例 7-16】 静态定位(static)的使用。

1)在<body>标签内定义 HTML 结构代码。代码如下:

```
<body>
    <div id="box1">
        <p>div1</p>
        <span>span 元素 1</span>
        <span>span 元素 2</span>
        <span>span 元素 3</span>
    </div>
    <div id="box2">
        <p>div2</p>
    </div>
    <div id="box3">
        <p>div3</p>
    </div>
</body>
```

2)在<head>标签的<style type="text/css">元素中插入 CSS 样式。代码如下:

```
<style type="text/css">
    div {                              /* 设置<div>的通用样式 */
        width: 400px;                  /* 设置宽度 */
        height: 80px;                  /* 设置高度 */
        text-align: center;            /* 设置文本水平居中 */
        margin: 10px;                  /* 设置外边距 */
        padding: 10px;                 /* 设置内边距 */
        border: 1px solid #b7500b;     /* 设置边框样式 */
    }
    #box1 {                            /* 设置 "box1" 的样式 */
        color: #b7500b;                /* 设置文本颜色 */
        background-color: #efe7bb;     /* 设置背景颜色 */
    }
    #box2 {                            /* 设置 "box2" 的样式 */
        color: #ffffff;                /* 设置文本颜色 */
        background-color: #ea9605;     /* 设置背景颜色 */
    }
    #box3 {                            /* 设置 "box3" 的样式 */
        color: #ffffff;                /* 设置文本颜色 */
        background-color: #b7500b;     /* 设置背景颜色 */
    }
    span {                             /* 设置<span>的基本样式 */
        color: #ffffff;                /* 设置文本颜色 */
        padding: 5px;                  /* 设置内边距 */
```

```
        background-color: #aa5109;    /* 设置背景颜色 */
    }
```

运行后，页面效果如图 7-26 所示。

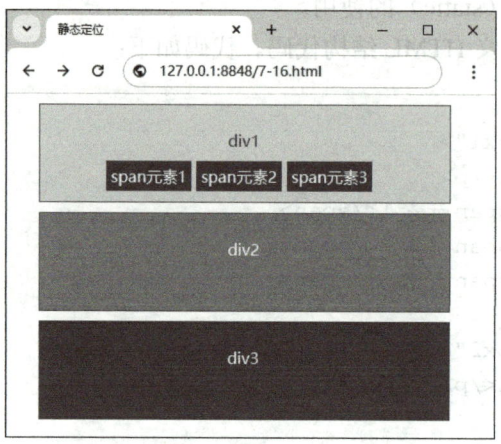

图 7-26　静态定位的页面效果

2．相对定位

相对定位（relative）表示元素相对的参照物就是其静态定位状态下的位置，即默认的位置，通过 top、right、bottom 和 left 属性来控制它们的位置。

【例 7-17】　相对定位的使用。

1）在<body>标签内定义 HTML 结构代码。代码如下：

```
<body>
    <div id="box1">
        <p>div1</p>
        <span>span 元素 1</span>
        <span class="span2">span 元素 2</span>
        <span>span 元素 3</span>
    </div>
    <div id="box2">
        <p>div2</p>
    </div>
    <div id="box3">
        <p>div3</p>
    </div>
</body>
```

2）在<head>标签的<style type="text/css">元素中插入 CSS 样式。代码如下：

```
    div {                              /* 设置 div 的通用样式 */
        width: 400px;                  /* 设置宽度 */
        height: 80px;                  /* 设置高度 */
        text-align: center;            /* 设置文本水平居中 */
        margin: 10px;                  /* 设置外边距 */
```

```
            padding: 10px;                  /* 设置内边距 */
            border: 1px solid #b7500b;      /* 设置边框样式 */
        }
        #box1 {                             /* 设置 "box1" 的样式 */
            color: #b7500b;                 /* 设置文本颜色 */
            background-color: #efe7bb;      /* 设置背景颜色 */
        }
        #box2 {                             /* 设置 "box2" 的样式 */
            position:relative;              /* 设置相对定位 */
            top:40px;                       /* 相对自身原本位置，从顶部向下偏移 40px  */
            left:80px;                      /* 相对自身原本位置，从左侧向右偏移 80px  */
            color: #ffffff;                 /* 设置文本颜色 */
            background-color: #ea9605;      /* 设置背景颜色 */
        }
        #box3 {                             /* 设置 "box3" 的样式 */
            color: #ffffff;                 /* 设置文本颜色 */
            background-color: #b7500b;      /* 设置背景颜色 */
        }
        span {                              /* 设置 span 的基本样式 */
            color: #ffffff;                 /* 设置文本颜色 */
            padding: 5px;                   /* 设置内边距 */
            background-color: #aa5109;      /* 设置背景颜色 */
        }
        .span2{
            position:relative;              /* 相对定位 */
            top:50px;                       /* 相对自身原本位置，从顶部向下偏移 50px  */
            left:80px;                      /* 相对自身原本位置，从左侧向右偏移 80px  */
        }
```

运行例 7-17，页面预览效果如图 7-27 所示。在例 7-17 中，div2 为相对定位，其初始位置被保留，只是会偏离原始的位置（自左向右偏移 80px，从顶部向下偏移 40px），而偏移后的初始位置为一片空白，并不会被其他元素所占有，如图 7-28 所示。第 2 个 span 元素采用相对定位，自左向右偏移 80px，从顶部向下偏移 50px。

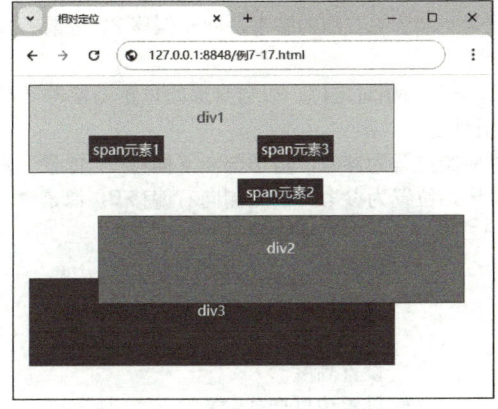

图 7-27 相对定位的页面效果

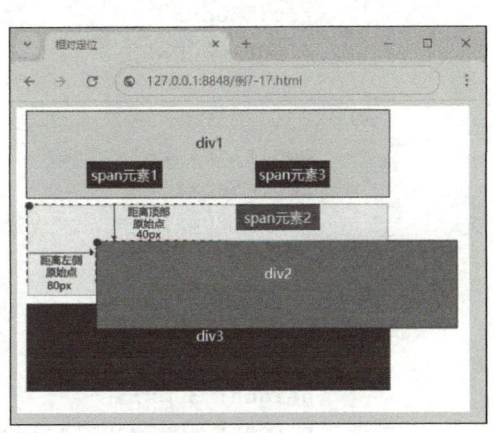

图 7-28 div2 元素相对定位的示意图

3. 绝对定位

当 position 属性的取值为 absolute 时，可以将元素的定位模式设置为绝对定位。绝对定位（absolute）是使用最多的属性之一。与相对定位（relative）相比，它的特点在于，当对象发生位移时，原先初始位置的内容如同被去除了一样，这个对象独立于其他页面内容，而初始位置的空白被其他内容自然填补。

【例 7-18】 绝对定位的使用。

1）在<body>标签内定义 HTML 结构代码。代码如下：

```
<body>
    <div id="box1">盒子 1
        <b>b 元素 1</b>
        <b>b 元素 2</b>
        <b>b 元素 3</b>
        <b>b 元素 4</b>
    </div>
    <div id="box2">盒子 2
        <p>p1</p>
    </div>
```

2）在<head>标签的<style type="text/css">元素中插入 CSS 样式。代码如下：

```
<style type="text/css">
    div {                                  /* 设置 div 基本样式 */
        width: 400px;                      /* 设置宽度 */
        height: 80px;                      /* 设置高度 */
        color: #b7500b;                    /* 设置文本颜色 */
        text-align: center;                /* 设置文本水平居中 */
        border: 1px solid #b7500b;         /* 设置边框样式 */
        background-color: #efe7bb;         /* 设置背景颜色 */
    }
    #box1 {                                /* 盒子 1 为绝对定位，以父元素 body 的（0,0）坐标为参考 */
        position: absolute;    /* 绝对定位 */
        top: 50px;             /* 以父元素 body 的顶部为参考，向下偏移 50 像素  */
        right: 20px;           /* 以父元素 body 的右侧为参考，向左偏移 20 像素  */
    }
    #box2 {                                /* 盒子 2 为相对定位，以自身原始位置为参考 */
        position: relative;    /* 相对定位 */
        top: 50px;             /* 以自身原始位置为参考，自顶部向下偏移 50 像素 */
        left: 30px;            /* 以自身原始位置为参考，自左侧向右偏移 30 像素 */
    }
    b {                                    /* 设置 b 元素的基本样式 */
        display: block;                    /* 转换定义为块级元素 */
        width: 80px;                       /* 设置宽度 */
        height: 30px;                      /* 设置高度 */
        border: 4px double #aa5109;        /* 设置边框样式 */
        color: #ffffff;                    /* 设置文本颜色 */
```

```css
            background-color: #f7a508;         /* 设置背景颜色 */
        }
        b:nth-child(1){                        /* 定位第 1 个 b 元素 */
            position:absolute;                 /* 绝对定位 */
            left:0px;     /* 以父元素 box1 的左侧为参考，左侧不偏移  */
            top: 0px;     /* 以父元素 box1 的顶部为参考，顶部不偏移  */
        }
        b:nth-child(2){                        /* 定位第 2 个 b 元素 */
            position:absolute;                 /* 绝对定位 */
            right:0px;    /* 以父元素 box1 的右侧为参考，右侧不偏移  */
            top:0px;      /* 以父元素 box1 的顶部为参考，顶部不偏移  */
        }
        b:nth-child(3){                        /* 定位第 3 个 b 元素 */
            position:absolute;                 /* 绝对定位 */
            bottom: -15px; /* 以父元素 box1 的底部为参考，设置负值向外偏移 15 像素  */
            left: 50px;    /* 以父元素 box1 的左侧为参考，自左向右偏移 50 像素  */
        }
        b:nth-child(4){                        /* 定位第 4 个 b 元素 */
            position:absolute;                 /* 绝对定位 */
            bottom:-15px;  /* 以父元素 box1 的底部为参考，设置负值向外偏移 15 像素  */
            right: 50px;   /* 以父元素 box1 的右侧为参考，自右向左偏移 50 像素  */
        }
        #box2::before{      /* 定义伪元素 */
            content: "p1";  /* 定义伪元素的内容为文本 "p1" */
            /* 绝对定位，因为父元素 box2 为相对定位，其绝对定位的原点坐标为父元素 box2 左上角 (0,0) */
            position:absolute;                 /* 绝对定位 */
            bottom:-20px;   /* 以父元素 box2 的底部为参考，设置负值向外偏移 20 像素  */
            left:-20px;     /* 以父元素 box2 的左侧为参考，设置负值向右偏移 20 像素  */
            width: 40px;                       /* 设置宽度 */
            height: 40px;                      /* 设置高度 */
            color: #aa5109;                    /* 设置文本颜色 */
            border-radius:50%;                 /* 设置圆角边框 */
            border:1px solid #b7500b;          /* 设置边框样式 */
            background-color: #ffffff;         /* 设置背景颜色  */
        }
        p{/* 绝对定位，因为父元素 box2 为相对定位，其绝对定位的原点坐标为父元素 box2 左上角 (0,0) */
            position:absolute;                 /* 绝对定位 */
            top:-20px;      /* 以父元素 box2 的顶部为参考，设置负值向外偏移 20 像素  */
            left:-20px;     /* 以父元素 box2 的左侧为参考，设置负值向右偏移 20 像素  */
            width: 40px;         /* 设置宽度 */
            height: 40px;        /* 设置高度 */
            color: #aa5109;      /* 设置文本颜色 */
            border-radius:50%;   /* 设置圆角边框 */
            border:1px solid #b7500b;          /* 设置边框样式 */
            background-color: #ffffff;         /* 设置背景颜色  */
```

```
        }
    </style>
```

运行例 7-18 后，效果如图 7-29 所示。

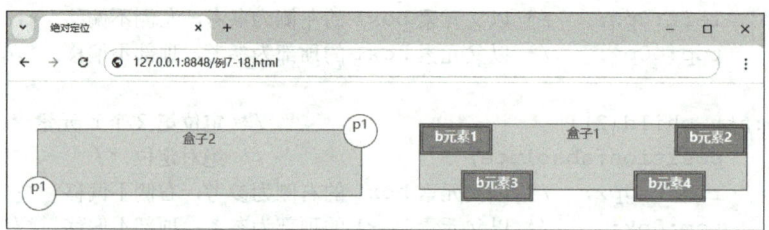

图 7-29　绝对定位的使用效果

在例 7-18 中，盒子 1 为绝对定位，脱离常规文档流，参考父对象 body 元素，相对顶部向下偏移 50px，自右向左偏移 20px；盒子 2 相对定位，参考默认位置，相对自身的原始位置顶部向下偏移 50px，自左向右偏移 30px。盒子 1 中有 4 个 b 元素，因为<div1>为绝对定位，而且 4 个 b 元素都转化为块级元素，所以，4 个 b 元素在都设置为绝对定位后，它们的相对原点（0,0）坐标为盒子 1 的左上角。盒子 2 中在 HTML 中只能看到一个 p 元素，但在预览后看到两个"p1"，这是因为，在 CSS 中通过"#box2::before"添加了一个伪元素，而盒子 2 为相对定位，所以，p 元素和伪类元素在定义为相对定位后，它们的相对原点（0,0）坐标为盒子 2 的左上角。

4．固定定位

固定定位（fixed）是绝对定位的一种特殊形式，它以浏览器窗口作为参照物来定义网页元素。当页面长度超出浏览器窗口时，页面会出现滚动条，绝对定位下的元素会随着页面一起移动，而固定定位下的页面元素不会随着页面滚动，会始终显示在浏览器窗口的固定位置。

7.3.5　overflow 属性

在 CSS 中，当盒子内的元素超出盒子自身的大小时，内容就会溢出，如果想要规范溢出内容的显示方式，就需要使用 overflow 属性。

微课 7-12
使用 overflow 属性

语法：overflow: visible | hidden | auto | scroll;

语法中，属性值 visible 为默认值，表示内容不会被修剪，会呈现在元素框之外；hidden 表示溢出内容会被修剪，并且被修剪的内容是不可见的；auto 表示在需要时产生滚动条，即自适应所要显示的内容；scroll 表示溢出内容会被修剪，且浏览器会始终显示滚动条。

【例 7-19】 overflow 属性的使用。

1) 在<body>标签内定义 HTML 结构代码。代码如下：

```
<body>
    <div id="div1">
《中国十大传世名画》是洛神赋图、千里江山图、清明上河图、富春山居图、汉宫春晓
```

图、百骏图、步辇图、唐宫仕女图、五牛图、韩熙载夜宴图。它是中国美术史的丰碑，华夏文明的巨著，是流动的历史、无声的乐章；承载着古老东方民族独特的艺术气质；用色彩记录了中华绵延五千年的悠久历史和横亘万里的锦绣河山。

```
        </div>
        <div id="div2">
            《中国十大传世名画》是洛神赋图、千里江山图、清明上河图、富春山居图、汉宫春晓
图、百骏图、步辇图、唐宫仕女图、五牛图、韩熙载夜宴图。它是中国美术史的丰碑，华夏文明的巨著，是流动的历史、无声的乐章；承载着古老东方民族独特的艺术气质；用色彩记录了中华绵延五千年的悠久历史和横亘万里的锦绣河山。
        </div>
        <div id="div3">
            《中国十大传世名画》是洛神赋图、千里江山图、清明上河图、富春山居图、汉宫春晓
图、百骏图、步辇图、唐宫仕女图、五牛图、韩熙载夜宴图。它是中国美术史的丰碑，华夏文明的巨著，是流动的历史、无声的乐章；承载着古老东方民族独特的艺术气质；用色彩记录了中华绵延五千年的悠久历史和横亘万里的锦绣河山。
        </div>
        <div id="div4">
            《中国十大传世名画》是洛神赋图、千里江山图、清明上河图、富春山居图、汉宫春晓
图、百骏图、步辇图、唐宫仕女图、五牛图、韩熙载夜宴图。它是中国美术史的丰碑，华夏文明的巨著，是流动的历史、无声的乐章；承载着古老东方民族独特的艺术气质；用色彩记录了中华绵延五千年的悠久历史和横亘万里的锦绣河山。
        </div>
    </body>
```

2）在<head>标签的<style type="text/css">元素中插入 CSS 样式。代码如下：

```
        <style type="text/css">
            div {                               /* div 基本样式定义 */
                float: left;                    /* 设置左浮动 */
                width: 240px;                   /* 设置宽度 */
                height: 160px;                  /* 设置高度 */
                text-indent: 2em;               /* 设置首行缩进 */
                margin: 10px 5px;               /* 设置外边距 */
                padding: 10px;                  /* 设置内边距 */
                border: 1px solid #b7500b;      /* 设置边框样式 */
                background: #f4eecd;            /* 设置背景颜色 */
            }
            #div1 {overflow: visible;}          /* 设置溢出内容可见，不做处理 */
            #div2 {overflow: hidden;}           /* 设置隐藏溢出容器的内容且不出现滚动条 */
            #div3 {overflow: scroll;}           /* 设置无论溢出与否都有滚动条 */
            #div4 {overflow: auto;}             /* 设置按需出现滚动条 */
        </style>
```

运行例 7-19 后，效果如图 7-30 所示。

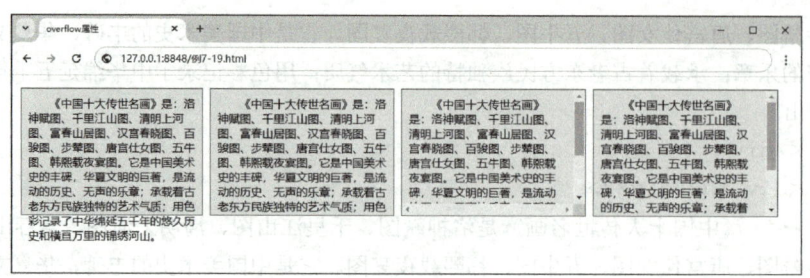

图 7-30 overflow 属性的使用效果

7.4 弹性布局

7.4.1 认识弹性布局

弹性布局也叫 Flex 布局，是 Flexible Box 的缩写，它是一种基于盒模型的布局方式，它通过调整容器和内部元素的尺寸、位置和显示顺序，使页面在不同设备、不同屏幕尺寸下都能保持良好的视觉效果。

采用 Flex 布局的元素，称为 Flex 容器（Flex Container），简称容器，就是将元素设置为 display:flex，当在行内元素使用时，设置 display: inline-flex。而它的所有子元素自动成为容器成员，称为弹性项目（Flex Item），简称项目，只有容器的直接子元素才是弹性项。

Flex 容器默认存在两根轴：水平的主轴（Main Axis）和垂直的交叉轴（Cross Axis）。

1）主轴为弹性项沿着容器布局的轴线，默认是水平的，也可以根据需要设置为垂直的。主轴的开始位置（与边框的交叉点）叫作 Main Start，结束位置叫作 Main End。

2）交叉轴和主轴垂直的轴线。交叉轴的开始位置叫作 Cross Start，结束位置叫作 Cross End。

项目默认沿主轴排列。单个项目占据的主轴空间叫作 Main Axis，占据的交叉轴空间叫作 Cross Axis。

Flex 布局的构成如图 7-31 所示。

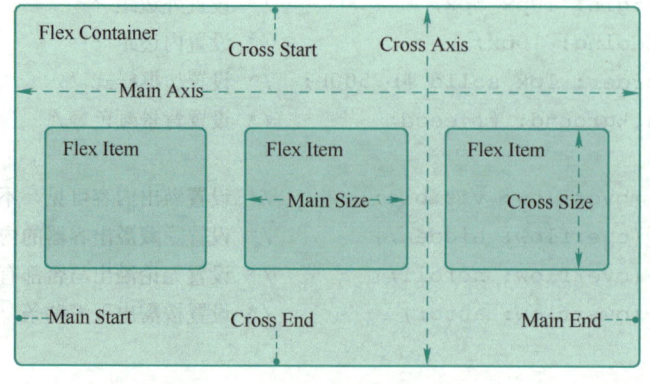

图 7-31 Flex 布局的构成

7.4.2 容器属性

弹性容器主要包含 6 个属性：flex-direction、flex-wrap、flex-flow、justify-content、align-items 和 align-content。

1. flex-direction 属性

flex-direction 属性决定主轴的方向（即项目的排列方向）。

语法：`flex-direction: row | row-reverse | column | column-reverse;`

row（默认值）：主轴为水平方向，起点在左端；row-reverse：主轴为水平方向，起点在右端；column：主轴为垂直方向，起点在上沿；column-reverse：主轴为垂直方向，起点在下沿。

【例 7-20】 弹性布局的使用。

1）在 \<body\> 标签内定义 HTML 结构代码。代码如下：

```html
<ul id="nav">
    <li>
        <a href="#">
            <img src="images/meilogo.jpg" />
        </a>
    </li>
    <li><a href="#">网站首页</a></li>
    <li><a href="#">赏析视频</a></li>
    <li><a href="#">技法分享</a></li>
    <li><a href="#">名家介绍</a></li>
    <li><a href="#">联系我们</a></li>
</ul>
```

2）\<style\> 标签内部的 CSS 代码如下。

```css
ul {                            /* 列表的基本样式 */
    margin: 0;                  /* 设置外边距 */
    padding: 0 20px;            /* 设置内边距 */
    list-style: none;           /* 设置列表样式为无 */
    background: #d47902;        /* 设置背景颜色 */
}
#nav a {                        /* 设置超链接的基本样式 */
    display: block;             /* 转换<a>为块级元素 */
    height: 60px;               /* 设置元素高度 */
    line-height: 60px;          /* 设置行高 */
    color: #fff;                /* 设置文本颜色 */
    text-decoration: none;      /* 取消超链接下画线描述 */
    padding: 0.25em 1em;        /* 设置内边距 */
}
#nav a:hover {                  /* 设置超链接<a>的悬停状态样式 */
    background: #92590f;        /* 设置背景颜色 */
}
```

运行例 7-20，页面预览效果如图 7-32 所示。

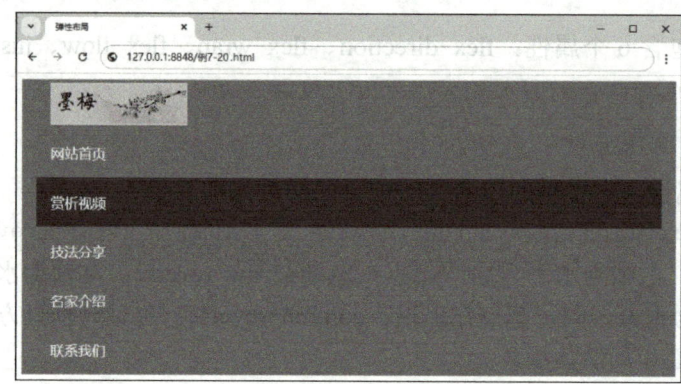

图 7-32　常规布局下的页面效果

此时，将外层 ul 容器设置为弹性容器，代码如下。

```
#nav {display: flex;}          /* 设置 Flex 容器布局 */
```

代码等同于如下代码。

```
#nav {                         /* 设置导航容器的样式 */
    display: flex;             /* 设置 Flex 容器布局 */
    flex-direction: row;       /* 主轴方向设为水平，默认值 */
}
```

修改后，页面效果如图 7-33 所示。

图 7-33　设置为弹性布局的页面效果

如果设置第 2 个 <li> 标签为 "margin-left:auto"，代码如下。

```
#nav li:nth-child(2){          /* 选择第 2 个<li>标签 */
    margin-left: auto;         /* 设置左内边距为 auto */
}
```

运行代码，效果如图 7-34 所示。

图 7-34　实现导航菜单右对齐效果

如果将 "flex-direction: row;" 修改 "flex-direction: row-reverse;"，会看到项目的排列方向

起点在右端，效果如图 7-35 所示。

图 7-35　排列方向起点在右端的效果

2. flex-wrap 属性

默认情况下，项目都排在一条线（又称"轴线"）上。flex-wrap 属性用于定义，当项目在一条轴线排不下时，就需要换行。换行的示意图如图 7-36 所示。

图 7-36　换行示意图

语法：`flex-wrap: nowrap | wrap | wrap-reverse;`

它能取 3 个值，nowrap（默认）表示不换行；wrap 表示换行，第一行在上方；wrap-reverse 表示换行，第一行在下方。取值效果示意图如图 7-37 所示。

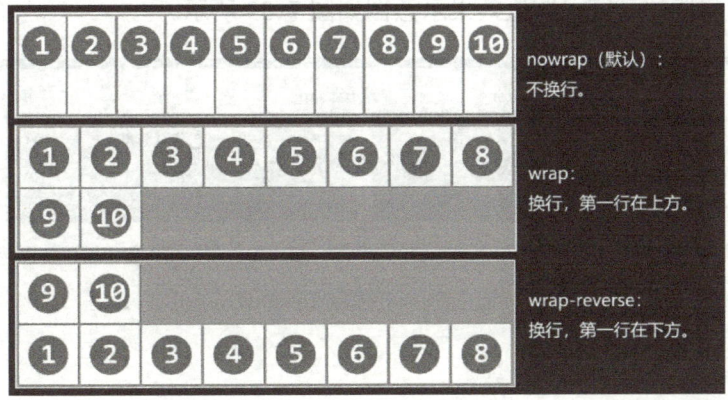

图 7-37　取值效果示意图

3. flex-flow 属性

flex-flow 属性是 flex-direction 属性和 flex-wrap 属性的简写形式，默认值为 row nowrap。

语法：`flex-flow: <flex-direction> <flex-wrap>;`

4. justify-content 属性

justify-content 属性定义了项目在主轴上的对齐方式。

语法：`justify-content: flex-start | flex-end | center | space-between | space-around | space-evenly;`

它能取 6 个值，flex-start（默认值）为左对齐；flex-end 表示右对齐；center 表示居中；space-between 表示两端对齐，项目之间的间隔都相等；space-around 表示每个项目两侧的间隔相等，所以，项目之间的间隔比项目与边框的间隔大一倍；space-evenly 表示每个项目间隔相等，即在容器两端和子元素之间均匀分布空白空间。取值效果示意图如图 7-38 所示。

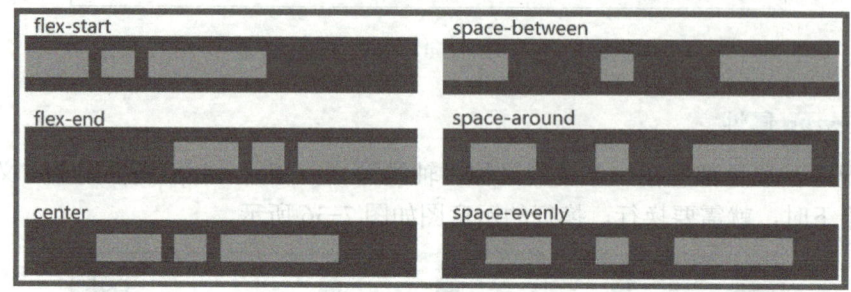

图 7-38　取值效果示意图

5. align-items 属性

align-items 属性定义项目在交叉轴上如何对齐。

语法：align-items: flex-start | flex-end | center | baseline | stretch;

它可能取 5 个值。具体的对齐方式与交叉轴的方向有关，下面假设交叉轴从上到下。flex-start 表示交叉轴的起点对齐；flex-end 表示交叉轴的终点对齐；center 表示交叉轴的中点对齐；baseline 表示项目第一行文字的基线对齐；stretch 为默认值，它表示如果项目未设置高度或设为 auto，将占满整个容器的高度。取值效果示意图如图 7-39 所示。

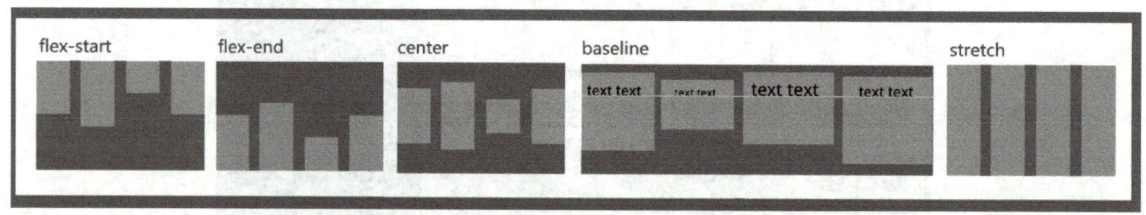

图 7-39　取值效果示意图

6. align-content 属性

align-content 属性定义了多根轴线的对齐方式。如果项目只有一根轴线，该属性不起作用。

语法：align-content: flex-start | flex-end | center | stretch | space-between | space-around;

它可能取 6 个值。flex-start 表示与交叉轴的起点对齐；flex-end 表示与交叉轴的终点对齐；center 表示与交叉轴的中点对齐；stretch（默认值）表示轴线占满整个交叉轴；space-between 表示与交叉轴两端对齐，轴线之间的间隔平均分布；space-around 表示每根轴线两侧的间隔都相等，所以，轴线之间的间隔比轴线与边框的间隔大一倍。取值效果示意图如图 7-40 所示。

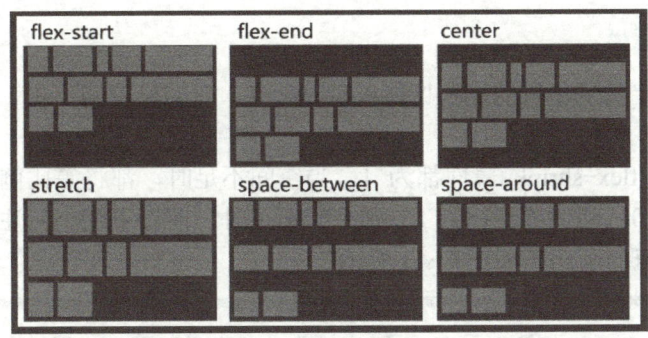

图 7-40　取值效果示意图

7.4.3　项目属性

项目属性主要包含 6 个属性：order、flex-grow、flex-shrink、flex-basis、flex、align-self。

1．order 属性

order 属性定义项目的排列顺序。数值越小，排列越靠前。默认为 0。

语法： `order: integer;`

设置 order 属性值的示意图如图 7-41 所示。

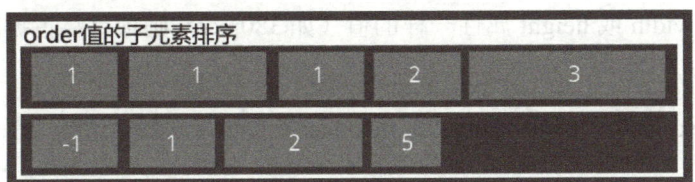

图 7-41　order 属性值的示意图

2．flex-grow 属性

flex-grow 属性定义项目的放大比例，默认为 0，即如果存在剩余空间，也不放大。

语法： `flex-grow: number;`

如果所有项目的 flex-grow 属性都为 1，则它们将等分剩余空间（如果有的话）。如果一个项目的 flex-grow 属性为 2，其他项目都为 1，则前者占据的剩余空间将比其他项多一倍。示意图如图 7-42 所示。

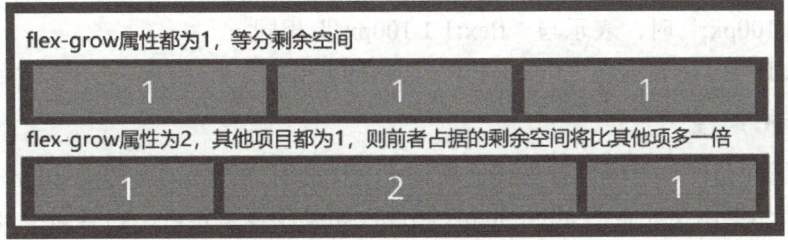

图 7-42　flex-grow 属性值的示意图

3. flex-shrink 属性

flex-shrink 属性定义了项目的缩小比例，默认为 1，即如果空间不足，该项目将缩小。

语法：`flex-shrink: number;`

如果所有项目的 flex-shrink 属性都为 1，当空间不足时，都将等比例缩小。如果一个项目的 flex-shrink 属性为 0，其他项目都为 1，则空间不足时，前者不缩小。注意，负值对该属性无效。flex-shrink 属性值的示意图如图 7-43 所示。

图 7-43　flex-shrink 属性值的示意图

4. flex-basis 属性

flex-basis 属性定义了在分配多余空间之前，项目占据的主轴空间（main size）。浏览器根据这个属性，计算主轴是否有多余空间。它的默认值为 auto，即项目的本来大小。

语法：`flex-basis: <length> | auto;`

它可以设为与 width 或 height 属性一样的值（如 380px），则项目将占据固定空间。

5. flex 属性

flex 属性是 flex-grow、flex-shrink 和 flex-basis 的简写，默认值为"0 1 auto"。后两个属性可选。

语法：`flex: flex-grow flex-shrink flex-basis |auto | initial;`

flex-grow 为一个数字，规定项目将相对于其他灵活的项目进行扩展的量。

flex-shrink 为一个数字，规定项目将相对于其他灵活的项目进行收缩的量。

flex-basis 表示该项目的长度。合法值："auto""inherit"或一个与"%""px""em"等长度单位结合的数字。

当为"flex:auto;"时，表示与"flex:1 1 auto;"相同。

当为"flex:none;"时，表示与"flex:0 0 auto;"相同。

当为"flex:initial;"时，表示该属性为它的默认值，即为"flex: 0 1 auto;"。

当为"flex:0%;"时，表示与"flex:1 1 0%;"相同。

当为"flex:100px;"时，表示与"flex:1 1 100px;"相同。

当为"flex:1;"时，表示与"flex:1 1 0%;"相同。

6. align-self 属性

align-self 属性允许单个项目有与其他项目不一样的对齐方式，可覆盖 align-items 属性。默认值为 auto，表示继承父元素的 align-items 属性，如果没有父元素，则等同于 stretch。

语法：`align-self: auto | flex-start | flex-end | center | baseline | stretch;`

该属性可能取 6 个值，除了 auto，其他都与 align-items 属性完全一致。align-self 属性值的示意图如图 7-44 所示。

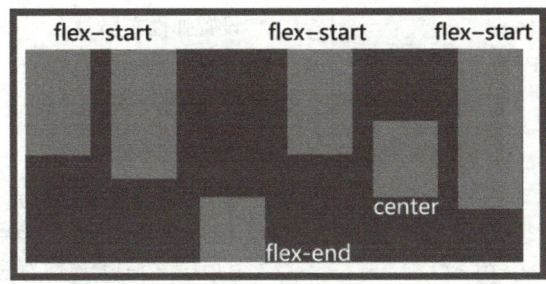

图 7-44　align-self 属性值的示意图

7.4.4　案例：Flex 布局网站导航条与 banner

微课 7-14
Flex 布局网站导航条与banner

本节使用 Flex 布局网站导航条与 banner，页面效果如图 7-45 所示。

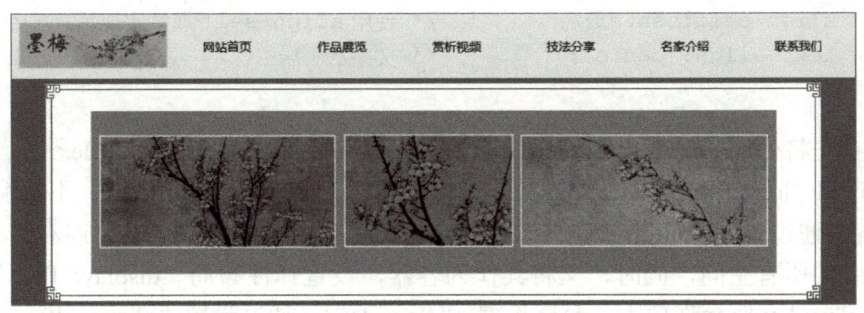

图 7-45　网站导航条与 banner 效果展示

1. 顶部导航条部分的 Flex 布局

1）\<body>标签内部的 HTML 代码如下。

```
<div id="logonav">
    <div id="logo">
        <img src="images/logo.jpg" >
    </div>
    <div id="nav">
        <div class="navboy">网站首页</div>
        <div class="navboy">作品展览</div>
        <div class="navboy">赏析视频</div>
        <div class="navboy">技法分享</div>
        <div class="navboy">名家介绍</div>
        <div class="navboy">联系我们</div>
    </div>
</div>
```

2）\<style>标签内部的 CSS 代码如下。

```
#logonav{                    /* 设置基本外层容器的样式 */
```

```css
        display: flex;              /* 设置弹性布局 */
        height: 85px;               /* 设置元素高度 */
        border:1px solid #c0800b;   /* 设置边框样式 */
        background-color: #fceed6;  /* 设置背景颜色 */
    }
    #logo{                          /* 设置 Logo 图标的样式 */
        flex: 0 0 200px;            /* 不放大,不收缩,初始宽度为 200 像素 */
        align-self:center;          /* align-self 属性为垂直居中 */
        padding-left: 10px;         /* 设置内左边距 10 像素 */
    }
    #nav{                           /* 设置导航部分的样式 */
        flex-grow: 1;               /* 定义项目放大比例 */
        display: flex;              /* 设置弹性布局 */
    }
    #nav .navboy{                   /* 设置导航弹性子项目的样式 */
        flex: 1;                    /* 允许放大,允许收缩 */
        align-self:center;          /* 使用 align-self 属性实现垂直居中 */
        text-align: center;         /* 文字水平居中 */
    }
```

导航中首先将外层<div id="logonav">容器设置为弹性布局("display: flex;"),它包含了两个子元素<div id="logo">和<div id="nav">,设置左侧的"logo"部分不放大、不收缩、初始宽度为 200 像素,通过设置"align-self:center;"实现在交叉轴居中对齐。而允许右侧的"nav"放大,占有多余的所有空间,同时,又将其作为容器,设置弹性布局"display: flex;",设置子元素<div class="navboy">允许放大、允许收缩("flex: 1;"),通过设置"align-self:center;"实现在交叉轴居中对齐。

2. banner 部分的 Flex 布局

1)<body>标签内部的 HTML 代码如下。

```html
<div id="banner">
    <p id="show1">
        <img src="images/xc.jpg" >
    </p>
</div>
```

2)<style>标签内部的 CSS 代码如下。

```css
    #banner{                            /* 设置 banner 部分的样式 */
        display: flex;                  /* 设置弹性布局 */
        height: 300px;                  /* 设置元素高度 */
        justify-content: center;        /* 设置主轴上的对齐方式为居中 */
        align-items: center;            /* 设置交叉轴上的对齐方式为居中 */
        background-color: #c0800b;      /* 设置背景颜色 */
    }
    #show1 {                            /* 设置展示内容的容器样式 */
        display: flex;                  /* 设置弹性布局 */
        justify-content: center;        /* 设置主轴上的对齐方式为居中 */
```

```
            align-items: center;           /* 设置交叉轴上的对齐方式为居中 */
            width: 90%;                    /* 设置元素宽度 */
            height: 96%;                   /* 设置元素高度 */

            /* 为图片边框效果设置样式 */
            border-image-source: url("images/flower-bg.png");  /* 设置图片路径 */
            border-image-slice: 19 fill;                        /* 设置区域切片 */
            border-image-width: 19px;      /* 设置边框的宽度值 */
            border-image-outset: 0 10px;   /* 设置外部延伸的距离 */
            border-image-repeat: repeat;   /* 设置平铺方式 */
        }
        #show1 img{                        /* 设置展示内容图片的样式 */
            width: 90%;                    /* 设置元素宽度 */
        }
```

本节首先将外层<div id="banner">容器设置为弹性布局（"display: flex;"），它包含 1 个子元素<p id="show1">，通过设置 "justify-content: center;" 实现主轴上的对齐方式为居中，通过设置 "align-items: center;" 实现交叉轴上的对齐方式为居中。同时本节还应用了图片边框来实现画框效果。

7.5 网格布局

7.5.1 网格布局的概念

网格布局也叫 Grid 布局，它是一种二维布局系统，允许开发者在网页中创建复杂的布局结构。它通过将容器划分为行和列的网格来实现，每个单元格都可以包含一个或多个子元素（即网格项目）。Grid 布局提供了高度的灵活性和强大的对齐能力，使得设计师能够轻松地创建复杂的页面布局。

微课 7-15
认识网格布局

1. 网格容器和网格项目

网格容器：设置 "display: grid" 或 "display: inline-grid" 的元素称为网格容器。
网格项目：网格容器中的所有子元素统称为网格项目。

2. 行和列

行：容器内部的水平区域称为行。
列：容器内部的垂直区域称为列。

3. 网格线和网格轨道

网格线：划分网格的线，分为水平和垂直两种，分别划分出行和列。
网格轨道：两条网格线之间的空间，可以是水平的或垂直的。

4. 网格区域

4 条网格线包围的总空间。一个网格区域（Grid Area）可以由任意数量的网格单元格（Grid Cell）组成。

5．网格布局的属性

容器属性：用于定义网格的行和列，以及如何划分网格。

项目属性：用于定义网格项目在网格中的位置、大小和对齐方式。

网格布局的构成如图 7-46 所示。

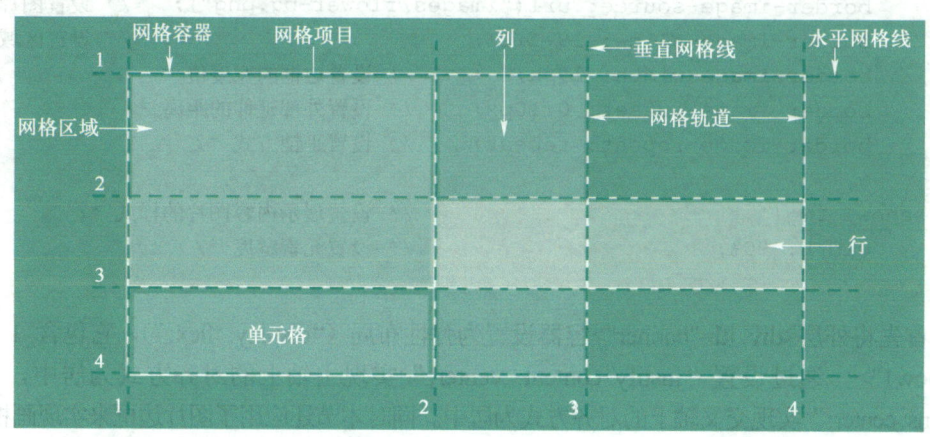

图 7-46　网格布局的构成

7.5.2　网格布局的使用方法

网格布局的属性包括容器属性和项目属性。

1．容器属性

指定一个容器为块级网格布局，使用 "display:grid"。指定一个容器为内联网格布局，使用 "display: inline-grid; "。容器属性如表 7-5 所示。

表 7-5　容器属性名称及含义

名称	含义
grid-template-columns	指定列的大小，以及网格布局中设置列的数量
grid-template-rows	指定网格布局中行的大小
grid-template-areas	指定如何显示行和列，使用命名的网格元素
column-gap	指定列之间的间隙
row-gap	指定两个行之间的间距
gap	row-gap 和 column-gap 的简写属性
grid-auto-rows	默认的行尺寸
grid-auto-columns	默认的列尺寸
grid-auto-flow	指定自动布局算法怎样运作，精确指定在网格中被自动布局的元素怎样排列
grid	grid-template-rows、grid-template-columns、grid-template-areas、grid-auto-rows、grid-auto-columns，以及 grid-auto-flow 的简写属性
grid-row-gap	指定网格元素的行间距
grid-column-gap	指定网格元素的间距大小
grid-gap	grid-row-gap 和 grid-column-gap 的简写属性

(续)

名称	含义
grid-template	grid-template-rows, grid-template-columns 和 grid-areas 的简写属性
justify-items	定义单元格内容的水平对齐方式（左中右），适用于网格容器里的所有网格项。值 start 表示左对齐； 值 end 表示右对齐； 值 center 表示居中对齐； 值 stretch 表示当网格项目的宽高未指定时，填满（默认）
align-items	定义单元格内容的垂直对齐方式（上中下），适用于网格容器里的所有网格项。它的 4 个值与 justify-items 一样，主要区别在于 align-items 属性定义的是单元格内容在垂直方向的对齐
place-item	设置 align-items 和 justify-items 的简写形式
justify-content	定义整个内容区域在容器里面的水平对齐方式（左中右）。值 start 表示将网格对齐到网格容器（grid container）的左侧起始边缘（左侧对齐）； 值 end 表示将网格对齐到网格容器的右侧结束边缘（右侧对齐）；值 center 表示将网格对齐到网格容器的水平中间位置（水平居中对齐）；值 stretch 表示调整网格项（grid items）的宽度，允许该网格填充满整个网格容器的宽度；值 space-around 表示在每个网格项之间放置一个均匀的空间，左右两端放置一半的空间；值 space-between 表示在每个网格项之间放置一个均匀的空间，左右两端没有空间；值 space-evenly 表示在每个网格项目之间放置一个均匀的空间，左右两端放置一个均匀的空间
align-content	定义整个内容区域在容器里面的垂直对齐方式（上中下）。它的 4 个值与 justify-content 一样，主要区别在于 align-content 属性定义的是单元格内容在垂直方向的对齐
place-content	align-content 和 justify-content 的简写形式

2．项目属性

网格容器包含一个或多个网格元素。默认情况下，网格容器的每一列和每一行都有一个网格元素，也可以设置网格元素跨越多个列或行。其项目属性名称及含义如表 7-6 所示。

表 7-6　项目属性名称及含义

名称	含义
grid-row-start	指定网格元素行的开始位置
grid-row-end	指定网格元素行的结束位置
grid-row	grid-row-start 和 grid-row-end 的简写属性
grid-column-start	指定网格元素列的开始位置
grid-column-end	指定网格元素列的结束位置
grid-column	grid-column-start 和 grid-column-end 的简写属性
grid-area	指定网格元素的名称，或 grid-row-start、grid-column-start、grid-row-end 和 grid-column-end 的简写属性
justify-self	设置单元格内容的水平位置（左中右），只作用于单个项目。值 start 表示对齐单元格的起始边缘；值 end 表示对齐单元格的结束边缘；值 center 表示单元格内部居中；值 stretch 表示拉伸，占满单元格的整个宽度（默认值）
align-self	设置单元格内容的垂直位置（上中下），也是只作用于单个项目。它的 4 个值与 justify-self 一样，主要区别在于 align-self 属性定义的是单元格内容垂直方向的对齐
place-self	align-self 属性和 justify-self 属性的合并简写形式

3．使用容器属性与项目属性进行网格布局

网格是一组相交的水平线和垂直线，它定义了网格的列和行，采用二维的方式实现页面布局。CSS 提供了一个基于网格的布局系统，带有行和列，可以让设计师更轻松地设计网页，而无须使用浮动和定位。 以下是一个简单的网页布局，使用了网格布局，包含 6 列和 3 行，效果如图 7-47 所示。

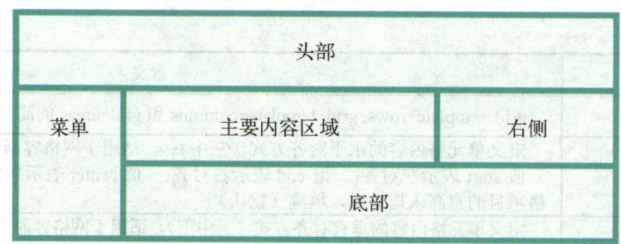

图 7-47 6 列和 3 行效果展示

【例 7-21】 网格布局的使用。

1）<body>标签内部的 HTML 代码如下。

```
<div id="grid-container">
    <div id="header">头部</div>
    <div id="menu">菜单</div>
    <div id="main">主要内容区域</div>
    <div id="right">右侧</div>
    <div id="footer">底部</div>
</div>
```

2）<style>标签内部的 CSS 代码如下。

```
#grid-container {                               /* 设置基本外层容器的样式 */
    display: grid;                              /* 定义为网格布局 */
    grid-template-columns: 1fr 1fr 1fr 1fr 1fr 1fr;  /* 定义 6 列等宽 */
    grid-template-rows: 60px 180px 60px;        /* 设置 3 个行高度 */
    gap: 10px 10px;                             /* 设置 row-gap 和 column-gap 的间距 */
    padding: 10px;                              /* 设置内边距 */
    background-color: #b7500b;                  /* 设置背景颜色 */
}
#grid-container > div {                         /* 设置子项目的样式 */
    text-align: center;                         /* 文字水平居中 */
    align-content: center;                      /* 实现垂直居中 */
    font-size: 28px;                            /* 设置文字大小 */
    background-color: #fff;                     /* 设置文本颜色 */
}
#header {                                       /* 设置顶部栏的样式 */
    grid-row-start:1;                           /* 指定网格元素行的开始位置 1 */
    grid-row-end:2;                             /* 指定网格元素行的结束位置 2 */
    grid-column-start:1;                        /* 指定网格元素列的开始位置 1 */
    grid-column-end:7;                          /* 指定网格元素列的结束位置 7 */
}
#menu {                                         /* 设置菜单栏的样式 */
    grid-row:2 / 4;                             /* 行的开始与结束位置的简写 */
    grid-column: 1 / 2;                         /* 列的开始与结束位置的简写 */
}
#main {                                         /* 设置主体栏的样式 */
    grid-area: 2 / 2 / 3 / 5;                   /* 行的开始与结束，列的开始与结束简写属性 */
```

```css
    #right {                            /* 设置右侧栏的样式 */
        grid-area: 2 / 5 / 3 / 7;       /* 行的开始与结束,列的开始与结束简写属性 */
    }
    #footer {                           /* 设置页脚栏的样式 */
        grid-area: 3 / 2 / 4 / 7;       /* 行的开始与结束,列的开始与结束简写属性 */
    }
```

运行例 7-21,页面预览效果如图 7-47 所示。

下面再采用"grid-template-areas"命名网格元素的方式来实现同样的效果。

【例 7-22】 网格布局的使用。<body>标签内部的 HTML 代码与例 7-21 相同。<style>标签内部的 CSS 代码如下。

```css
    #grid-container {                   /* 设置基本外层容器的样式 */
        display: grid;                  /* 定义为网格布局 */
        /* 使用网格元素命名定义网络模块区域 */
        grid-template-areas:
            'header header header header header header'
            'menu main main main right right'
            'menu footer footer footer footer footer';
        grid-gap: 10px;                 /* 设置行列的间距 */
        padding: 10px;                  /* 设置内边距 */
        background-color: #b7500b;      /* 设置背景颜色 */
    }
    #grid-container > div {             /* 设置子项目的样式 */
        text-align: center;             /* 文字水平居中 */
        align-content: center;          /* 实现垂直居中 */
        font-size: 28px;                /* 设置文字大小 */
        background-color: #fff;         /* 设置文本颜色 */
    }
    #header {                           /* 设置顶部栏的样式 */
        grid-area: header;              /* 设置网格区域的名称 */
        height:60px;                    /* 设置区域高度 */
    }
    #menu {                             /* 设置菜单栏的样式 */
        grid-area: menu;                /* 设置网格区域的名称 */
    }
    #main {                             /* 设置主体栏的样式 */
        grid-area: main;                /* 设置网格区域的名称 */
        height:180px;                   /* 设置区域高度 */
    }
    #right {                            /* 设置右侧栏的样式 */
        grid-area: right;               /* 设置网格区域的名称 */
    }
    #footer {                           /* 设置页脚栏的样式 */
        grid-area: footer;              /* 设置网格区域的名称 */
        height:60px;                    /* 设置区域高度 */
    }
```

运行例 7-22,页面预览效果如图 7-47 所示。

7.5.3 案例:网格布局网站导航条与 banner

本节使用网格布局网站导航条与 banner,页面效果如图 7-45 所示。

1)\<body\>标签内部的 HTML 代码如下。

```
<div id="nav">
    <div>
        <img src="images/meilogo.jpg " >
    </div>
    <div>网站首页</div>
    <div>作品展览</div>
    <div>赏析视频</div>
    <div>技法分享</div>
    <div>名家介绍</div>
    <div>联系我们</div>
    <section id="banner">
        <p id=" show1"> <img src="images/xc.jpg" ></p>
    </section>
</div>
```

2)\<style\>标签内部的 CSS 代码如下。

```
#nav{
    display: grid;           /* 定义为网格布局 */
    /* 第1列固定宽度,其他6列重复1fr(fraction 的缩写,意为"片段") */
    grid-template-columns: 200px repeat(6,1fr);
    grid-template-rows: 85px 300px;  /* 设置第1行高85像素,第2行高300像素 */
    border:1px solid #b7500b;        /* 设置边框样式 */
    padding: 5px;                    /* 设置内边距 */
    background-color: #fceed6;       /* 设置背景颜色 */
}
#nav > div {                         /* 设置导航子项目的样式 */
    align-self: center;              /* 使用 align-self 属性实现垂直居中 */
    text-align: center;              /* 文字水平居中 */
}
#banner{                             /* 设置 banner 的样式 */
    grid-area: 2 / 1 / 3 / 8;        /* 行的开始与结束、列的开始与结束简写属性 */
    display: grid;                   /* 定义为网格布局 */
    grid-template-columns:90%;       /* 定义列的宽度 */
    grid-template-rows:90%;          /* 定义行的高度 */
    justify-content: center;         /* 定义元素在容器里面的水平居中对齐 */
    align-content: center;           /* 定义元素在容器里面的垂直居中对齐 */
    background-color: #c0800b;       /* 设置背景颜色 */
}
#show1 {                             /* 设置图片容器的样式 */
    display: grid;                   /* 定义为网格布局 */
    grid-template-columns:90%;       /* 定义列的宽度 */
    grid-template-rows:90%;          /* 定义行的高度 */
```

```
        justify-content: center;              /* 定义元素在容器里面的水平居中对齐 */
        align-content: center;                /* 定义元素在容器里面的垂直居中对齐 */
        /* 设置图片边框样式 */
        border-image-source: url("images/flower-bg.png");   /* 设置图片路径 */
        border-image-slice: 19 fill;                        /* 设置区域切片 */
        border-image-width: 19px;             /* 设置边框的宽度值 */
        border-image-outset: 0 10px;          /* 设置外部延伸的距离 */
        border-image-repeat: repeat;          /* 设置平铺方式 */
}
#show1 img{                                   /* 设置容器内图片的样式 */
        width: 90%;                           /* 设置元素宽度 90% */
        justify-self: center;                 /* 定义元素水平居中对齐 */
        align-self: center;                   /* 定义元素垂直居中对齐 */
}
```

【任务实施】

7.6 历代优秀墨竹作品学习页面的 HTML+CSS 整体布局

7.6.1 页面效果展示

本任务主要完成历代墨竹优秀作品学习页面设计制作与展示，整体设计效果如图 7-48 所示。

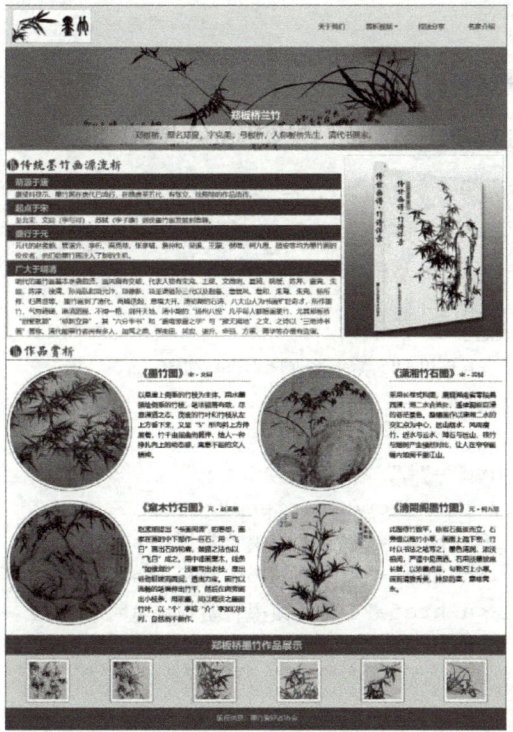

图 7-48 历代墨竹优秀作品学习页面设计制作效果展示

7.6.2 页面实现分析

应用盒子模型、浮动与定位的技术完成页面布局，基本的结构分析如图 7-49 所示。

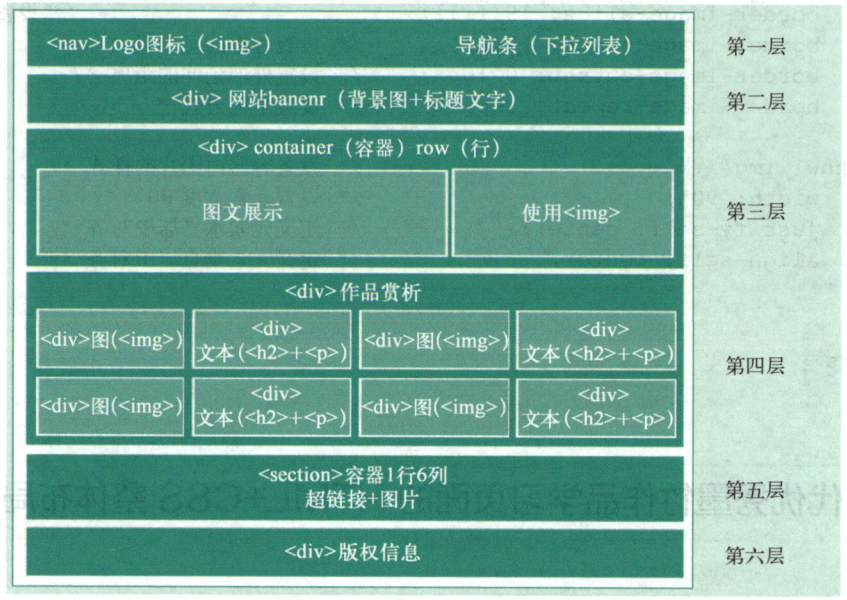

图 7-49　页面布局的结构示意图

7.6.3 页面实现过程

微课 7-18
历代优秀墨竹作品学习页面的HTML+CSS整体布局

1. 网站导航的 HTML 构建与 CSS 样式实现

1）<body>标签内部的 HTML 代码如下。

```html
<nav id="nav">
    <a href="index.html">
        <img src="images/logo.jpg">
    </a>
    <ul id="navbar">
        <li><a href="#">关于我们</a></li>
        <!-- 下拉列表 -->
        <li>
            <a href="#" >赏析视频</a>
            <div id="dropdown-menu">
                <a href="#">文同墨竹赏析</a>
                <a href="#">夏昶墨竹赏析</a>
                <a href="#">吴镇墨竹赏析</a>
                <a href="#">郑板桥墨竹赏析</a>
            </div>
        </li>
        <li><a href="#">技法分享</a></li>
        <li><a href="#">名家介绍</a></li>
```

```
            </ul>
    </nav>
```

2）<style>标签内部通用样式与顶部导航的 CSS 代码如下。

```css
        * {                              /* 通用样式 */
          margin: 0;                     /* 设置所有容器外边距为 0 */
          padding: 0;                    /* 设置所有容器内边距为 0 */
          border: none;                  /* 设置所有容器无边框 */
          box-sizing: border-box;        /* 边框和内边距数值包含在宽和高之内 */
        }
        body{                            /* <body>标签的通用样式 */
          color: #a2640c;                /* 设置文字颜色 */
        }
        a{                               /* 设置超链接的基本样式 */
          color: #a2640c;                /* 设置超链接文字为深仿古色 */
          text-decoration: none;         /* 超链接文字无下画线 */
        }
        a:hover{                         /* 设置超链接光标悬停状态样式 */
          color: #d83a09;                /* 光标悬停状态时的文字颜色 */
        }

        /* 第一层：网站导航条的样式 */
        #nav {                           /* 设置导航样式 */
          width: 1200px;                 /* 设置容器宽度 1200 像素 */
          height: 100px;                 /* 设置容器高度 100 像素 */
          margin: 0 auto;                /* 设置容器上下边距为 0 像素，左右为 auto，实现水平居中 */
        }
        #nav > a{                        /* 设置导航内子元素<a>的样式 */
          display: block;                /* 转换<a>为块级元素 */
          float:left;                    /* 设置为左浮动 */
          margin-top: 10px;              /* 设置上外边距为 10 像素 */
        }
        #navbar{                         /* 设置导航区域内系列链接容器的样式 */
          float:right;                   /* 设置为右浮动 */
          margin-top: 10px;              /* 设置上外边距为 10 像素 */
          list-style: none;              /* 设置无列表样式 */
        }
        #navbar > li{                    /* 设置导航列表项的样式 */
          float: left;                   /* 设置为左浮动 */
          width: 120px;                  /* 设置容器的宽度为 120 像素 */
          height: 80px;                  /* 设置容器的高度为 80 像素 */
          line-height: 80px;             /* 设置容器文字行高为 80 像素 */
          text-align: center;            /* 设置文字水平居中 */
          border-bottom: 5px solid transparent;
                                         /* 设置鼠标悬停时底部边框为 5 像素透明实线 */
        }
        #navbar > li:hover{              /* 设置导航列表项光标悬停时的样式 */
```

```css
    /* 设置背景：渐变角度180度，从浅仿古到白色，再由白色到浅仿古 */
    background-image: linear-gradient(180deg,#fce1b7,#ffffff,#fce1b7);
    border-bottom: 5px solid #a2640c;  /* 设置光标悬停时底部边框为5像素仿古实线 */
}
#dropdown-menu{                        /* 设置下拉列表的样式 */
    display: none;                     /* 设置内容不显示 */
    margin-top: 5px;                   /* 设置上外边距为5像素 */
    border: 1px solid #a2640c;         /* 设置边框为1像素仿古色实线 */
    background-color: #ffffff;         /* 设置背景白色 */
}
#navbar li:nth-child(2):hover #dropdown-menu{
                                       /* 设置鼠标悬停在第2个<li>标签上时下拉列表的样式 */
    display: block;                    /* 设置内容以块显示 */
}

#navbar li:nth-child(2) > a::after {   /* 设置第2个<li>标签右侧下三角形图标 */
    content: "";                       /* 设置内容 */
    display: inline-block;             /* 定义为行内块级元素 */
    margin-left: 0.25em;               /* 设置左外边距为0.25em */
    vertical-align: 0.25em;            /* 设置相对于基线向上偏移0.25em */
    border-top: 0.25em solid;          /* 设置上边框为0.25em的实线 */
    border-right: 0.25em solid transparent;
                                       /* 设置右边框为0.25em的透明实线 */
    border-bottom: 0;                  /* 设置下边框为0像素 */
    border-left: 0.25em solid transparent;   /* 设置左边框为0.25em的透明实线 */
}
#dropdown-menu a{                      /* 设置下拉列表超链接的样式 */
    display: block;                    /* 转换为块级元素显示 */
    height: 40px;                      /* 设置元素高度40像素 */
    line-height: 40px;                 /* 设置元素行高40像素 */
}
#dropdown-menu a:hover{                /* 设置下拉列表超链接光标悬停时的样式 */
    color: #ffffff;                    /* 设置文本白色 */
    background-color: #a2640c;         /* 设置背景深仿古色 */
}
```

2. 网站 banner 的 HTML 构建与 CSS 样式实现

1）网站 banner 区域的 HTML 代码如下。

```html
<section id="banner">
    <h1>板桥墨竹</h1>
    <p>郑板桥，原名郑燮，字克柔，号板桥，人称板桥先生，清代书画家。</p>
</section>
```

2）网站 banner 区域的 CSS 代码如下。

```css
#banner{                     /* 设置 banner 区域的样式 */
    width: 1200px;           /* 设置容器宽度1200像素 */
```

```css
    height: 250px;              /* 设置容器高度 250 像素 */
    margin: 0 auto;             /* 设置容器上下边距为 0 像素，左右为 auto，实现水平居中 */
    background-image: url(../images/banner.jpg);  /* 设置背景图像 */
}
#banner h1{                     /* 设置 banner 区域中的标题样式 */
    padding-top: 150px;         /* 设置内上边距为 150 像素 */
    color: #fff;                /* 设置文本白色 */
    text-align: center;         /* 设置文字水平居中 */
}
#banner p{                      /* 设置 banner 区域中的段落样式 */
    padding: 10px;              /* 设置内边距为 10 像素 */
    width: 80%;                 /* 设置宽度为 80% */
    margin: 10px auto;          /* 设置容器上下边距为 10 像素，左右为 auto，实现水平居中 */
    color: #a2640c;             /* 设置文本为深仿古色 */
    font-size: 1.2rem;          /* 设置文字大小为 1.2rem */
    text-align: center;         /* 设置文本水平居中 */
    /* 设置背景：渐变角度 90 度，从仿古（位置 30%）到白色（位置 30%），再由白色（位置 30%）到仿古（位置 70%） */
    background-image: linear-gradient(90deg,#d89644,#ffffff 30%, #ffffff 70%,#d89644);
    opacity: .9;                /* 设置不透明度为 0.9，简写为 .9 */
}
```

3. "传统墨竹画源流析"区域的 HTML 构建与 CSS 样式实现

1)"传统墨竹画源流析"区域的 HTML 代码如下。

```html
<section id="analyse">
    <div id="analyse-left">
        <div><img src="images/Tile.jpg" /></div>
        <header class="title">萌源于唐</header>
        <p class="card-body" id="car-body1">
            据资料显示，墨竹画在唐代已流行，在晚唐至五代，有张立、徐熙等的作品流传。
        </p>
        <header class="title">起点于宋</header>
        <p class="card-body">
            至北宋，文同（字与可）、苏轼（字子瞻）则使墨竹画发展到高峰。
        </p>
        <header class="title">盛行于元</header>
        <p class="card-body">
            元代的赵孟頫、管道升、李衎、高克恭、张彦辅、詹仲和、吴镇、王蒙、倪瓒、柯九思、顾安等均为墨竹画的佼佼者，他们给墨竹画注入了新的生机。
        </p>
        <header class="title">广大于明清</header>
        <p class="card-body">
            明代的墨竹画基本承袭前贤，画风稍有突破，代表人物有宋克、王绂、文徵明、夏昶、姚绶、陈芹、唐寅、朱端、陈淳、徐渭、孙克弘和项元汴、项德新、项圣谟祖孙三代，以及赵备、詹景凤、詹和、朱鹭、朱完、杨所修、归昌世等。 墨竹画到了清代，高峰迭起，意境大开。清初期的石涛、八大山人为书画旷世奇才，所作墨竹，气势磅礴，淋漓洒脱，不拘一格，别开天地。清中期的"扬州八怪"几乎每人
```

都擅画墨竹，尤其郑板桥"删繁就简""标新立异"，其"六分半书""震电惊雷之学"与"掀天揭地"之文、之诗以"三绝诗书画"著称。清代能事竹者尚有多人，如禹之鼎、恽南田、吴宏、诸升、华喦、方熏、蒲华等亦很有造诣。

```
        </p>
    </div>
    <div id="analyse-right">
        <img src="images/book.jpg" />
    </div>
</section>
```

2)"传统墨竹画源流析"区域的 CSS 代码如下。

```css
#analyse{                           /* 设置"传统墨竹画源流析"区域的样式 */
  clear: both;                      /* 清除左右浮动 */
  width: 1200px;                    /* 设置宽度为 1200 像素 */
  margin: 20px auto;                /* 设置容器上下边距为 20 像素，左右为 auto，实现水平居中 */
  overflow: hidden;                 /* 设置溢出为隐藏 */
}
#analyse #analyse-left{             /* 设置左侧栏的样式 */
  float: left;                      /* 设置为左浮动 */
  width: 66.7%;                     /* 设置宽度为 66.7% */
}
#analyse #analyse-right{            /* 设置右侧栏的样式 */
  float: left;                      /* 设置为左浮动 */
  width: 33.3%;                     /* 设置宽度为 33.3% */
  text-align: center;               /* 设置文本水平居中 */
}
#analyse-left .title{               /* 设置左侧栏中标题文本样式 */
  height: 38px;                     /* 设置高度为 38 像素 */
  padding-left: 20px;               /* 设置左内边距为 20 像素 */
  line-height: 38px;                /* 设置行高为 38 像素 */
  color: #fce1b7;                   /* 设置文本为浅仿古色 */
  font-size: 20px;                  /* 设置字体大小为 20 像素 */
  font-weight: bolder;              /* 设置文本加粗 */
  background-color: #a2640c;        /* 设置背景为深仿古色 */
  border: 1px solid #a2640c;        /* 设置边框为 1 像素深仿古色实线 */
}
#analyse-left .card-body{           /* 设置左侧栏中卡片主体样式 */
  padding-left: 20px;               /* 设置左内边距为 20 像素 */
  line-height: 1.5;                 /* 设置行高为 1.5 */
  border-left: 1px solid #a2640c;   /* 设置左边框为 1 像素深仿古实线 */
  border-right: 1px solid #a2640c;  /* 设置右边框为 1 像素深仿古实线 */
}
#analyse-left p:last-child{         /* 设置左侧栏中最后一个<p>标签的样式 */
  border-bottom: 1px solid #a2640c; /* 设置下边框为 1 像素深仿古色实线 */
}
```

4. "作品赏析"区域的 HTML 构建与 CSS 样式实现

1)"作品赏析"区域的 HTML 代码如下。

```html
<section id="appreciate">
<div id="appreciate-img">
    <img src="images/appreciation.jpg" />
</div>
<div class="appreciate-area">
    <div class="img-area">
        <img src="images/bambooappreciation1.jpg" />
    </div>
    <div class="img-text">
        <h2>《墨竹图》<span>宋 &middot 文同</span></h2>
        <p>以悬崖上倒垂的竹枝为主体，用水墨描绘倒垂的竹枝，笔法错落有致，尽显潇洒之态。茂密的竹叶和竹枝从左上方垂下来，又呈"S"形向斜上方伸展着，竹干由屈曲而挺伸，给人一种挣扎向上的动态感，寓意不屈的文人精神。</p>
    </div>
    <div class="img-area">
        <img src="images/bambooappreciation2.jpg" />
    </div>
    <div class="img-text">
        <h2>《潇湘竹石图》<span>宋 &middot 苏轼</span></h2>
        <p>采用长卷式构图，展现湖南省零陵县西潇、湘二水合流处，遥接洞庭巨浸的苍茫景色。整幅画作以潇湘二水的交汇点为中心，远山烟水、风雨瘦竹，近水与云水、蹲石与远山、筱竹与烟树产生强烈对比，让人在窄窄画幅内如阅千里江山。</p>
    </div>
</div>
<div class="appreciate-area">
    <div class="img-area">
        <img src="images/bambooappreciation3.jpg" />
    </div>
    <div class="img-text">
        <h2>《窠木竹石图》<span>元 &middot 赵孟頫</span></h2>
        <p>赵孟頫提出"书画同源"的思想，画家在画的中下部作一巨石，用"飞白"画出石的轮廓，皴擦之法也以"飞白"成之。用中锋画窠木，线条"如锥划沙"，淡墨写出老枝，显出苍劲挺拔而圆润，透出力度。画竹以流畅的笔调伸出竹干，然后在两旁画出小枝条，用浓墨，间以略淡之墨画竹叶，以"个"字或"介"字加以排列，自然而不做作。</p>
    </div>
    <div class="img-area">
        <img src="images/bambooappreciation4.jpg" />
    </div>
    <div class="img-text">
        <h2>《清閟阁墨竹图》<span>元 &middot 柯九思</span></h2>
        <p>此图修竹数竿，依岩石挺拔而立，石旁缀以稚竹小草，画面上疏下密，竹叶以书法之笔写之，墨色清润，浓淡相间，严谨中见潇洒。石用淡墨披麻长皴，以浓墨点苔，勾勒石上小草。画面清雅秀
```

美,神足韵高,意味隽永。</p>
            </div>
        </div>
    </section>
```

2) 网站 "作品赏析" 区域的 CSS 代码如下。

```css
#appreciate{                        /* 设置 "作品赏析" 区域的样式 */
  clear: both;                      /* 清除左右浮动 */
  width: 1200px;                    /* 设置宽度为1200像素 */
  margin: 20px auto;                /* 设置容器上下边距为20像素,左右为auto,实现水平居中 */
  overflow: hidden;                 /* 设置溢出为隐藏 */
}
#appreciate-img{                                /* 设置 "作品赏析" 中标题图片的样式 */
  border-bottom: 1px solid #a2640c; /* 设置下边框为1像素深仿古色实线 */
}
.appreciate-area{                               /* 设置 "作品赏析" 区域的样式 */
  overflow: hidden;                 /* 设置溢出为隐藏 */
}
.img-area{                                      /* 设置 "作品赏析" 区域图片的样式 */
  float: left;                      /* 设置为左浮动 */
  width: 25%;                       /* 设置宽度为25% */
  margin-top: 20px;                 /* 设置容器上外边距为20像素 */
}
.img-area img{                                  /* 设置 "作品赏析" 区域中图片的样式 */
  width: 100%;                      /* 设置宽度为100% */
  height: auto;                     /* 设置高度为auto */
  /* 设置圆角缩略图效果 */
  padding: 6px;                     /* 设置内边距为6像素 */
  background-color: #fff;           /* 设置背景色为白色 */
  border: 1px solid #a2640c;        /* 设置边框为1像素深仿古色实线 */
  border-radius: 50%;               /* 设置边框半径为50%,实现圆形 */
}
.img-text{                                      /* 设置 "作品赏析" 文字分析部分的样式 */
  float: left;                      /* 设置为左浮动 */
  width: 25%;                       /* 设置宽度为25% */
  margin-top: 20px;                 /* 设置容器上外边距为20像素 */
  padding: 0 15px;                  /* 设置上下内边距为0像素,左右内边距为15像素 */
}
.img-text h2{                       /* 设置 "作品赏析" 文字分析标题的样式 */
  border-bottom: 1px dashed #a2640c;/* 设置下边框为1像素深仿古色实线 */
  padding-bottom: 5px;              /* 设置容器下内外边距为5像素 */
}
.img-text h2 span{                  /* 设置 "作品赏析" 中文字分析副标题的样式 */
  font-size: 0.6em;                 /* 设置文字大小0.6em */
}
```
```

```css
.img-text p{                /* 设置"作品赏析"中文字分析副标题的样式 */
  line-height: 1.5;         /* 设置行高为1.5，相当于150% */
  margin-top: 20px;         /* 设置上外边距为20px */
  color: #000000;           /* 设置文本为黑色 */
}
```

5. "郑板桥墨竹作品展示"区域的 HTML 构建与 CSS 样式实现

1)"郑板桥墨竹作品展示"区域的 HTML 代码如下。

```html
<section id="show">
<h2>郑板桥墨竹作品展示</h2>
<div class="sketch">
    <a href="#"><img src="images/bamboo1.jpg" /></a>
</div>
<div class="sketch">
    <a href="#"><img src="images/bamboo2.jpg" /></a>
</div>
<div class="sketch">
    <a href="#"><img src="images/bamboo3.jpg" /></a>
</div>
<div class="sketch">
    <a href="#"><img src="images/bamboo4.jpg" /></a>
</div>
<div class="sketch">
    <a href="#"><img src="images/bamboo5.jpg" /></a>
</div>
<div class="sketch">
    <a href="#"><img src="images/bamboo6.jpg" /></a>
</div>
</section>
```

2)"郑板桥墨竹展示"区域的 CSS 代码如下。

```css
#show{                              /* 设置"郑板桥墨竹展示"区域的样式 */
clear: both;                        /* 清除左右浮动 */
width: 1200px;                      /* 设置宽度为1200像素 */
/* 设置容器上边距为20像素，下边距为0像素，左右为auto，实现水平居中 */
margin: 20px auto 0;
background-color: #fcebae;          /* 设置背景颜色为浅仿古色 */
overflow: hidden;                   /* 设置溢出部分为隐藏 */
}
#show h2{                           /* 设置标题的样式 */
text-align: center;                 /* 设置文本水平居中 */
line-height: 2;                     /* 设置文字行高为2，相当于200% */
color: #fcebae;                     /* 设置文字为浅仿古色 */
background-color: #a2640c;          /* 设置背景为深仿古色 */
}
#show .sketch{                      /* 设置小图标的样式 */
```

```
        float: left;              /* 设置为左浮动 */
        width: 16.66%;            /* 设置宽度为 16.66% */
        padding: 10px;            /* 设置容器内边距为 10 像素 */
        text-align: center;       /* 设置文本水平居中 */
    }
    #show .sketch a img{          /* 设置小图标中超链接内图片的样式 */
        padding: 6px;             /* 设置容器内外边距为 6 像素 */
        background-color: #fff;   /* 设置背景颜色 */
        border: 1px solid #a2640c;/* 设置边框为 1 像素深仿古色实线 */
        opacity: .8;              /* 设置不透明度为 0.8，简写为.8 */
    }
    #show .sketch a:hover img{    /* 设置小图标中超链接内光标悬停时图片的样式 */
        opacity: 1;               /* 设置不透明度为 1 */
    }
```

6．版权板块的 HTML 构建与 CSS 样式实现

1）版权板块的 HTML 代码如下。

```
<section id="copyright">
版权信息：墨竹爱好者协会
</section>
```

2）版权板块的 CSS 代码如下。

```
#copyright{                       /* 设置版权板块的样式 */
    width: 1200px;                /* 设置宽度为 1200 像素 */
    height: 48px;                 /* 设置宽度为 48 像素 */
    margin: 0 auto;        /* 设置容器上下边距为 0 像素，左右为 auto，实现水平居中 */
    line-height: 48px;            /* 设置行高为 48 像素 */
    text-align: center;           /* 设置文本水平居中 */
    color: #fcebae;               /* 设置文本为浅仿古色 */
    background-color: #a2640c;    /* 设置背景为深仿古色 */
}
```

预览页面效果如图 7-48 所示。

【习题与拓展实践】

1．选择题

1）overflow 的默认选项是（　　）。
　　A．auto　　　　　　B．hidden　　　　　　C．visible　　　　　　D．scroll

2）一个<div>元素设置宽度为 400px，高度为 100px，边框为红色。添加（　　）代码能实现<div>元素居中对齐。
　　A．text-align:center;　　　　　　　　　B．margin:0 auto;

C．vertical-align:middle; D．left:50%;right:50%;

3）下列哪一个不是 CSS3 新特性（　　）。

A．圆角边框（border-radius:8px;）　　B．阴影（box-shadow:10px;）

C．线性渐变　　D．边框（border:1px solid red;）

2．拓展实践

根据河南博物院"活动预告"页面效果图，如图 7-50 所示，使用 HTML 与 CSS 实现整体页面布局。

图 7-50　河南博物院"活动预告"页面效果

任务 8　使用 HTML 实现网页表单

【知识准备】

8.1 表单的概述

表单是 HTML 的一个重要组成部分，一般来说，网页通常会通过"表单"形式收集来自用户的信息，然后将表单数据返回服务器，以备登录或查询之用，从而实现 Web 搜索、注册、登录、问卷调查等功能。

一般表单的创建需要 3 个步骤。

第 1 步：确定要搜集的数据，即决定了表单需要搜集用户的哪些数据。

第 2 步：建立表单，根据第 1 步的要求选择合适的表单元素控件来创建表单。

第 3 步：设计表单处理程序，用于接收浏览者通过表单输入的数据并将数据做进一步处理。

8.2 表单的建立

<form>标签的主要作用是设定表单的起始位置，并指定表单数据处理程序的 URL 地址，表单所包含的控件就在<form>与</form>之间定义。其基本语法规则如下。

语法： `<form action="url" method="get|post" name="value">…</form>`

表单的属性名称及含义如表 8-1 所示。

表 8-1　表单的属性名称及含义

名称	含义
action="url"	在表单收集到信息后，需要将信息传递给服务器进行处理，action 属性用于指定接收并处理表单数据的服务器程序的 URL 地址。例如： action="http://www.baidu.com/s"
method="get|post"	method 属性用于设置表单数据的提交方式，其取值为 get 或 post get 方法为默认值，浏览器会与表单处理服务器建立连接，然后直接在一个传输步骤中发送所有的表单数据 使用 post 方法时，表单数据是与 URL 分开发送的 采用 get 方法提交的数据将显示在浏览器的地址栏中，保密性差，且有数据量的限制。而 post 方式的保密性好，并且无数据量的限制，所以使用 method="post"可以大量提交数据 例如，如果默认使用了 get 方法，则搜索结果的 URL 为： http://www.baidu.com/s?word=CSS
name	name 属性用于指定表单的名称，以区分同一个页面中的多个表单

<form>…</form>标签主要用于规定一个区域，在网页浏览时不显示。

【例 8-1】 认识表单。表单代码如下：

```
<form action="http://www.baidu.com/s" target="_blank">
    输入搜索信息：
    <input type="text" name="word" size="20" maxlength="60">
    <input type="submit" value="搜索">
</form>
```

运行例 8-1 后，页面效果如图 8-1 所示。

图 8-1　表单页面效果

8.3 表单的基本元素

表单包含两个部分：表单域和表单按钮。

8.3.1 表单域

表单域具体是指单行文本输入框、密码输入框、隐藏域、多行文本输入框、复选框、单选按钮、列表框和文件域等各类控件。常用表单域元素如表 8-2 所示。

表 8-2　常用的表单域元素

元素	说明
input type="text"	单行文本输入框
input type="password"	密码输入框（输入的文字用*表示）
input type="radio"	单选按钮
input type="checkbox"	复选框
input type="hidden"	隐藏域
input type="file"	文件域
select	列表框
textarea	多行文本输入框

以上元素的输入区域有一个公共的属性 name，此属性给每一个输入区域一个名字。这个名字与输入区域是一一对应的，即一个输入区域对应一个名字。服务器就是通过调用某一输入区域的 name 属性值来获取该区域的数据的。而 value 属性是另一个公共属性，它可以用来指定输入区域的默认值。表单域常用属性如表 8-3 所示。

表 8-3　表单域常用属性

属性	说明
name	控件名称
type	控件的类型，如 radio、text、password、file 等
size	指定控件的宽度
value	用于设定输入默认值
maxlength	在单行文本中允许输入的最大字符数
src	插入图像的地址

1．单行文本输入框

单行文本输入框（<input type="text" />）允许用户输入一些简短的单行信息，如用户姓名。

语法：`<input type="text" name="name" maxlength="value" size="value" value="value" />`

2．密码输入框

密码输入框（<input type="password" />）主要用于保密信息的输入，如密码。用户输入的时候，显示的不是输入的内容，而是"*"。

语法：`<input type="password"name="name" maxlength="value" size="value" />`

3．单选按钮

单选按钮（<input type="radio" />）用于单项选择，如问卷调查中的单选，或者性别选择等。在定义单选按钮时，必须为同一组中的选项指定相同的 name 值，这样"单选"才会生效。此外，可以对单选按钮应用 checked 属性，指定默认选中项。

语法：`<input type="radio" name="field_name" value="value" checked>`

4．复选框

复选框（<input type="checkbox" />）允许用户在一组选项中选择多个，如问卷调查中的多选，或者选择兴趣爱好等。在定义复选框时，必须为同一组中的选项指定相同的 name 值，这样"复选"才会生效。此外，可以对复选选项应用 checked 属性，指定默认选中项。

语法：`<input type="checkbox" name="name" value="value" checked />`

5．隐藏域

隐藏域（<input type="hidden" />）对于用户是不可见的，主要用于后台编程。

语法：`<input type="hidden" name="name" value="value" />`

6．文件域

当定义文件域（<input type="file"/>）时，页面中将出现一个文本框和一个"浏览…"按钮，用户可以通过填写文件路径或直接选择文件的方式，将文件提交给后台服务器。

语法：`<input type="file" name="name" />`

7．列表框

列表框（<select>）是一种最节省空间的方式，正常状态下只能看到一个选项，单击下拉按钮打开列表后才能看到全部选项。

列表框可以显示一定数量的选项，如果超出了这个数量，会自动出现滚动条，浏览者可以通过拖动滚动条来查看各选项。

通过<select>和<option>标签可以设计页面中的列表框效果。

语法：

```
<select name="name" size="value" multiple>
    <option value="value" selected>选项1</option>
    <option value="value" >选项2</option>
    …
</select>
```

列表框常用属性如表 8-4 所示。

表 8-4 列表框常用属性

属性	说明
name	菜单和列表的名称
size	显示选项的数目，当 size 为 1 时，为下拉列表框控件
multiple	列表中的项目多选，用户用<Ctrl>键来实现多选
value	选项值
selected	默认选项

8．多行文本输入框

多行文本输入框（<textarea>）主要用于输入较长的文本信息。

语法：

```
<textarea name="textfield_name" cols="value" rows="value" value="textfield_value">
    …
</textarea>
```

多行文本输入框常用属性如表 8-5 所示。

表 8-5 多行文本输入框常用属性

属性	说明	属性	说明
name	多行文本输入框的名称	rows	多行文本输入框的行数
cols	多行文本输入框的宽度（列数）	value	多行文本输入框的默认值

8.3.2 表单按钮

表单按钮分为普通按钮、提交按钮和复位按钮，用于将数据传送到服务器上的 CGI 脚本或取消输入，还可以用表单按钮来控制其他定义了处理脚本的处理工作。

1．普通按钮

表单中按钮起着至关重要的作用，普通按钮（<input type="button" />）可以触发提交表单的动作，主要配合 JavaScript 脚本使用。

语法： <input type=" button" name="name" />

2. 提交按钮

通过提交按钮（<input type="submit" />）可以将表单中的信息提交给 action 所指向的文件。

语法： `<input type="submit" name="button_name" id="button_id" value="提交">`

3. 图片提交按钮

图片提交按钮（<input type="image" />）是指可以在提交按钮位置上放置图片，这幅图片具有提交按钮的功能。

语法： `<input type="image" src="图片路径" value="提交" name="button_name">`

type="image"相当于 type="submit"，不同的是 type="image"以一个图片作为表单的按钮；src 属性表示图片的路径；name 为按钮名称。

4. 复位按钮

通过复位按钮（<input type="reset" />）可以将表单内容全部清除，恢复成默认的表单内容设定，重新填写。

语法： `<input type="reset" value="重置">`

【例 8-2】 表单基本元素的应用。

1）在<body>标签内定义 HTML 结构代码。代码如下：

微课 8-2 表单基本元素的应用

```
<body>
    <div class="questionnaire">
        <form action="#" target="_blank" method="post">
            <div class="row">
                <h2>问卷调查表</h2>
            </div>
            <div class="row">
                <div class="col-3 text-end">
                    <label class="col-form-label">昵称：</label>
                </div>
                <div class="col-7">
                    <input type="text" class="form-control" placeholder="请输入昵称" name="nn"/>
                </div>
            </div>
            <div class="row">
                <div class="col-3 text-end">
                    <label class="col-form-label">密码：</label>
                </div>
                <div class="col-7">
                    <input type="password" name="pass" class="form-control" />
                </div>
            </div>
            <div class="row">
                <div class="col-3 text-end">
                    <label class="col-form-label">性别：</label>
                </div>
```

```html
                <div class="col-7">
                    <input type="radio" name="sex" value="男" />男
                    <input type="radio" name="sex" value="女" />女
                </div>
            </div>
            <div class="row">
                <div class="col-3 text-end">
                    <label class="col-form-label">期望工作城市：</label>
                </div>
                <div class="col-7">
                    <input type="checkbox" name="city" value="深圳" />深圳
                    <input type="checkbox" name="city" value="广州" />广州
                    <input type="checkbox" name="city" value="南京" />南京
                    <input type="checkbox" name="city" value="其他" />其他
                </div>
            </div>
            <div class="row">
                <div class="col-3 text-end">
                    <label class="col-form-label">工作类型：</label>
                </div>
                <div class="col-7">
                    <select name="jobtype" class="form-control" size="1">
                        <option value="1" selected>全职</option>
                        <option value="2">兼职</option>
                        <option value="3">实习</option>
                    </select>
                </div>
            </div>
            <div class="row">
                <div class="col-3 text-end">
                    <label class="col-form-label">个人简介：</label>
                </div>
                <div class="col-7">
                    <textarea rows="3" class="form-control" name="txtarea"></textarea>
                </div>
            </div>
            <div class="row">
                <div class="col-3"></div>
                <div class="col-7">
                    <input type="submit" class="button" value="提交" />
                </div>
            </div>
        </form>
    </div>
</body>
```

运行例 8-2，页面效果如图 8-2a 所示。

2）<style>标签内部的 CSS 代码如下。

```css
<style type="text/css">
    .questionnaire {              /* 设置容器基本样式 */
        width: 80%;                /* 设置宽度为80% */
        padding: 10px 30px;        /* 设置上下内边距为10像素，左右内边距为30像素 */
        border: 1px solid #085d95; /* 设置上边框为1像素深蓝色实线 */
        margin: 5px auto;          /* 设置上下外边距为5像素，左右为auto，实现水平居中 */
        color: #085d95;            /* 设置文字为深蓝色 */
    }
    .row {                         /* 设置行容器基本样式 */
        display: flex;             /* 设置为弹性布局 */
        margin: 5px;               /* 设置外边距为5像素 */
    }
    .row h2 {                      /* 设置行内<h2>的基本样式 */
        flex: 1;                   /* 元素会平分父容器的可用空间 */
        text-align: center;        /* 设置文字水平居中 */
    }
    .col-3 {                       /* 设置行内左侧列的基本样式 */
        width: 30%;                /* 设置宽度为30% */
        text-align: right;         /* 设置文本右对齐 */
    }
    .col-form-label {              /* 设置表单标签元素的基本样式 */
        padding: 5px;              /* 设置内边距为5像素 */
        line-height: 1.5;          /* 设置行高为1.5，相当于150% */
    }
    .col-7 {                       /* 设置行内右侧列的基本样式 */
        width: 70%;                /* 设置宽度为70% */
    }
    .form-control {                /* 设置表单元素的基本样式 */
        display: block;            /* 定义为块级元素 */
        width: 100%;               /* 设置宽度为100% */
        padding: 5px;              /* 设置内边距为5像素 */
        border: 1px solid #085d95; /* 设置上边框为1像素深蓝色实线 */
        background-color: #e0eff9; /* 设置背景颜色为浅蓝色 */
        border-radius: 3px;        /* 设置上边框半径为3像素 */
    }
    .form-control:focus {          /* 设置表单元素获取焦点时的基本样式 */
        outline: 0;                /* 设置无外轮廓线，无黑框 */
        box-shadow: 0 0 0 0.25rem rgba(13, 110, 253, 0.25);
                                   /* 设置盒子阴影效果 */
        background-color: #ffffff; /* 设置背景颜色为白色 */
        border-color: #ffffff;     /* 设置边框颜色为白色 */
    }
    .button {                      /* 设置按钮基本样式 */
        width: 50%;                /* 设置宽度为50% */
        border: 0;                 /* 设置无边框 */
        border-radius: 3px;        /* 设置边框半径为3像素 */
```

```
                padding: 5px;              /* 设置内边距为 5 像素 */
                color: #ffffff;            /* 设置文本颜色为白色 */
                background: #085d95;       /* 设置背景为深蓝色 */
            }
        </style>
```

再次运行例 8-2，页面效果如图 8-2b 所示。

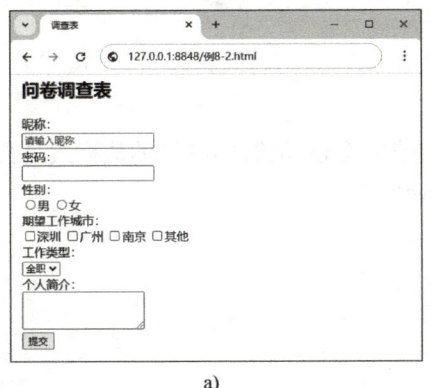 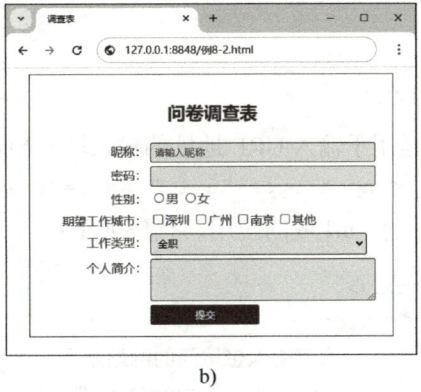

a)   b)

图 8-2　表单基本元素页面效果

a) HTML 结构页面效果　b) 加入 CSS 样式后的页面效果

8.4　表单新增元素

8.4.1　新增的表单元素

1. email 域

email 域是一种专门用于输入 E-email 地址的文本输入框，在包含 E-mail 元素的表单提交时，能自动验证 email 域的值是否符合邮件地址格式。

语法：`<input type="email" name="email _name" />`

【例 8-3】 email 域的应用。代码如下：

```
<body>
    <form>
        请输入邮箱地址：
        <input type="email" name="Uemail" />
        <input type="submit" value="提交"/>
    </form>
</body>
```

运行例 8-3，当输入的数据不是正确的邮箱格式时，提交会验证并提示错误信息，页面不会跳转。页面效果如图 8-3 所示。

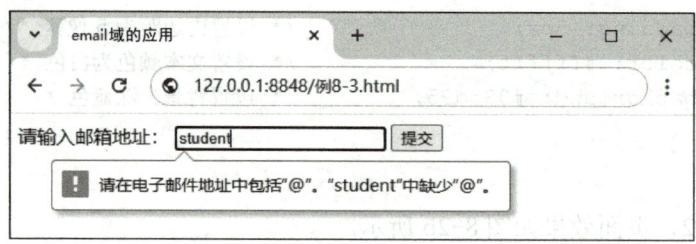

图 8-3　email 域页面效果

2. url 域

url 域是用于输入 URL 地址的输入域。当表单提交时会自动验证 url 域的值格式是否正确。

语法：`<input type="url " name="url _name" />`

【例 8-4】 url 域的应用。代码如下：

```
<body>
    <form>
        请输入想访问的网站地址：
        <input type="url" name="Visit_url" />
        <input type="submit"/>
    </form>
</body>
```

运行例 8-4 后，页面效果如图 8-4 所示。

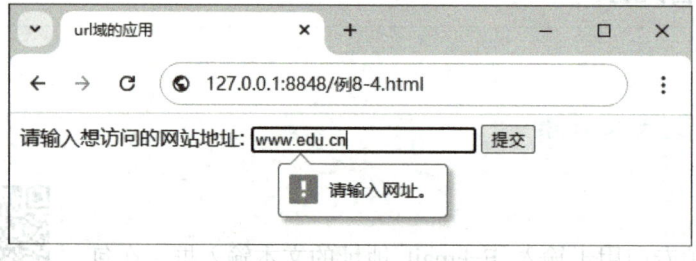

图 8-4　url 域页面效果

3. number 域

number 域是用于提供输入数值的文本框，在提交表单时，会自动检查该输入框中的内容是否为数字。

语法：

```
<input type="number" name="number_name" value="value" min="value" max="value" step="value" />
```

其中，type="number"表示输入框中的内容是否为数字，number 域的输入框可以对输入的数字进行限制，规定允许的最大值、最小值、合法的数字间隔或默认值等；name 属性用于定义名称或标识符，用于与其他元素进行关联或引用，根据实际需要也可以定义 id 属性，id 属性可以提供一个唯一的标识符；value 指定输入框的默认值；max 指定输入框可以接受的最大输入值；min 指定输入框可以接受的最小输入值；step 为输入域合法的间隔，如果不设置，默认值是 1。

【例 8-5】 number 域的应用。代码如下：

```
<body>
    <form>
        输入 0~80 之间的数字（步长为 5）：
        <input type="number" name="inputNum2" min="0" max="80" step="5" />
    </form>
</body>
```

运行例 8-5 后，页面效果如图 8-5 所示。

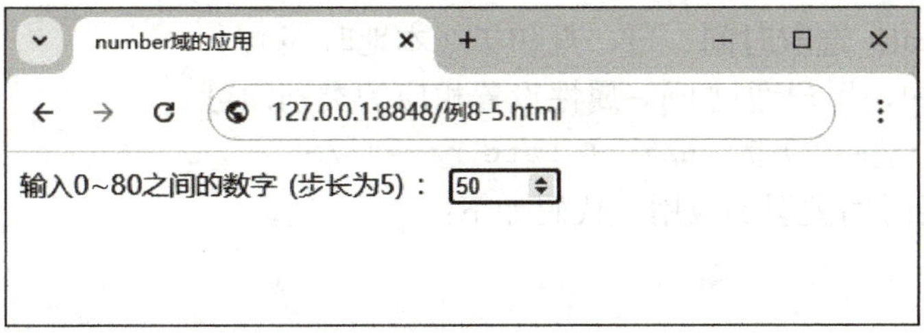

图 8-5 number 域页面效果

4．range 域

range 域用于应该包含一定范围内数字值的输入域，在网页中显示为滑动条。

语法：

```
<input type="range" name="range_name" value="value" min="value" max= "value" step="value" />
```

range 域与 number 域一样，通过 min 属性和 max 属性可以设置最小值和最大值，通过 step 属性指定每次滑动的步幅。

【例 8-6】 range 域的应用。代码如下：

```
<body>
    <form>
        输入 0~200 之间的数字：
        <input type="range" name="inputrange" min="1" max="200" value="180"/>
    </form>
</body>
```

运行例 8-6 后，页面效果如图 8-6 所示。

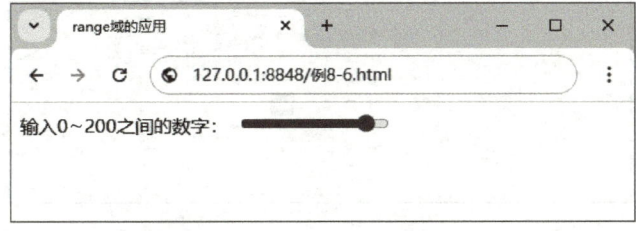

图 8-6 range 域页面效果

5. 日期时间类型

Date Pickers 类型是指日期时间类型，HTML5 中提供了多个可供选取日期和时间的输入类型。

1）date：选取日、月和年。
2）month：选取月和年。
3）week：选取周和年。
4）time：选取时间（时和分）。
5）datetime：选取时间、日、月和年（UTC 时间）。
6）datetime-local：选取时间、日、月和年（本地时间）。

在<input>标签中，用户通过 type 属性设置相应的类别即可。

语法： `<input type="类型" name=" Date_name" />`

【例 8-7】 日期时间类型的应用。代码如下：

```
<body>
    <form>
        <p>日期与时间类：
            <input name="txtDate_date" type="date" />
            <input name="txtDate_time" type="time" />
        </p>
        <p>月份与星期类：
            <input name="txtDate_month" type="month" />
            <input name="txtDate_week" type="week" />
        </p>
        <p>日期时间类：
            <input name="txtDate_datetime" type="datetime" />
            <input name="txtDate_datetime_local" type="datetime-local" />
        </p>
    </form>
</body>
```

运行例 8-7 后，页面效果如图 8-7 所示。

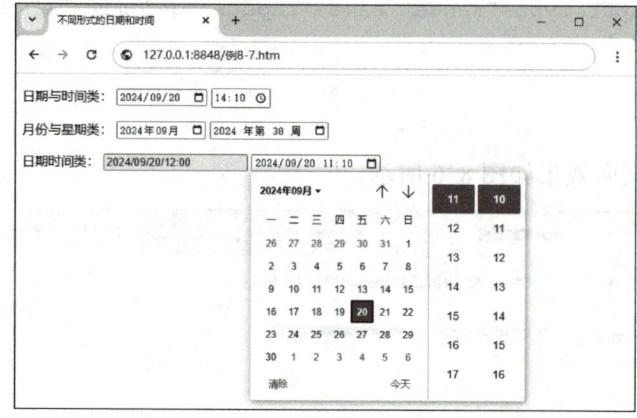

图 8-7　日期时间类型的页面效果

6. color 域

color 域对象用于选择颜色，实现一个 RGB 颜色值的输入。

语法：`<input type="color" name="color_name" />`

【例 8-8】 color 域的应用。代码如下：

```
<body>
    <form>
        选择颜色：
        <input type="color" name="select_color" />
        <input type="submit"/>
    </form>
</body>
```

运行例 8-8 后，页面效果如图 8-8 所示。

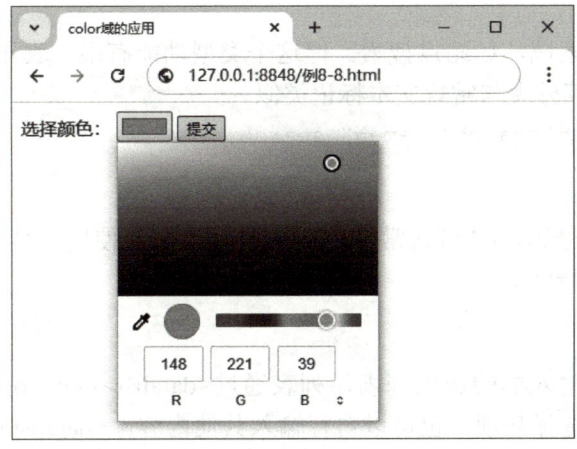

图 8-8　color 域页面效果

7. 表单边框

使用<fieldset>…</fieldset>标签将指定的表单字段框起来，使用<legend>…</legend>标签在方框的左上角填写说明文字。

语法：`<fieldset><legend>控件组标题</legend>…</fieldset>`

【例 8-9】 表单边框的应用。代码如下：

```
<body>
    <form>
        <fieldset>
            <legend>用户登录</legend>
            <p>姓 名：<input type="text" name="username" /></p>
            <p>密 码：<input type="password" name="userpass" /></p>
            <p><input type="submit" value="提交" /></p>
        </fieldset>
    </form>
</body>
```

运行例 8-9 后，页面效果如图 8-9 所示。

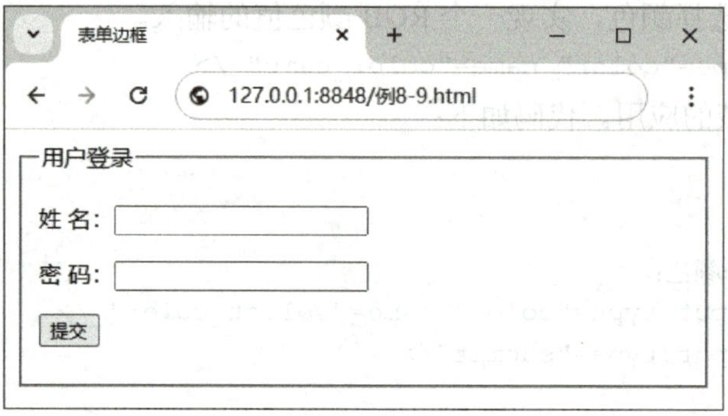

图 8-9　表单边框页面效果

8．search 域

search 类型用于搜索域，如站点搜索。但这个类型功能有限，真正的搜索功能是需要大量的代码和算法支持的，其外观与常规文本标记类似。

语法：`<input type="search" name=" search_name" />`

9．tel 域

tel 域用于输入电话号码，tel 域通常会和 pattern 属性配合使用。具体应用见 pattern 属性。

语法：`<input type="tel " name="tel_name" />`

10．<datalist>标签

<datalist>标签规定输入框的选项列表，列表通过<datalist>内的<option>标签进行创建。如果用户不希望从列表中选择某项，也可以自行输入其他内容。<datalist>标签通常与<input>标签配合使用来定义<input>的取值。在使用<datalist>标签时，需要通过 id 属性为其指定一个唯一的标识，然后为<input>标签指定 list 属性。

【例 8-10】 <datalist>标签的应用。代码如下：

```
<body>
    <form>
        请选择你喜欢的职业：<input type="text" list="vocationid" name="vocation" />
        <datalist id="vocationid">
            <option value="1">医生</option>
            <option value="2">教师</option>
            <option value="3">美工</option>
        </datalist>
    </form>
</body>
```

运行例 8-10，页面效果如图 8-10 所示，当光标聚焦到文本框后，文本框右侧会出现一个向下的箭头，单击箭头，即可浏览<datalist>中定义的选项列表内容，如图 8-11 所示。

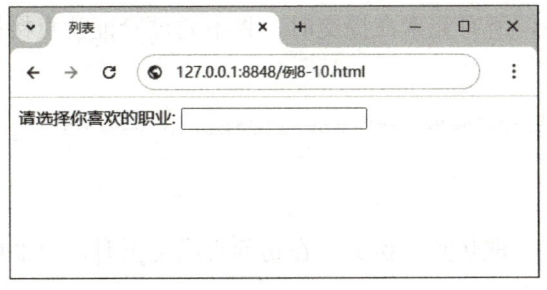

图 8-10　使用<datalist>初始状态

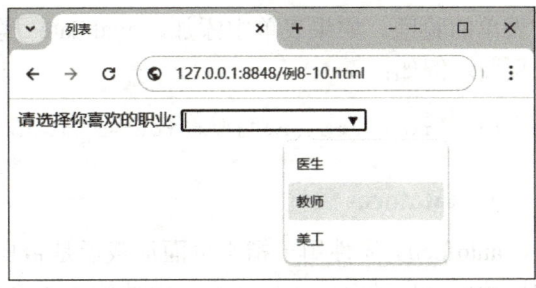

图 8-11　选择列表选项状态

11．<keygen>标签

<keygen>标签用于表单的密钥生成器，能够使用户验证更为安全、可靠。当提交表单时会生成两个键：一个是私钥，它存储在客户端；另一个是公钥，它被发送到服务器，验证用户的客户端证书。

如果新的浏览器能够对元素的支持度再增强一些，则有望使其成为一种有用的安全标准。

12．<output>标签

<output>标签与<input>标签是对应的，所以<output>主要用于不同类型的输出，显示计算结果或脚本输出。

8.4.2　新增的表单属性

1．autocomplete 属性

autocomplete 属性用于指定表单是否有自动完成功能，是 HTML5 新增的属性。"自动完成"是指将表单控件输入的内容记录下来，当再次输入时，会将输入的历史记录显示在一个下拉列表里，以实现自动输入。autocomplete 属性有 2 个值：on 表示表单有自动完成功能；off 表示表单无自动完成功能。这个属性默认为 on。

autocomplete 属性适用于 <form>，以及下列<input>类型：text、search、url、tel、email、password、date pickers、range 和 color。

例如，例 8-4 中输入 URL 地址，当光标再次聚焦于 URL 元素时，则会自动提示上次输入的 URL 地址，如图 8-12 所示。

> 微课 8-4
> 新增的表单属性

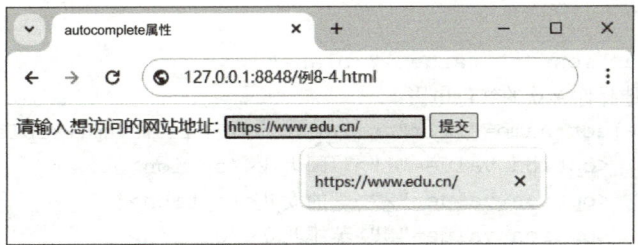

图 8-12　autocomplete 属性页面效果

2．novalidate 属性

在提交表单时取消表单检查，是 HTML5 新增的属性。为表单设置该属性时，可以关闭整个表单的验证。如果表单中添加 novalidate 属性，所有元素在提交时，将不通过验证就直接提交页面。例如：

```
<form action="#" target="_blank" method="post" novalidate="novalidate">
```

3．autofocus 属性

autofocus 属性用于指定页面加载后是否自动获取焦点。例如，在访问百度主页时，页面中的搜索框会自动获取光标焦点，以便输入关键词。

【例 8-11】 autofocus 属性的应用。代码如下：

```
<body>
    <form action="http://www.baidu.com/s" target="_blank">
        输入搜索信息：<input type="text" name="word" autofocus="autofocus" />
        <input type="submit" value="搜索">
    </form>
</body>
```

运行例 8-11，其搜索框设置了 autofocus 属性，所以，当页面预览时光标将直接聚焦到搜索框中。页面效果如图 8-13 所示。

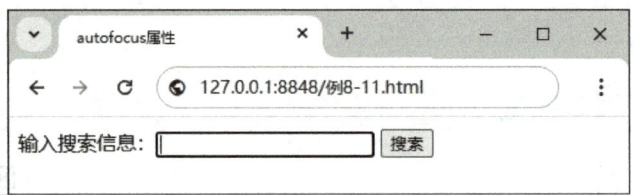

图 8-13　autofocus 属性的页面效果

4．multiple 属性

multiple 属性指定输入框可以选择多个值，该属性适用于列表框标签，也适合于 email 域和 file 域的<input>标签。multiple 属性用于 email 类型的<input>标签时，表示可以向文本框中输入多个 E-mail 地址，多个地址之间通过逗号（,）隔开；multiple 属性用于 file 类型的<input>标签时，表示可以选择多个文件。

【例 8-12】 multiple 属性的应用。代码如下：

```
<body>
    <form action="#" target="_blank">
        请选择你喜欢的红色电影：
        <select name="film" size="6" id="film" multiple="multiple">
            <option value="1">建国大业</option>
            <option value="2">党的女儿</option>
            <option value="3">英雄儿女</option>
            <option value="4">永不消逝的电波</option>
            <option value="5">建党伟业</option>
            <option value="6">我和我的祖国</option>
        </select>
```

```
        </form>
    </body>
```

运行例 8-12，其列表框设置了 multiple 属性，列表中的元素可以实现多选，页面效果如图 8-14 所示。如果删除 multiple 属性，则只能选择一项内容。

图 8-14 multiple 属性的页面效果

5. placeholder 属性

placeholder 属性用于为 input 类型的输入框提供相关提示信息，以描述输入框期待用户输入何种内容。在输入框为空时显式出现，而当输入框获得焦点时则会消失。

【例 8-13】 placeholder 属性的应用。代码如下：

```
    <body>
        <form>
            网站地址：<input type="url" name="user_url" placeholder="请输入贵校的
网址" />
            <input type="submit" value="提交"/>
        </form>
    </body>
```

运行例 8-13，页面效果如图 8-15 所示，此时"请输入贵校的网址"显示在文本框中，在光标聚焦到文本框，并输入"https://www.baidu.com/"后，提示文本自动消失，如图 8-16 所示。

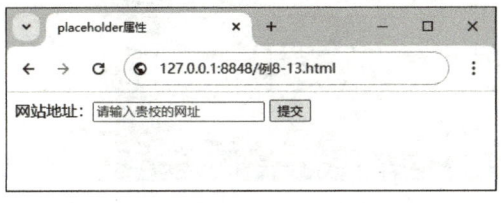

图 8-15 placeholder 属性预览效果

图 8-16 光标聚焦后的效果

6. required 属性

默认情况下，输入标签不会自动判断用户是否在输入框中输入了内容，如果开发者要求输入框的内容是必须填写的，那么需要为<input>标签指定 required 属性。required 属性用于规定输入框填写的内容不能为空，否则不允许用户提交表单。

在例 8-13 的<input>标签中添加 required 属性，当地址框为空时，单击"提交"按钮，则会出现信息提示，如图 8-17 所示。

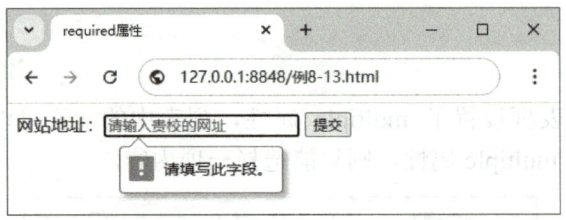

图 8-17　required 属性的使用

【任务实施】

8.5　墨竹爱好者用户注册页面

8.5.1　页面效果展示

微课 8-5
墨竹爱好者用
户注册页面

本任务主要完成墨竹爱好者用户注册页面的设计与制作，页面预览效果如图 8-18 所示。

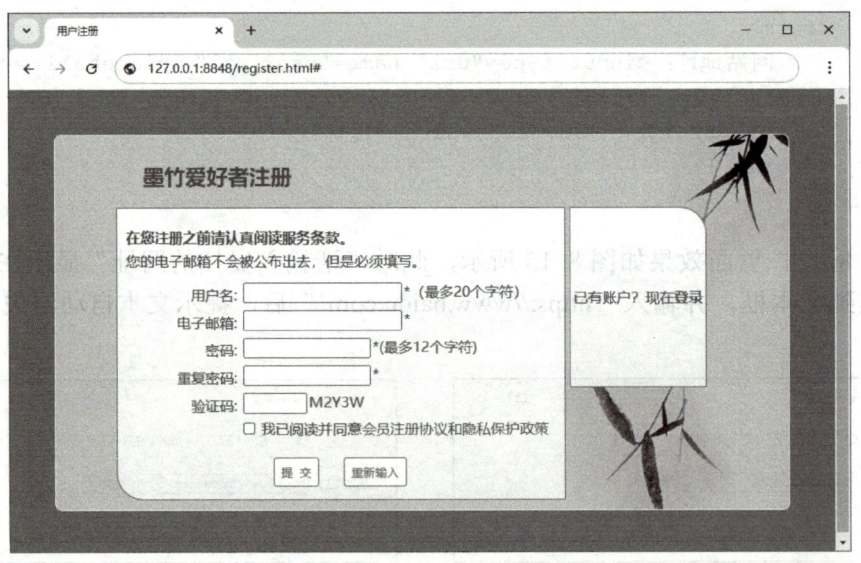

图 8-18　页面效果图

8.5.2　页面实现分析

通过图 8-18 分析，整个页面有一个大的容器，容器内部包含了标题标签<h2>和整个布局的内部容器，内层容器包含了表单，表单内部左侧容器包含了一系列表单域元素，元素外层由一个<div>容器构成，里面有<label>和<input>标签，以及说明文本，对应的结构设计如图 8-19 所示。

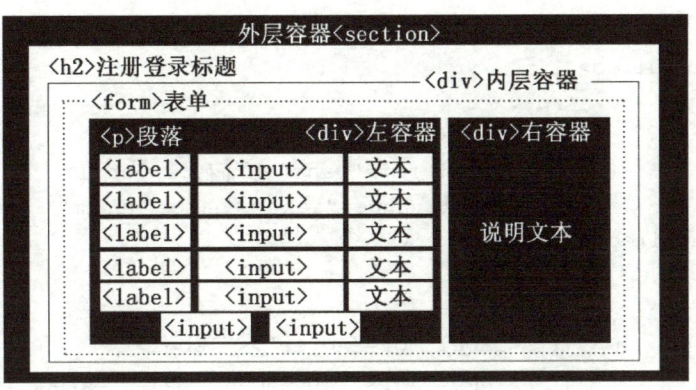

图 8-19 表单的界面与元素设计

完成项目要分为以下几步。

第一步：设计表单的 HTML 结构代码。

第二步：给表单元素设计合适的 CSS 样式表。

8.5.3 页面实现过程

1. 设计 HTML 结构代码

通过对图片的分析，设计的 HTML 代码如下。

```html
<section class="register_bk">
    <h2 class="register_text">墨竹爱好者注册</h2>
    <div class="formwrapper">
        <form action="#" method="post" name="apForm" id="apForm">
            <div class="register_left">
                <p><strong>在您注册之前请认真阅读服务条款。</strong><br />
                    您的电子邮箱不会被公布出去，但是必须填写。 </p>
                <div>
                    <label for="Name">用户名:</label>
                    <input type="text" name="Name" size="20" maxlendth="20" autofocus required>*（最多20个字符）
                </div>
                <div>
                    <label for="Email">电子邮箱:</label>
                    <input type="email" name="Email" id="Email" size="20" maxlength="40" required>*
                </div>
                <div>
                    <label for="password">密码:</label>
                    <input type="password" name="password" size="15" maxlength="12" required>*(最多12个字符)
                </div>
                <div>
                    <label for="confirm">重复密码:</label>
```

```
                    <input type="password" name="confirm" size="15" maxlength="12" required>*
                </div>
                <div>
                    <label for="yanz">验证码:</label>
                    <input type="text" name="yanzm" id="yanz" size="5" maxlength="5" required>M2Y3W
                </div>
                <div>
                    <label for="Agree"></label>
                    <input type="checkbox" name="Agree" id="Agree" value="1" required>
                    我已阅读并同意<a href="#">会员注册协议</a>和<a href="#">隐私保护政策</a>
                </div>
                <div class="enter">
                    <input name="submit1" type="submit" class="button" value="提  交" />
                    <input name="reset1" type="reset" class="button" value="重新输入" />
                </div>
            </div>
            <div class="register_right">
                <div>已有账户？现在<a href="#" title="我已经注册账户"><strong>登录</strong></a></div>
            </div>
        </form>
    </div>
</section>
```

2. CSS 样式设计

在"style"文件夹的"register.css"中添加如下代码：

```
* {                              /* 设置通用样式 */
    margin: 0;                   /* 定义所有元素外边距为 0 */
    padding: 0;                  /* 定义所有元素内边距为 0 */
}
body {                           /* 设置<body>标签的基本样式 */
    color: #8f610c;              /* 设置字体颜色 */
    background: #c0800b;         /* 设置背景颜色 */
}
a {                              /* 设置超链接<a>的基本样式 */
    color: #ff0000;              /* 设置超链接<a>字体颜色 */
    text-decoration: none;       /* 设置超链接无下画线 */
}
a:hover {                        /* 添加超链接<a>悬停状态的样式 */
    color: #c0800b;              /* 设置字体颜色 */
```

```css
}
.register_bk {                    /* 设置外层容器的基本样式 */
    width: 820px;                 /* 设置容器的宽度为 820 像素 */
    height: 420px;                /* 设置容器的高度为 420 像素 */
    background: url(../images/page_bg.jpg);   /*设置背景图片*/
    margin: 50px auto;            /* 设置上下边距为 50 像素，左右为 auto，实现水平居中 */
    border: 1px solid #FFF;       /* 设置边框为 1 像素白色实线 */
    border-radius: 8px;           /* 设置边框半径为 8 像素 */
}
.register_text {                  /* 设置注册内容标题样式 */
    margin: 30px 100px 20px;      /*设置上边距为 30 像素，左右边距为 100 像素，下边距为 20 像素 */
    color: #8f610c;               /* 设置文本颜色 */
}
.formwrapper {                    /* 设置表单容器的基本样式 */
    width: 720px;                 /* 设置容器的宽度为 720 像素 */
    height: 325px;                /* 设置容器的高度为 325 像素 */
    margin: 10px auto;            /* 设置上下边距为 10 像素，左右为 auto，实现水平居中 */
}
.formwrapper p {                  /* 设置表单容器内段落<p>的基本样式 */
    line-height: 160%;            /* 设置行高为 160% */
}
.register_left {                  /* 设置左侧容器的基本样式 */
    float: left;                  /* 设置左浮动 */
    width: 480px;                 /* 设置容器的宽度为 480 像素 */
    margin-left: 20px;            /* 设置左外边距为 20 像素 */
    padding: 10px;                /* 设置内边距为 10 像素 */
    border: 1px solid #c0800b;    /* 设置边框为 1 像素白色实线 */
    /* 设置渐变填充，从顶端方向开始，白色到浅黄色渐变 */
    background-image: -webkit-linear-gradient(to top, #FFFFFF, #fefad7);
                                  /* Chrome 浏览器兼容代码 */
    background-image: -moz-linear-gradient(to top, #FFFFFF, #fefad7);
                                  /* Firefox 浏览器兼容代码*/
    background-image: linear-gradient(to top, #FFFFFF, #fefad7);
                                  /* 设置渐变填充 */
    border-radius: 0px 0px 0px 30px;     /* 设置左下角边框半径为 30 像素 */
}
.register_left div {              /* 设置左侧容器内<div>的基本样式 */
    clear: left;                  /* 清除左浮动 */
    margin-bottom: 2px;           /* 设置底部外边距 */
}
.register_left label {            /* 设置左侧容器内标签的基本样式 */
    float: left;                  /* 设置左浮动 */
    width: 120px;                 /* 设置容器的宽度为 120 像素 */
    text-align: right;            /* 设置文本右对齐 */
    padding: 4px;                 /* 设置内边距为 4 像素 */
    margin: 1px;                  /* 设置外边距为 1 像素 */
```

```css
    }
    input {                                  /* 设置表单元素的基本样式 */
        padding: 2px;                        /* 设置内边距为 2 像素 */
        margin: 2px;                         /* 设置外边距为 2 像素 */
    }
    input:focus {                            /* 设置表单元素聚焦状态的基本样式 */
        outline: 0;                          /* 设置无外轮廓线，取消表单元素的黑边框 */
        border: 1px solid #c0800b;           /* 设置边框为 1 像素深仿古色实线 */
        background: #fefad7;                 /* 设置背景为浅黄色 */
    }
    .register_right {                        /* 设置右侧容器的基本样式 */
        float: left;                         /* 设置左浮动 */
        width: 150px;                        /* 设置容器的宽度为 150 像素 */
        height: 200px;                       /* 设置容器的高度为 200 像素 */
        line-height: 200px;                  /* 设置行高为 200 像素 */
        margin-left: 5px;                    /* 设置左外边距为 5 像素 */
        text-align: center;                  /* 设置文本水平居中 */
        border: 1px solid #c0800b;           /* 设置边框为 1 像素深仿古色实线 */
        border-radius: 0px 30px 0px 0px;     /* 设置右上角边框半径为 30 像素 */
        background-color: #FFF;              /* 设置白色背景 */
        opacity: 0.6;                        /* 设置不透明度为 0.6 */
    }
    .button {                                /* 设置按钮的基本样式 */
        margin-top: 20px;                    /* 设置上外边距为 20 像素 */
        padding: 7px;                        /* 设置内外边距为 7 像素 */
        color: #c0800b;                      /* 设置文本颜色为深仿古色 */
        border-radius: 4px;                  /* 设置边框圆角半径为 4 像素 */
        border: 1px #c0800b solid;           /* 设置边框为 1 像素深仿古色实线 */
        background-color: #fff;              /* 设置白色背景 */
    }
    .enter {                                 /* 设置<div>的样式 */
        text-align: center;                  /* 设置文本水平居中 */
    }
```

运行以上代码，页面如图 8-18 所示。

【习题与拓展实践】

1. 选择题

1）以下不是<input>在 HTML5 的新类型的是（　　）。
　　A．datetime　　　　B．file　　　　C．color　　　　D．range
2）下列（　　）属性用于控制文本框最大字符数。
　　A．<input type="text" maxlength="20">　　B．<input type="text" name="20">
　　C．<input type="text" size="20">　　　　　D．<input type="text" class="20">

3）在 HTML 中，（　　）标签用于在网页中创建表单。
　　A．<input>　　B．<select>　　C．<table>　　D．<form>

2. 拓展实践

参考某网站的会员注册页面，实现注册页面布局，效果如图 8-20 所示，然后实现登录页面布局，效果如图 8-21 所示。 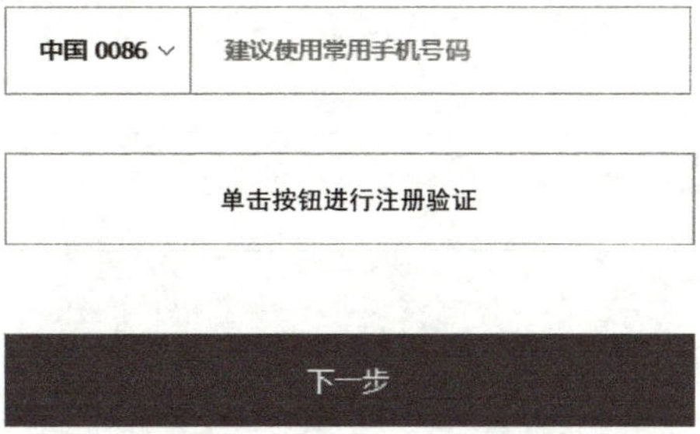

图 8-20　注册页面布局效果 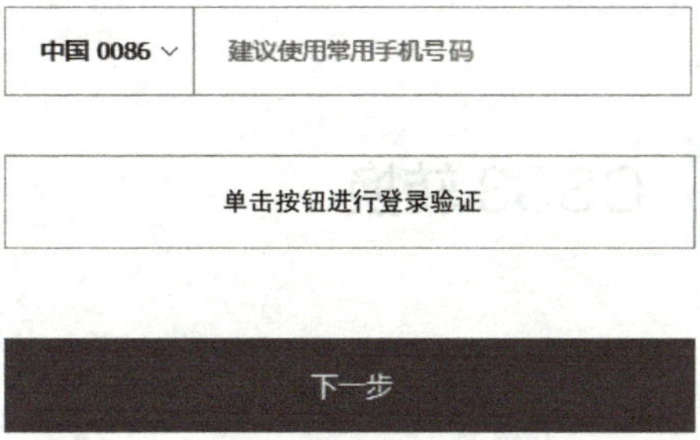

图 8-21　登录页面布局效果

任务 9　使用 CSS 实现动态效果

【知识准备】

9.1　CSS3 转换

9.1.1　transform 简介

在 CSS3 中，可以利用 transform 功能来实现文字或图像的旋转、缩放、倾斜、移动等变形处理，结合即将学习的过渡和动画属性产生一些新的动画效果。

语法：`transform:none | transform-function;`

transform 属性的默认值为 none，适用于内联元素和块级元素，表示不进行变形。transform-function 用于设置变形函数，可以是一个或多个变形函数列表。Chrome 和 Safari 浏览器需要前缀-webkit-，Firefox 浏览器需要前缀-moz-。

transform-function 常用函数如表 9-1 所示。

表 9-1　transform-function 常用函数及含义

函数名称	含义
translate( )	移动元素对象，即基于 x 和 y 坐标重新定位元素
scale( )	缩放元素对象，可以使任意元素对象尺寸发生变化，取值包括正数、负数和小数
rotate( )	旋转元素对象，取值为一个度数值
skew( )	倾斜元素对象，取值为一个度数值
matrix( )	定义矩形变换，即基于 x 和 y 坐标重新确定元素的位置

9.1.2　常用的变形方法

1. 移动方法

在 CSS3 中，使用 translate( )方法来实现图像或文字的移动。

语法：`transform: translate(x,y);`

translate( )方法示意图如图 9-1 所示。

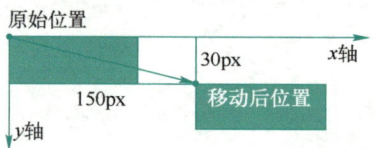

图 9-1　translate( )移动方法示意图

其中，x 指元素在水平方向上移动的距离，y 指元素在垂直方向上移动的距离。当使用一个参数时表示 x 轴上移动的距离，x 和 y 可以为负值，表示反方向移动元素。

【例 9-1】 移动方法的使用。

1）在<body>标签内定义 HTML 结构代码。代码如下：

```
<body>
    <div>梅兰竹菊</div>
</body>
```

2）在<head>标签的<style type="text/css">元素中插入 CSS 样式。代码如下：

```
<style type="text/css">
    div {                               /* 设置基本的容器样式 */
        width: 300px;                   /* 设置宽度为 300 像素 */
        text-align: center;             /* 设置文本水平居中 */
        padding: 10px;                  /* 设置内边距为 10 像素 */
        background: #f9ce21;            /* 设置背景颜色为橙色 */
        border: 4px double #b17306;     /* 设置边框为 4 像素深仿古双实线 */
    }
    div:hover {                         /* 设置基本的容器悬停样式 */
        transform: translate(150px, 30px);
                                        /*实现向右平移 150 像素，向下平移 30 像素*/
    }
</style>
```

运行例 9-1 后，页面效果如图 9-2 所示，当把光标放置到<div>上方时，<div>将实现向右平移 150 像素，向下平移 30 像素，页面效果如图 9-3 所示。为了解决不同浏览器的兼容性，自行添加-webkit-、-moz-前缀代码。

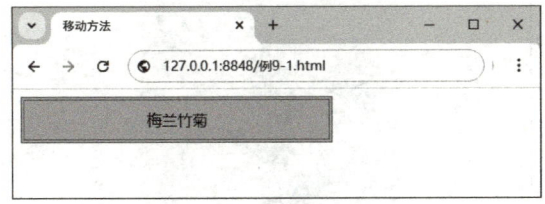

图 9-2 初始<div>元素的状态

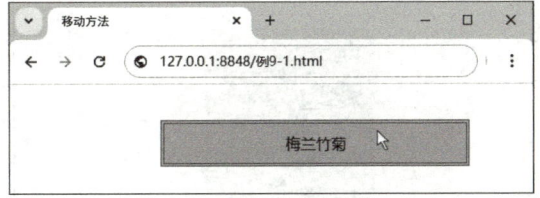

图 9-3 运用 translate()移动方法后的页面效果

2. 缩放方法

在 CSS3 中，使用 scale( )方法来实现图像或文字的缩放。

语法：`transform: scale(x,y);`

其中，x 指元素宽度的缩放比例，y 指元素高度的缩放比例。x 和 y 的取值可以是大于 1 的正数、负数和小数。大于 1 的正数表示放大。负数值不表示缩小元素，而表示翻转元素，然后再缩放元素。当使用一个参数时表示宽度和高度的缩放比例相同。

scale( )方法示意图，以 scale(-3,2)为例，如图 9-4 所示。

微课 9-2
缩放方法

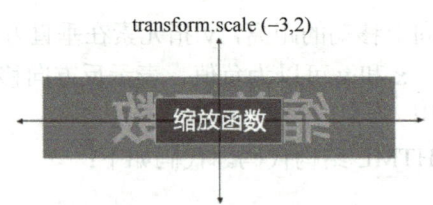

图 9-4　scale( )方法示意图

【例 9-2】　缩放方法的使用。
1）在<body>标签内定义 HTML 结构代码。代码如下：

```
<body>
    <img src="images/bamboo4.jpg" />
</body>
```

2）在<head>标签的<style type="text/css">元素中插入 CSS 样式。代码如下：

```
<style type="text/css">
    img {margin: 50px 200px;}        /* 设置图片外边距 */
    img:hover {                       /* 设置图片悬停状态的样式 */
        transform: scale(1.5, 1.5);   /* 宽度放大 1.5 倍，高度放大 1.5 倍 */
    }
</style>
```

运行例 9-2 后，页面效果如图 9-5 所示，当把鼠标放置到<img>上方时，宽度放大 1.5 倍，高度放大 1.5 倍，页面效果如图 9-6 所示。

图 9-5　初始状态的页面效果

图 9-6　运用 scale()缩放后的页面效果

3. 旋转方法

在 CSS3 中，使用 rotate( )方法来实现图像或文字的旋转。
语法：`transform: rotate (angle);`
其中，angle 指元素旋转的角度值，如果角度为正数值，则按照顺时针进行旋转，如果角度为负值，按照逆时针旋转。

rotate( )方法示意图，以 rotate(60deg)为例，如图 9-7 所示。

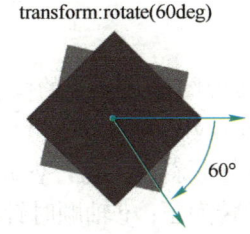

图 9-7 rotate()方法示意图

【**例 9-3**】 旋转方法的使用。

1）在\<body\>标签内定义 HTML 结构代码。代码如下：

```
<body>
    <img src="images/bamboo4.jpg" />
</body>
```

2）在\<head\>标签的\<style type="text/css"\>元素中插入 CSS 样式。代码如下：

```
<style type="text/css">
    img {                                   /* 设置图片的基本样式 */
        padding: 5px;                       /* 设置内边距为 5 像素 */
        margin: 20px 200px;    /* 设置图片上下外边距 20 像素，左右外边距 200 像素 */
        border-radius: 50%;                 /* 设置圆角边框半径 50% */
        border: 4px double #c0800b;   /* 设置边框为 4 像素深仿古色的双实线 */
        background: #ffffff;                /* 设置背景颜色为白色 */
    }
    img:hover {                             /* 设置图片悬停状态的样式 */
        transform: rotate(45deg);           /* 实现顺时针旋转 45° */
    }
</style>
```

运行例 9-3 后，页面效果如图 9-8 所示，当把鼠标放置到\<img\>上方时，实现顺时针旋转 45°，页面效果如图 9-9 所示。

图 9-8 初始状态的页面效果

图 9-9 运用 rotate()旋转后的页面效果

4. 斜切方法

在 CSS3 中，使用 skew( )方法来实现图像或文字的倾斜显示。

语法：`transform: skew (x-angle,y-angle);`

其中，x-angle 表示相对于 x 轴进行倾斜角度值，y-angle 表示相对于 y 轴进行倾斜角度值，x 轴逆时针转为正；y 轴顺时针转为正。

skew( )方法示意图，以 skew(30deg,30deg)为例，如图 9-10 所示。

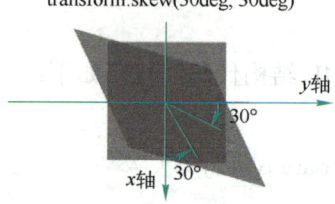

图 9-10　skew( )方法示意图

【例 9-4】 斜切方法的使用。

1) 在<body>标签内定义 HTML 结构代码。代码如下：

```
<body>
    <img src="images/bamboo4.jpg" />
</body>
```

2) 在<head>标签的<style type="text/css">元素中插入 CSS 样式。代码如下：

```
<style type="text/css">
    img {                                 /* 设置图片的基本样式 */
        margin: 50px 120px;               /* 设置图片上下外边距50像素，左右外边距120像素 */
        border: 8px double #c0800b;       /* 设置边框为8像素深仿古色双实线 */
    }
    img:hover {                           /* 设置图片悬停状态的样式 */
        transform: skew(30deg,20deg);     /*实现x轴斜切30°，y轴斜切20°*/
    }
</style>
```

运行例 9-4 后，页面效果如图 9-11 所示，当把鼠标放置到<img>上方时，实现 x 轴斜切 30°，y 轴斜切 20°，页面效果如图 9-12 所示。

5. 改变中心点

在 CSS3 中，transform 属性平移、缩放及旋转等效果，针对的元素默认都是以元素的正中心为中心点的，如果需要改变这个中心点，可以使用 transform-origin 属性。

语法：`transform-origin: x y z;`

其中，x,y,z 的默认值为 50%、50%、0，这表示元素的中心。x 表示视图被置于 x 轴的何处，可取值有 left、center、right、length，也可以使用 "%"；y 表示视图被置于 y 轴的何处，可取值有 top、center、bottom、length，也可以使用 "%"；z 表示被置于 z 轴的何处，主要使用

length。变换的中心点示意图如图 9-13 所示。

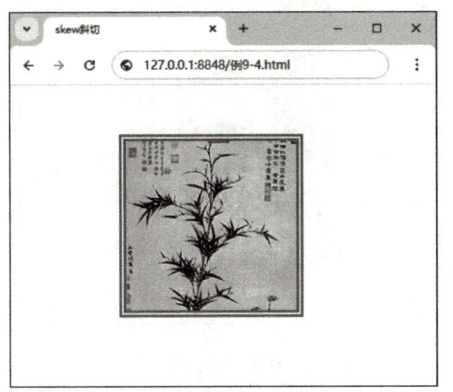

图 9-11 初始状态的页面效果

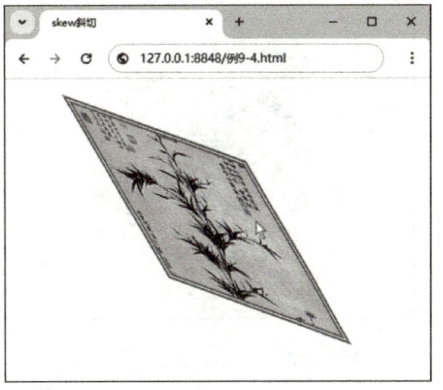

图 9-12 运用 skew() 斜切后的页面效果

图 9-13 变换的中心点示意图

除了中心点的变换外，还可以将平移、缩放及旋转等效果进行叠加。

【例 9-5】 transform 综合应用与中心点变换的使用。

1）在 `<body>` 标签内定义 HTML 结构代码。代码如下：

```
<body>
    <img src="images/bamboo4.jpg" />
</body>
```

2）在 `<head>` 标签的 `<style type="text/css">` 元素中插入 CSS 样式。代码如下：

```
<style type="text/css">
    img {                                /* 设置图片的基本样式 */
        margin: 10px 120px;              /* 设置图片上下外边距10像素，左右外边距120像素 */
        border: 8px double #c0800b;      /* 设置边框为8像素深仿古双实线 */
    }
    img:hover {                          /* 设置图片悬停状态的样式 */
        transform-origin: left top;      /* 变换中心点的为左上角 */
        transform: rotate(15deg) skew(15deg, 0) scale(1.2);
                                         /* 综合应用旋转、斜切、缩放 */
    }
</style>
```

运行例 9-5 后，页面效果如图 9-14 所示，当把鼠标放置到图片上方时，实现顺时针旋转15°，同时斜切 15°和放大 1.2 倍，页面效果如图 9-15 所示。

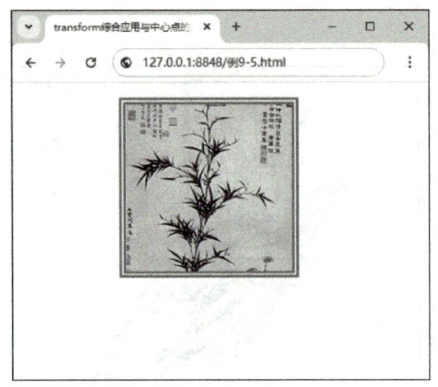
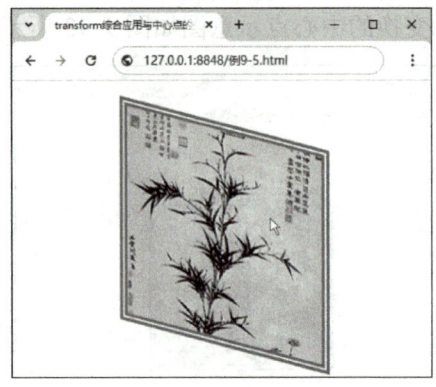

图 9-14　初始状态的页面效果　　　　图 9-15　transform 综合应用与中心点变换的效果

9.1.3　3D 变形

3D 变形中可以让元素围绕 *x* 轴、*y* 轴、*z* 轴进行旋转。

要想呈现立体透视的效果，必须使用 perspective 属性，它是透视、视角的意思。显示器中 3D 效果元素的透视点在显示器的上方，近似大家眼睛所在方位。

微课 9-6
3D 变形

1. rotateX()、rotateY()、rotateZ() 函数

3D 变形常用的函数包括 rotateX()、rotateY()、rotateZ()，元素在 3D 空间旋转的角度，如果其值为正，元素顺时针旋转，反之元素逆时针旋转。

rotateX() 函数用于指定元素围绕 *x* 轴旋转。

语法：`transform:rotateX(angle);`

rotateY() 函数用于指定元素围绕 *y* 轴旋转。

语法：`transform:rotateY(angle);`

rotateZ() 函数用于指定元素围绕 *z* 轴旋转。

语法：`transform:rotateZ(angle);`

【例 9-6】　3D 变形的效果。

1）在 `<body>` 标签内定义 HTML 结构代码。代码如下：

```
<body>
    <div>
        <img id="img1" src="images/bamboo0.jpg" />
    </div>
    <div>
        <img id="img2" src="images/bamboo0.jpg" />
    </div>
    <div>
        <img id="img3" src="images/bamboo0.jpg" />
    </div>
</body>
```

2）在<head>标签的<style type="text/css">元素中插入 CSS 样式。代码如下：

```css
<style type="text/css">
    div {                                       /* 设置容器的基本样式 */
        float: left;                            /* 设置左浮动 */
        width: 220px;                           /* 设置宽度为220像素 */
        height: 160px;                          /* 设置高度为160像素 */
        margin: 20px;                           /* 设置外边距为20像素 */
        padding: 20px;                          /* 设置内边距为20像素 */
        border: 4px double #c0800b;             /* 设置边框为4像素深仿古双实线 */
        box-shadow: 10px 0px 10px 5px #d2d0cd;  /* 设置容器的阴影 */
        perspective: 800px;                     /* 设置透视距离为800像素的视角 */
    }
    img {                                       /* 设置图片的基本样式 */
        width: 200px;                           /* 设置宽度为200像素 */
        padding: 5px;                           /* 设置内边距为5像素 */
        border: 4px double #c0800b;             /* 设置边框为4像素深仿古双实线 */
        background-color: #ffffff;              /* 设置背景为白色 */
        box-shadow: 5px 5px 5px 0px #d2d0cd;    /* 设置容器的阴影 */
    }
    #img1 {                                     /* 为图片定制样式1 */
        transform: rotateX(30deg);              /*元素围绕x轴旋转30°*/
    }
    #img2 {                                     /* 为图片定制样式2 */
        transform: rotateY(30deg);              /*元素围绕y轴旋转30°*/
    }
    #img3 {                                     /* 为图片定制样式3 */
        transform: rotateZ(30deg);              /*元素围绕z轴旋转30°*/
    }
</style>
```

运行例 9-6 后，页面效果如图 9-16 所示。

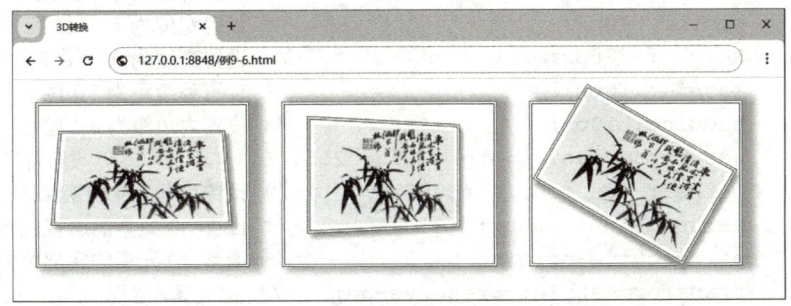

图 9-16　3D 转换的页面效果

例 9-6 中，第 1 个 img 元素，图片沿着 x 轴旋转 30°的效果；第 2 个 img 元素，图片沿着 y 轴旋转 30°的效果；第 3 个 img 元素，图片沿着 z 轴旋转 30°的效果。

从视觉角度上看，rotate()函数与 rotateZ()函数实现的效果相同，不同的是 rotate()函数是在 2D 平面上的旋转，而 rotateZ()函数是在 3D 空间上旋转。

可以将"perspective:800px"和"transform: rotateX(30deg)"整合为一行代码，以复合属性的方式呈现。例如：

```
transform: perspective(800px) rotateX(30deg);
```

2. 3D 变形及 transform 的转换属性

在 3D 空间，3 个维度也就是 3 个坐标，及长、宽、高。轴的旋转是围绕一个[x,y,z]向量并经过元素原点。

语法：`transform:rotate3d(x,y,z,angle);`

语法中，x，y，z 分别代表横向、纵向、z 轴坐标位移向量的长度。可以变换理解方式：x，y，z 为 0 时代表不旋转，为 1 时代表旋转。angle 表示角度值。

例如："transform:rotate3d(1,0,0,45deg);"表示沿着 x 轴旋转 45°。

此外，在使用 3D 变形时，会经常用到 perspective-origin 属性。perspective-origin 主要设置一个 3D 元素的底部位置，默认就是所看舞台或元素的中心，与 transform-origin 属性类似，所以，取值也与 transform-origin 类似。

transform-style 属性也是 3D 效果中经常使用的，其两个参数为 flat 和 preserve-3d。前者为默认值，表示平面；后者表示 3D 透视。

【例 9-7】 3D 转换的效果。

1）在<body>标签内定义 HTML 结构代码。代码如下：

```
<body>
    <div>
        <img src="images/bamboo6.jpg" />
    </div>
</body>
```

2）在<head>标签的<style type="text/css">元素中插入 CSS 样式。代码如下：

```
<style type="text/css">
    div {                                      /* 设置容器的基本样式 */
        width: 640px;                          /* 设置宽度为 640 像素 */
        height: 280px;                         /* 设置高度为 280 像素 */
        margin: 10px;                          /* 设置外边距为 10 像素 */
        padding: 10px;                         /* 设置内边距为 10 像素 */
        background-color: rgba(255, 255, 0, 0.5);   /*设置背景为黄色半透明 */
        border: 4px double #c0800b;            /* 设置边框为 4 像素深仿古双实线 */
        perspective: 800px;                    /* 设置 3D 元素的透视视角 */
        perspective-origin: 0% 0%;             /* 调整 3D 元素的底部位置 */
        transform-style: preserve-3d;          /* 定义 3D 透视 */
    }
    img {                                      /* 设置图片的基本样式 */
        width: 640px;                          /* 设置宽度为 640 像素 */
        border: 1px double #c0800b;            /* 设置边框为 1 像素深仿古色双实线 */
        transform: rotateX(45deg);             /* 元素围绕 x 轴旋转 45° */
    }
</style>
```

运行例 9-7 后，页面效果如图 9-17 所示。

图 9-17　3D 页面透视效果

此外，转换的属性还有 backface-visibility，这个属性主要定义元素在不面对屏幕时是否可见。为了切合实际，常会设置元素不可见，例如"backface-visibility:hidden;"。

CSS3 中还有一些其他的 3D 变形方法，如表 9-2 所示。

表 9-2　3D 变形函数及其含义

函数名称	含义
translate3d(x,y,z)、translateZ(z)	定义 3D 位移转换
scale3d(x,y,z)、scaleZ(z)	定义 3D 缩放转换
rotate3d(x,y,z,angle)、rotateX(angle)、rotateY(angle)、rotateZ(angle)	定义 3D 旋转
perspective(n)	定义 3D 转换元素的透视图
matrix3d (n,n,n,n,n,n,n,n,n,n,n,n,n,n,n,n)	定义 3D 转换，使用 16 个值的 4×4 矩阵

9.2　过渡（transition）

9.2.1　transition 功能介绍

在 CSS3 中，可以利用 transition 实现元素从一种样式转变为另一种样式时添加效果，如渐显、渐弱、动画快慢等。

过渡属性主要包括 transition-property、transition-duration、transition-timing-function、transition-delay，属性的名称与含义如图表 9-3 所示。

表 9-3　过渡属性名称及其含义

属性名称	含义
transition-property	规定应用过渡的 CSS 属性名称
transition-duration	定义过渡效果花费的时间。默认是 0
transition-timing-function	规定过渡效果的时间曲线。默认是 "ease"
transition-delay	规定过渡效果何时开始。默认是 0
transition	简写属性，用于在一个属性中设置 4 个过渡属性

9.2.2 过渡属性的应用

1. transition-property 属性

transition-property 属性用于指定应用过渡效果的 CSS 属性名称，其过渡效果通常在用户将指针移动到元素上时触发。当指定的 CSS 属性改变时，过渡效果才开始。

语法：`transition-property:none | all | property;`

其中，none 表示没有属性会获得过渡效果；all 表示所有属性都将获得过渡效果；property 表示定义应用过渡效果的 CSS 属性名称，多个名称之间以逗号分隔。

2. transition-duration 属性

transition-duration 属性用于定义过渡效果所花费的时间，默认值为 0，常用单位是秒（s）或毫秒（ms）。

语法：`transition-duration:time;`

【例 9-8】过渡属性。

1) 在<body>标签内定义 HTML 结构代码。代码如下：

```
<body>
    <div>
        <img src="images/bamboo6.jpg" />
    </div>
</body>
```

2) 在<head>标签的<style type="text/css">元素中插入 CSS 样式。代码如下：

```
<style type="text/css">
    img {                                 /* 设置图片的基本样式 */
        display: block;                   /* 转换为块级元素 */
        height: 200px;                    /* 设置高度为 200 像素 */
        padding: 10px;                    /* 设置内边距为 10 像素 */
        margin: 20px auto;    /* 设置上下外边距为20 像素，左右为 auto，水平居中 */
        border: 4px double #c0800b;       /* 设置边框为 4 像素深仿古色双实线 */
        opacity: 0.5;                     /* 定义不透明度为 0.5 */
        transition-property: opacity;     /* 设置过渡属性为 opacity */
        transition-duration: 2s;          /* 设置过渡动画持续时间为 2s */
    }
    img:hover {                           /* 设置图片悬停状态的样式 */
        opacity: 1;                       /* 定义完全不透明 */
    }
</style>
```

运行例 9-8 后，页面效果如图 9-18 所示，当鼠标悬停于图片上方时，图片会由不透明逐步清晰显示，持续时间为 2s，最终状态如图 9-19 所示。

3. transition-timing-function 属性

transition-timing-function 属性规定过渡效果的速度曲线，默认值为"ease"。

语法：`transition-timing-function:linear|ease ease-in|ease-out|ease-in-out|cubic-bezier(n,n,n,n);`

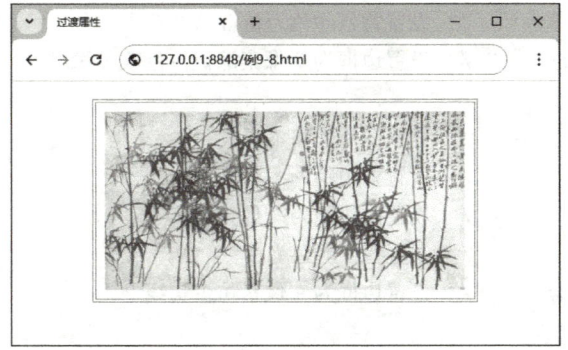

图 9-18　过渡过程中图片效果

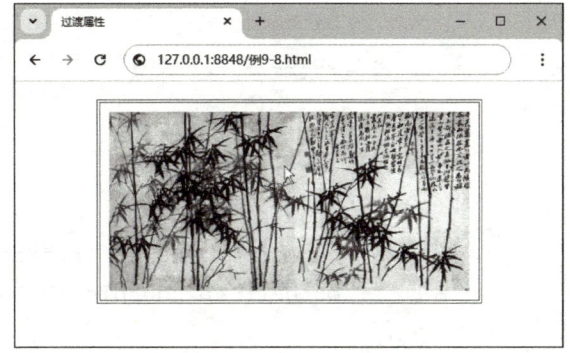

图 9-19　过渡完成后的效果

本属性的取值较多，属性取值及含义如表 9-4 所示。

表 9-4　transition-timing-function 属性取值及含义

属性取值	含义
linear	指定以相同速度（匀速）从开始至结束的过渡效果
ease	指定以慢速开始，然后加快，最后缓慢结束的过渡效果
ease-in	指定以慢速开始，然后逐渐加快
ease-out	指定以慢速结束的过渡效果
ease-in-out	指定以慢速开始和结束的过渡效果
cubic-bezier(n,n,n,n)	定义用于加速或减速的贝塞尔曲线的形状，取值在 0~1 之间

4．transition-delay 属性

transition-delay 属性规定过渡效果何时开始，默认值为 0，常用单位是秒（s）或毫秒（ms）。

语法：`transition-delay:time;`

transition-delay 的属性值可以为正整数、负整数和 0。当设置为负数时，过渡动作会从该时间点开始，之前的动作被截断；设置为正数时，过渡动作会被延迟触发。

【例 9-9】过渡属性。

1）在 \<body\> 标签内定义 HTML 结构代码。代码如下：

```
<body>
    <div>
        <img src="images/bamboo5.jpg" />
    </div>
</body>
```

2）在 \<head\> 标签的 \<style type="text/css"\> 元素中插入 CSS 样式。代码如下：

```
<style type="text/css">
    div {                           /* 设置容器的基本样式 */
        width: 260px;               /* 设置宽度为260像素 */
        text-align: center;         /* 设置文本水平居中 */
        padding: 10px;              /* 设置内边距为10像素 */
```

```
            background-color:#bb7005;         /* 设置背景颜色为仿古色 */
            border: 8px solid #7b4a05;        /* 设置边框为8像素深仿古色双实线 */
        }
        img {                                  /* 设置图片的基本样式 */
            margin: 5px;                       /* 设置外边距为5像素 */
            padding: 8px;                      /* 设置内边距为8像素 */
            background-color: #ffffff;         /* 设置背景颜色为白色 */
            border: 4px double #bb7005;        /* 设置边框为4像素仿古实线 */
        }
        div:hover {                            /* 设置容器悬停状态的样式 */
            transform: translate(300px, 100px) rotate(360deg);
                                               /* 设置向右下移动，旋转360° */
            transition-property: transform;    /* 设置动画过渡属性为transform */
            transition-duration: 4s;           /* 设置动画过渡时间为4s */
            transition-timing-function: ease-in-out;
                                               /* 设置动画慢速开始和结束 */
            transition-delay: 1s;              /* 设置动画延迟触发时间为1s */
        }
    </style>
```

运行例 9-9，页面效果如图 9-20 所示，当鼠标放置在 div 元素上方时，元素并不会马上执行动画效果，1s 后 div 元素开始移动，运行中状态如图 9-21 所示，动画完成后的状态如图 9-22 所示。

图 9-20　元素动画开始　　　图 9-21　元素动画中间某时刻　　　图 9-22　元素动画过渡完成后

5. transition 属性

transition 属性是一个复合属性，用于在一个属性中设置 transition-property、transition-duration、transition-timing-function、transition-delay 共 4 个过渡属性。

语法：`transition : transition-property transition-duration transition-timing-function transition-delay;`

语法中，在使用 transition 属性设置多个过渡效果时，它的各个参数必须按照顺序进行定义。无论是单个属性还是简写属性，使用时都可以实现多个过渡效果。

例如，例 9-9 中动画的 4 个过渡效果可以修改为：

```
transition:transform 4s ease-in-out 1s;
```

为了不同浏览器的兼容性，以 Safari 和 Chrome 浏览器兼容代码为例：

```
-webkit-transition:-webkit-transform 4s ease-in-out 1s;
```

如果使用 transition 简写属性设置多种过渡效果，需要为每个过渡属性集中指定所有的值，并且使用逗号进行分隔。

【例 9-10】 过渡属性的使用。

1）在<body>标签内定义 HTML 结构代码。代码如下：

```
<body>
    <div>
        <img src="images/bamboo.jpg" />
    </div>
</body>
```

2）在<head>标签的<style type="text/css">元素中插入 CSS 样式。代码如下：

```
<style type="text/css">
    img {                                    /* 设置图片的基本样式 */
        display: block;                      /* 转换为块级元素 */
        padding: 8px;                        /* 设置内边距为 8 像素 */
        margin: 30px auto;    /* 设置上下外边距为 30 像素，左右为 auto，实现水平居中 */
        border: 8px double #bb7005;          /* 设置边框为 8 像素深仿古双实线 */
        background-color: #eed778;           /* 设置背景为浅仿古色 */
        opacity: 0.8;                        /* 定义不透明度为 0.8 */
        transition: opacity 3s ease-out, border-radius 3s ease-out;
                                             /*复合属性设置*/
    }
    img:hover {                              /* 设置图片悬停状态的样式 */
        opacity: 1;                          /* 定义完全不透明 */
        border-radius: 50%;                  /* 定义圆角边框半径为 50%，实现圆形 */
    }
</style>
```

运行例 9-10 后，页面效果如图 9-23 所示，当鼠标放置在图片上方时，图片会淡出显示，同时圆角半径也会逐渐增大，中间动画效果如图 9-24 所示，动画完成时的最终状态如图 9-25 所示。

图 9-23 动画的初始状态

图 9-24 中间动画效果

图 9-25 动画完成时的效果

9.3 动画（animation）

9.3.1 动画的基本定义与调用

动画是使元素从一种样式逐渐变化为另一种样式的效果。CSS3 中主要运用 @keyframes 关键帧和 animation 相关属性来实现。@keyframes 用来定义动画，animation 将定义好的动画绑定到特定元素，并定义动画时长、重复次数等相关属性。

微课 9-8
animation

1. @keyframes 的使用方法

语法：

```
@keyframes animationname{
    keyframes-selector{ CSS-styles; }
}
```

其中，animationname 表示动画名称，动画必须具有名称，不能重名，它是动画引用时的唯一标识。keyframes-selector 是关键帧选择器，表示指定当前关键帧要应用到整个动画过程中的位置，通常通过百分比去表达，还可以使用 from 或 to 表示，from 表示动画的开始，相当于 0%，to 表示动画的结束，相当于 100%。CSS-styles 表示执行到当前关键帧时对应的动画状态。

例如：

```
@keyframes myanimation{        /* 定义动画，命名为myanimation */
    0%{width:20px;}            /* 定义动画开始时的状态，元素宽为20像素 */
    100%{width:300px;}         /* 定义动画结束时的状态，元素宽为300像素 */
}
```

这段代码定义了一个名为"myanimation"的动画，该动画在开始时的状态，定义了元素宽为 20 像素，动画结束时的状态，定义了元素宽为 300 像素。这段代码等同于：

```
@keyframes myanimation{        /* 定义动画，命名为myanimation */
    from{width:20px;}          /* 定义动画开始时的状态，元素宽为20像素 */
    to{width:300px;}           /* 定义动画结束时的状态，元素宽为300像素 */
}
```

2. 动画的调用

当在 @keyframes 中创建动画时，需把它捆绑到某个选择器，否则不会产生动画效果。通过规定至少两项 CSS3 动画属性（animation-name 和 animation-duration），即可将动画绑定到选择器。

animation-name 属性用于定义要应用的动画名称，为 @keyframes 动画规定名称。

语法：`animation-name:keyframename | none;`

其中，keyframename 参数用于规定需要绑定到选择器的 keyframe 的名称，如果值为 none，则表示不应用任何动画，通常用于覆盖或取消动画。

用户需要始终规定 animation-duration 属性，否则时长为 0，就不会播放动画了。

animation-duration 属性用于定义整个动画效果完成的时间，以秒或毫秒计。

语法：`animation-duration:time;`

其中，animation-duration 属性初始值为 0，time 多数是以秒（s）或毫秒（ms）为单位的时间，默认值为 0，表示没有任何动画效果。

【例 9-11】 animation 的使用。

1）在<body>标签内定义 HTML 结构代码。代码如下：

```
<body>
    <div>
        <img src="images/bamboo6.jpg" />
    </div>
</body>
```

2）在<head>标签的<style type="text/css">元素中插入 CSS 样式。代码如下：

```
<style type="text/css">
    img {                                     /* 设置图片的基本样式 */
        display: block;                       /* 转换为块级元素 */
        margin: 20px auto;    /* 设置上下外边距为20像素，左右为auto，实现水平居中 */
        padding: 10px;                        /* 设置内边距为10像素 */
        border: 4px double #bb7005;           /* 设置边框为4像素仿古双实线 */
        animation-name: enlarge1;             /* 定义要使用的动画名称*/
        -webkit-animation-name: enlarge1;     /* Safari 和 Chrome 浏览器兼容代码 */
        animation-duration: 5s;               /* 定义动画持续时间 */
        -webkit-animation-duration: 5s;       /* Safari 和 Chrome 浏览器兼容代码 */
    }
    @keyframes enlarge1 {    /* 定义动画，命名为 enlarge1 */
        from {           /* 定义动画开始状态，元素宽度为0像素，透明度为0.2 */
            width: 0;                         /* 设置宽度为0像素 */
            opacity: 0.2;                     /* 设置不透明度为0.2 */
        }
        to {             /* 定义动画结束状态，元素宽度为600像素，透明度为1 */
            width: 600px;                     /* 设置宽度为600像素 */
            opacity: 1;                       /* 设置不透明度为1 */
        }
    }
    @-webkit-keyframes enlarge1 { /*定义动画，Safari 和 Chrome 浏览器兼容代码*/
        from {  /* 定义动画开始状态，元素宽度为0像素，透明度0.2 */
            width: 0;                         /* 设置宽度为0像素 */
            opacity: 0.2;                     /* 设置不透明度为0.2 */
        }
        to {  /* 定义动画结束状态，元素宽度为600像素，透明度1*/
            width: 600px;                     /* 设置宽度为600像素 */
            opacity: 1;                       /* 设置不透明度为1 */
```

```
            }
        }
    </style>
```

运行例 9-11 后,页面中动画的初始状态如图 9-26 所示,随着动画的执行,5s 后动画完成,最终状态如图 9-27 所示。

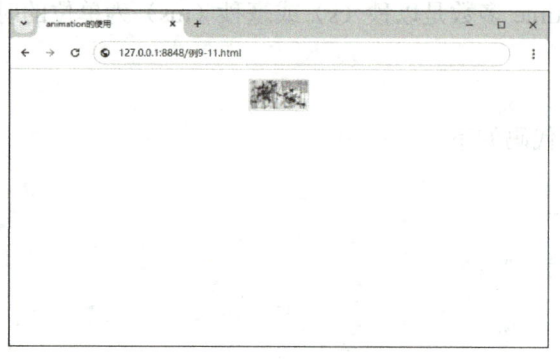

图 9-26 初始动画效果

图 9-27 动画完成时的效果

9.3.2 animation 的其他属性

除了 animation-name 和 animation-duration 两个属性外,还需要学习其他的几个属性。

1. animation-timing-function 属性

animation-timing-function 用来规定动画的速度曲线,定义使用哪种方式执行动画效果。

语法:`animation-timing-function:linear|ease ease-in|ease-out|ease-in-out|cubic-bezier(n,n,n,n);`

本属性的取值较多,属性值及含义与 transition-timing-function 属性的取值类似。

2. animation-delay 属性

animation-delay 属性用于定义执行动画效果之前等待的时间,即规定动画的开始时间。

语法:`animation-delay:time;`

其中,参数 time 单位是 s 或 ms,默认属性值为 0,animation-delay 属性适用于所有的块级元素和行内元素。

3. animation-iteration-count 属性

animation-iteration-count 属性用于定义动画的播放次数。

语法:`animation-iteration-count:number | infinite;`

其中,animation-iteration-count 属性初始值为 1,也就是动画只播放一次,适用于所有的块级元素和行内元素。如果属性值为 number,则用于定义播放动画的次数;如果是 infinite(无限的,无穷的),则指定动画循环播放。

4. animation-direction 属性

animation-direction 属性定义当前动画播放的方向,即动画播放完成后是否逆向交替循环。

语法:`animation-direction:normal | alternate;`

其中，animation-direction 属性初始值为 normal，适用于所有的块级元素和行内元素。默认值 normal 表示动画正常显示。如果属性值是 alternate，则实现逆向播放。

5．animation-play-state 属性

animation-play-state 属性规定动画是否正在运行或暂停。

语法：`animation-play-state: paused | running;`

其中，paused 表示动画已暂停；running 规定动画正在播放。animation-play-state 属性默认值是 running。

6．animation-fill-mode 属性

animation-fill-mode 属性规定动画在播放之前或之后，其动画效果是否可见。

语法：`animation-fill-mode: none | forwards | backwards | both;`

其中，none 表示不设置结束之后的状态，默认情况下回到初始状态；forwards 表示将动画元素设置为整个动画结束时的状态；backwards 明确设置动画结束之后回到初始状态；both 表示设置为结束或开始时的状态。

例如，动画执行完成后，不用保持在最后的状态，而是回到初始状态，这是默认的 none 所致，如果给元素添加以下代码：

```
animation-fill-mode:forwards;               /*规定动画结束后的状态*/
-webkit-animation-fill-mode:forwards;       /*Safari 和 Chrome 浏览器兼容代码*/
```

则在动画结束时保持动画结束时的状态，即"to"或"100%"的状态。

7．animation 属性

animation 属性是一个复合属性。

语法：`animation: animation-name animation-duration animation-timing-function animation-delay animation-iteration-count animation-direction;`

其中，使用 animation 属性时必须指定 animation-name 和 animation-direction 属性，如果持续的时间为 0，则不会播放动画。其他属性设置可以省略。

除了 animation-play-state 属性，所有动画属性都可以使用 animation 简写属性。

此外，还可以实现分步过渡，添加 steps(n) 函数来实现。

例如，使用 animation 属性表达的方式如下：

```
animation: logorotate 5s ease-out 2s infinite alternate;  /*定义动画复合属性*/
animation-play-state: paused;                  /*定义动画运行状态*/
/*Safari 和 Chrome 浏览器兼容代码定义动画复合属性*/
-webkit-animation: logorotate 5s ease-out 2s infinite alternate;
-webkit-animation-play-state: paused;          /*定义动画运行状态*/
```

【例 9-12】 animation 属性的使用。

1）在<body>标签内定义 HTML 结构代码。代码如下：

```
<body>
    <div class="mr-out">
        <div class="mr-in">
```

```html
            <img src="images/banner1.jpg" >
            <img src="images/banner2.jpg" >
            <img src="images/banner3.jpg" >
            <img src="images/banner4.jpg" >
        </div>
    </div>
</body>
```

2）在\<head\>标签的\<style type="text/css"\>元素中插入 CSS 样式。代码如下：

```css
    <style type="text/css">
        body {                                  /* 设置<body>的基本样式 */
            background-color: #f6d6a7;          /* 设置背景浅仿古色 */
        }
        .mr-out {                               /* 外层轮播容器 */
            width: 1144px;                      /* 设置宽度为 1140 像素 */
            height: 316px;                      /* 设置高度为 316 像素 */
            margin: 0 auto;   /* 设置上下外边距为 0 像素，左右 auto，实现水平居中 */
            border: 6px double #bb7005;         /* 设置边框为 6 像素仿古色双实线 */
            overflow: hidden;                   /* 设置溢出隐藏 */
        }
        .mr-in {                                /* 内层轮播容器 */
            width: 4584px;                      /* 设置宽度为 4584 像素 */
            height: 300px;                      /* 设置高度为 300 像素 */
            animation: carousel 20s linear infinite;    /* 设置动画复合属性 */
            -webkit-animation: carousel 20s linear infinite;
                        /* Safari 和 Chrome 浏览器兼容代码 */
        }
        img {                                   /* 内层轮播图片 */
            display: block;                     /* 转换为块级元素 */
            float: left;                        /* 设置左浮动 */
            padding: 10px;                      /* 设置内边距为 10 像素 */
            margin-left: 0;                     /* 设置左外边距为 0 像素 */
            width: 1126px;                      /* 设置宽度为 1126 像素 */
            height: 296px;                      /* 设置高度为 296 像素 */
            background-color: #ffffff;          /* 设置背景为白色 */
        }
        @keyframes carousel {  /* 轮播动画 */
            0% {margin-left: 0;}              /* 0%时，左外边距定位在 0 像素的位置 */
            20% {margin-left: 0;}             /* 20%时，左外边距定位在 0 像素的位置 */
            25% {margin-left: -1146px;}       /* 25%时，左外边距定位在-1146 像素的位置 */
            45% {margin-left: -1146px;}       /* 45%时，左外边距定位在-1146 像素的位置 */
            50% {margin-left: -2292px;}       /* 50%时，左外边距定位在-2292 像素的位置 */
            65% {margin-left: -2292px;}       /* 65%时，左外边距定位在-2292 像素的位置 */
            70% {margin-left: -3438px;}       /* 70%时，左外边距定位在-3438 像素的位置 */
            100% {margin-left:-3438px;}       /* 100%时，左外边距定位在-3438 像素的位置 */
        }
    </style>
```

运行例 9-12，页面 4 张图片将循环滚动，形成轮播效果，其中部分轮播图如图 9-28 和图 9-29 所示。

图 9-28　轮播图的页面效果 1

图 9-29　轮播图的页面效果 2

【任务实施】

9.4 墨竹名家作品展示页面设计实现

9.4.1 页面效果展示

本任务主要完成墨竹名家作品展页面设计与制作，整体设计效果如图 9-30 所示。

微课 9-9
墨竹名家作品展示页面设计实现

图 9-30　页面效果展示

9.4.2 页面实现分析

根据图 9-30 的界面分析，墨竹名家作品展页面的 HTML 结构设计示意图如图 9-31 所示。

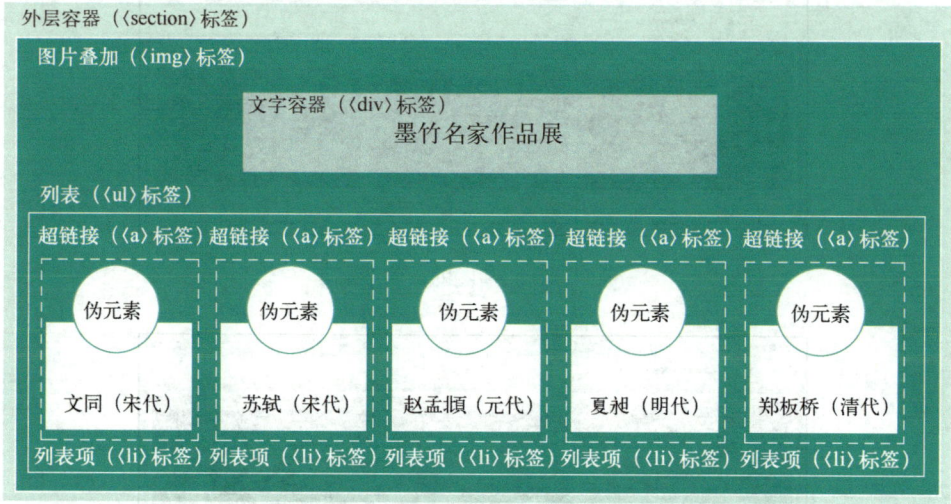

图 9-31　模块的界面与元素设计

本节设置了几种图片的动画效果，通过单击超链接（<a>标签）触发动画效果。

9.4.3 页面实现过程

1. 设计页面的 HTML 结构代码

依据图 9-31 中的任务分析，HTML 代码结构如下。

```
<body>
    <section>
        <div id="wy">墨竹名家作品展</div>
        <ul class="slider">
            <li><a href="#bg1">文同（宋代）</a></li>
            <li><a href="#bg2">苏轼（宋代）</a></li>
            <li><a href="#bg3">赵孟頫（元代）</a></li>
            <li><a href="#bg4">夏昶（明代）</a></li>
            <li><a href="#bg5">郑板桥（清代）</a></li>
        </ul>
        <img src="images/1.jpg" class="bg slideLeft" id="bg1" />
        <img src="images/2.jpg" class="bg slideBottom" id="bg2" />
        <img src="images/3.jpg" class="bg zoomIn" id="bg3" />
        <img src="images/4.jpg" class="bg zoomOut" id="bg4" />
        <img src="images/5.jpg" class="bg rotate" id="bg5" />
    </section>
</body>
```

2. 使用 CSS 实现动画效果

针对 HTML 结构，编写基于 HTML 的基本 CSS 样式，代码如下。

```css
* {                                          /* 通用样式 */
    margin: 0;                               /* 设置外边距为 0 像素 */
    padding: 0;                              /* 设置内边距为 0 像素 */
    border: 0;                               /* 设置边框为 0 像素 */
}
#wy{                                         /* 设置外层容器的基本样式 */
    position: absolute;                      /* 设置绝对定位 */
    top: 120px;                              /* 设置上偏移 120 像素 */
    left: 50%;                               /* 设置左偏移 50% */
    transform: translate(-50%, -50%) !important;  /* 水平、垂直方向各移动 50% */
    z-index: 180;                            /* 设置 z-index 的值为 180 */
    width: 600px;                            /* 设置宽度为 600 像素 */
    height: 100px;                           /* 设置高度为 100 像素 */
    font-size: 80px;                         /* 设置文字大小为 80 像素 */
    text-align: center;                      /* 设置文字水平居中 */
    color: #b46908;                          /* 设置文字颜色为仿古色 */
    background-color: #ffffff;               /* 设置背景为白色 */
    border: 4px double #b46908;              /* 设置边框为 4 像素深仿古色双实线 */
    opacity: 0.9;                            /* 设置不透明度为 0.9 */
}
ul{list-style:none;}                         /* 设置列表无样式 */
a {text-decoration: none;}                   /* 设置文字无下画线 */
img.bg {                                     /* 控制背景图片的样式 */
    width: 100%;                             /* 设置宽度为 100% */
    min-width: 1024px;                       /* 设置最小宽度为 1024 像素 */
    height: auto;                            /* 设置高度为 auto */
    position: fixed;                         /* 固定定位 */
    z-index: 1;                              /* 设置 z-index 层叠等级为 1 */
}
.slider {                                    /* 设置整体画家图标的容器 */
    position: absolute;                      /* 设置绝对定位 */
    bottom: 100px;                           /* 距离底部 100 像素 */
    width: 100%;                             /* 设置宽度为 100% */
    text-align: center;                      /* 设置文字水平居中 */
    z-index: 101;                            /* 设置 z-index 层叠等级为 101 */
}
.slider li {                                 /* 整体控制每个画家图标的列表样式 */
    display: inline-block;                   /* 将块级元素转为行内块级元素 */
    width: 170px;                            /* 设置宽度为 170 像素 */
    height: 110px;                           /* 设置高度为 110 像素 */
    margin-right: 15px                       /* 设置右外边距为 15 像素 */
}
.slider a {                                  /* 设置每个画家图标的圆角矩形 */
    display: inline-block;                   /* 设置为行内块级元素 */
    position: relative;                      /* 相对定位 */
    width: 170px;                            /* 设置宽度为 170 像素 */
    font-size: 20px;                         /* 设置字体大小为 20 像素 */
```

```
        color: #b46908;                      /* 设置文字为深仿古色 */
        padding-top: 60px;                   /* 设置上内边距为 60 像素 */
        padding-bottom: 10px;                /* 设置下内边距为 10 像素 */
        border: 4px double #b46908;          /* 设置边框为 4 像素深仿古色双实线 */
        border-radius: 65px;                 /* 设置圆角边框半径为 65 像素 */
    }
    .slider li a{background-color: #ffffff;} /* 控制超链接的背景为白色 */
```

运行代码，页面效果如图 9-32 所示。

图 9-32　应用 CSS 后的页面效果

3．使用 CSS 为超链接添加伪元素及样式

针对列表项超链接<a>的具体内容，使用 CSS 为其添加伪元素，代码如下。

```
    .slider a::after {                       /* 使用 after 伪元素在<a>标签之后插入内容*/
        content: "";                         /* 设置内容为空 */
        display: block;                      /* 设置为块级元素 */
        width: 120px;                        /* 设置宽度为 120 像素 */
        height: 120px;                       /* 设置高度为 120 像素 */
        position: absolute;                  /* 绝对定位 */
        left: 50%;                           /* 设置左偏移 50% */
        top: -80px;                          /* 设置上偏移-80 像素 */
        z-index: 200;                        /* 设置 z-index 层叠等级为 200 */
        margin-left: -60px;                  /* 设置左外边距为-60 像素 */
        border: 6px double #fff;             /* 设置边框为 6 像素白色双实线 */
        border-radius: 50%;                  /* 设置圆角边框半径为 50%，为圆形 */
    }
    .slider li:nth-of-type(1) a::after {     /* 为伪元素设置背景图片 */
        background: url(../images/bg1.jpg) no-repeat center;  /* 设置背景图片 */
    }
    .slider li:nth-of-type(2) a::after {     /* 为伪元素设置背景图片 */
        background: url(../images/bg2.jpg) no-repeat center;  /* 设置背景图片 */
    }
    .slider li:nth-of-type(3) a::after {     /* 为伪元素设置背景图片 */
        background: url(../images/bg3.jpg) no-repeat center;  /* 设置背景图片 */
```

```css
}
.slider li:nth-of-type(4) a::after {      /* 为伪元素设置背景图片 */
    background: url(../images/bg4.jpg) no-repeat center; /* 设置背景图片 */
}
.slider li:nth-of-type(5) a::after {      /* 为伪元素设置背景图片 */
    background: url(../images/bg5.jpg) no-repeat center; /* 设置背景图片 */
}
.slider a::before {  /* 使用 before 伪元素在<a>标签之前插入内容 */
    content: "";                          /* 设置内容为空 */
    display: block;                       /* 设置为块级元素 */
    width: 120px;                         /* 设置宽度为120像素 */
    height: 120px;                        /* 设置高度为120像素 */
    position: absolute;                   /* 绝对定位 */
    left: 50%;                            /* 距离左侧50% */
    top: -80px;                           /* 距离顶部-80像素 */
    z-index: 300;                         /* 设置 z-index 层叠等级为300 */
    margin-left: -60px;                   /* 设置左外边距为-60像素 */
    border-radius: 50%;                   /* 设置圆角边框半径为50%，为圆形 */
    border: 6px solid #fff;               /* 设置边框为6像素白色双实线 */
    background: rgba(0, 0, 0, 0.3);       /* 设置背景颜色 */
}
.slider a:hover::before {                 /* 设置<a>悬停状态下的伪元素样式 */
    opacity: 0;                           /* 设置不透明度为0 */
}
```

运行代码，页面效果如图 9-33 所示。

图 9-33 使用 CSS 添加伪元素后的页面效果

4. 控制第 1 个背景图切换的动画效果

针对第 1 个背景图编写动画效果，并为所链接到的内容指定样式，代码如下。

```css
@keyframes 'slideLeft' {                  /* 控制第 1 个背景图切换的右移动画效果 */
    0% {left: -1000px;}                   /* 设置左偏移为-1000像素 */
    100% {left: 0;}                       /* 设置左偏移为0像素 */
}
```

```css
@-webkit-keyframes 'slideLeft' {            /* Safari 和 Chrome 浏览器兼容代码 */
    0% {left: -1000px;}                     /* 设置左偏移为-1000像素 */
    100% {left: 0;}                         /* 设置左偏移为0像素 */
}
.slideLeft:target {  /* 当单击链接时，为所链接到的内容指定样式 */
    z-index: 100;                           /* 设置 z-index 的值为 100 */
    animation: slideLeft 1s 1;              /* 定义动画播放时间和次数 */
    -webkit-animation: slideLeft 1s 1;      /* Safari 和 Chrome 浏览器兼容代码 */
}
```

5. 继续编写其他 4 个背景图切换的动画效果

继续针对后面 4 个超链接，编写控制后面 4 个背景图切换的动画效果。

```css
@keyframes 'slideBottom' {                  /* 控制第 2 个背景图切换的上移动画效果 */
    0% {top: 500px;}                        /* 设置上偏移为 500 像素 */
    100% {top: 0;}                          /* 设置上偏移为 0 像素 */
}
@-webkit-keyframes 'slideBottom' {          /* Safari 和 Chrome 浏览器兼容代码 */
    0% {top: 500px;}                        /* 设置上偏移为 500 像素 */
    100% {top: 0;}                          /* 设置上偏移为 0 像素 */
}
.slideBottom:target {  /* 当单击链接时，为所链接到的内容指定样式 */
    z-index: 100;                           /* 设置 z-index 层叠等级 100 */
    animation: slideBottom 1s 1;            /* 定义动画播放时间和次数 */
}
@keyframes 'zoomIn' {                       /* 控制第 3 个背景图切换的放大动画效果 */
    0% {transform: scale(0.1);}             /* 缩放为 0.1 */
    100% {transform: none;}                 /* 无缩放 */
}
@-webkit-keyframes 'zoomIn' {               /* Safari 和 Chrome 浏览器兼容代码 */
    0% {-webkit-transform: scale(0.1);}     /* 缩放为 0.1 */
    100% {-webkit-transform: none;}         /* 无缩放 */
}
.zoomIn:target {  /* 当单击链接时，为所链接到的内容指定样式 */
    z-index: 100;                           /* 设置 z-index 层叠等级为 100 */
    animation: zoomIn 1s 1;                 /* 定义动画播放时间和次数 */
}
@keyframes 'zoomOut' {                      /* 控制第 4 个背景图切换的缩小动画效果 */
    0% {transform: scale(2);}               /* 缩放为 2 */
    100% {transform: none;}                 /* 无缩放 */
}
@-webkit-keyframes 'zoomOut' {              /* Safari 和 Chrome 浏览器兼容代码 */
    0% {-webkit-transform: scale(2);}       /* 缩放为 2 */
    100% {-webkit-transform: none;}         /* 无缩放 */
}
.zoomOut:target {  /* 当单击链接时，为所链接到的内容指定样式 */
    z-index: 100;                           /* 设置 z-index 层叠等级 100 */
```

```
        animation: zoomOut 1s 1;              /* 定义动画播放时间和次数 */
    }
    @keyframes 'rotate' {  /* 控制第 5 个背景图切换的旋转动画效果 */
        0% {transform: rotate(-360deg) scale(0.1);}    /* 旋转且缩小为 0.1 */
        100% {transform: none;}                         /* 无旋转且无缩放 */
    }
    @-webkit-keyframes 'rotate' {  /* Safari and Chrome 浏览器兼容代码 */
        0% {-webkit-transform: rotate(-360deg) scale(0.1);}  /* 旋转并缩小为 0.1 */
        100% {-webkit-transform: none;}                      /* 无旋转且无缩放 */
    }
    .rotate:target {  /* 当单击链接时,为所链接到的内容指定样式 */
        z-index: 100;                        /* 设置 z-index 的值为 100 */
        animation: rotate 1s 1;              /* 定义动画播放时间和次数 */
    }
```

在动画切换过程中,可以切换排他动画效果并调用,代码如下。

```
    @keyframes 'notTarget' {              /* 排除 target 元素动画 */
        0% {z-index: 75;}                 /* 动画开始时的状态 */
        100% {z-index: 75;}               /* 动画结束时的状态 */
    }
    @-webkit-keyframes 'notTarget' {      /* Safari 和 Chrome 浏览器兼容代码 */
        0% {z-index: 75;}                 /* 动画开始时的状态 */
        100% {z-index: 75;}               /* 动画结束时的状态 */
    }
    .bg:not(:target) {                    /* 排除 target 元素指定动画样式 */
        animation: notTarget 1s 1;        /* 定义动画播放时间和次数 */
    }
```

【习题与拓展实践】

1. 选择题

1)实现任意元素对象尺寸变化的函数是( )。
   A．translate( )   B．scale( )   C．rotate( )   D．skew( )

2)transition 实现元素从一种样式转变为另一种样式时添加效果,其中必须设置的两个属性是( )。
   A．transition-property transition-duration
   B．transition-property transition-timing-function
   C．transition-duration transition-timing-function
   D．transition-property transition-delay

3)设置 transition-timing-function 属性时,( )属性值是慢速结束的过渡效果。
   A．linear   B．ease   C．ease-out   D．ease-in-out

2. 拓展实践

运用所学的 CSS3 高级应用，如过渡、变形等知识，完成墨竹照片墙的制作。当光标悬停于页面中的任意一张图片时，图片位置发生改变并同时放大一定倍数，其默认效果如图 9-34 所示。光标悬停于图片时的页面效果如图 9-35 所示。

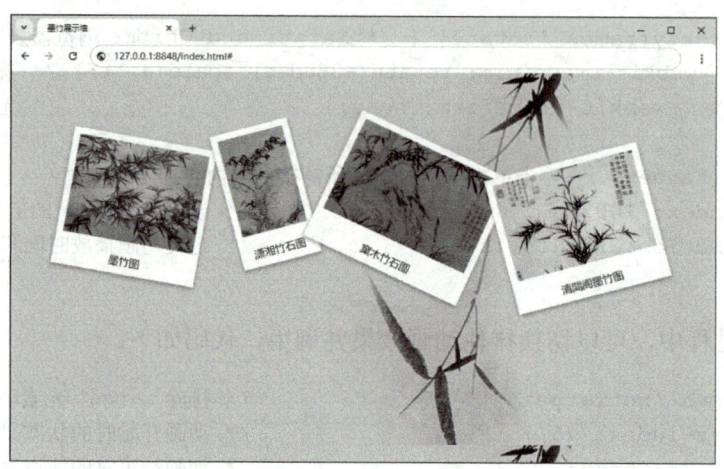

图 9-34　简易照片墙的默认效果

图 9-35　光标悬停于图片时的页面效果

附录　二维码资源索引

序号	名称	页码	序号	名称	页码
1	微课 1-1　网页与网站的概念	1	53	微课 6-1　常规字体属性的使用	132
2	微课 1-2　网页中的常用技术	3	54	微课 6-2　定义与使用服务器字体	134
3	微课 1-3　HBuilder 的使用	6	55	微课 6-3　常规文本属性的使用	135
4	微课 1-4　Visual Studio Code 的基本使用	7	56	微课 6-4　文本 vertical-align 属性的使用	137
5	微课 1-5　编写第一个 HTML5 页面	8	57	微课 6-5　文本中的空白处理	139
6	微课 1-6　编写第一个 HTML+CSS 页面	8	58	微课 6-6　文本的阴影效果设置	140
7	微课 2-1　认识 Photoshop 的操作界面	14	59	微课 6-7　文本的 text-overflow 属性	141
8	微课 2-2　图像文件的操作	14	60	微课 6-8　文本换行属性的使用	142
9	微课 2-3　图像大小与画布大小	16	61	微课 6-9　列表样式的使用	143
10	微课 2-4　前景色与背景色	17	62	微课 6-10　背景的基本设置	148
11	微课 2-5　使用选框工具组	17	63	微课 6-11　背景附件属性的使用	151
12	微课 2-6　使用套索工具	19	64	微课 6-12　背景复用属性的使用	152
13	微课 2-7　魔棒工具	20	65	微课 6-13　背景图像大小的控制	152
14	微课 2-8　使用渐变工具	21	66	微课 6-14　背景图像的坐标使用	154
15	微课 2-9　文字工具组	22	67	微课 6-15　背景图像的裁剪区域	155
16	微课 2-10　图层与图层的操作	23	68	微课 6-16　背景区域的线性渐变	156
17	微课 2-11　图层样式的应用	24	69	微课 6-17　背景区域的径向渐变	158
18	微课 2-12　图层混合模式	24	70	微课 6-18　背景区域的重复渐变	159
19	微课 2-13　使用通道抠取图像	28	71	微课 6-19　多背景图像的设置	161
20	微课 2-14　图层蒙版的使用	31	72	微课 6-20　历代优秀墨竹作品学习页面 Logo、导航条与 banner 的 CSS 样式设计	163
21	微课 2-15　历代优秀墨竹作品学习网站页面效果图设计与制作	32	73	微课 7-1　认识盒子模型	167
22	微课 3-1　HTML5 基本结构	45	74	微课 7-2　使用边框属性	170
23	微课 3-2　HTML5 基本语法	48	75	微课 7-3　使用边距属性	175
24	微课 3-3　标题和段落标签	50	76	微课 7-4　使用圆角边框	178
25	微课 3-4　文本的格式化与特殊字符标签	52	77	微课 7-5　使用阴影效果	180
26	微课 3-5　列表标签的使用	53	78	微课 7-6　使用 box-sizing 属性	181
27	微课 3-6　图像标签的使用	57	79	微课 7-7　使用边框图片	182
28	微课 3-7　超链接标签	58	80	微课 7-8　元素的类型与转换	186
29	微课 3-8　表格标签	65	81	微课 7-9　使用浮动属性	188
30	微课 3-9　HTML 的块级元素与内联元素	69	82	微课 7-10　清除浮动属性	190
31	微课 3-10　使用 HTML 基本标签构建历代优秀墨竹作品学习页面	71	83	微课 7-11　元素的定位	192
32	微课 4-1　<header>标签与<article>标签的使用	77	84	微课 7-12　使用 overflow 属性	198
33	微课 4-2　<section>标签的使用	78	85	微课 7-13　使用弹性布局	200
34	微课 4-3　<nav>标签的使用	79	86	微课 7-14　Flex 布局网站导航条与 banner	207
35	微课 4-4　<aside>标签的使用	80	87	微课 7-15　认识网格布局	209
36	微课 4-5　<figure>标签的使用	82	88	微课 7-16　网格布局应用实例	212
37	微课 4-6　<progress>标签的使用	82	89	微课 7-17　网格布局网站导航条与 banner	214
38	微课 4-7　<meter>标签的使用	84	90	微课 7-18　历代优秀墨竹作品学习页面的 HTML+CSS 整体布局	216
39	微课 4-8　<details>标签和<summary>标签的使用	85	91	微课 8-1　认识表单	227
40	微课 4-9　使用<video>标签插入视频	87	92	微课 8-2　表单基本元素的应用	230
41	微课 4-10　使用<audio>标签插入音频	88	93	微课 8-3　新增的表单元素	233
42	微课 4-11　使用 HTML5 结构性标签构建墨竹作品赏析页面	91	94	微课 8-4　新增的表单属性	239
43	微课 5-1　CSS 样式的引入方法	96	95	微课 8-5　墨竹爱好者用户注册页面	242
44	微课 5-2　CSS 基本选择器	99	96	微课 9-1　移动方法	248
45	微课 5-3　CSS 组合选择器	104	97	微课 9-2　缩放方法	249
46	微课 5-4　属性选择器	110	98	微课 9-3　旋转方法	250
47	微课 5-5　结构伪类选择器	112	99	微课 9-4　斜切方法	252
48	微课 5-6　链接伪类选择器	117	100	微课 9-5　改变中心点	252
49	微课 5-7　伪元素选择器	119	101	微课 9-6　3D 变形	254
50	微课 5-8　CSS 的继承性与层叠性	121	102	微课 9-7　transition	257
51	微课 5-9　CSS 的冲突处理	123	103	微课 9-8　animation	262
52	微课 5-10　历代优秀墨竹作品学习页面的 CSS 设计	126	104	微课 9-9　墨竹名家作品展示页面设计实现	267

参 考 文 献

[1] 顾理琴，常村红，刘万辉. HTML5+CSS3 网页设计与制作基础教程[M]. 北京：机械工业出版社，2018.
[2] 刘万辉，常村红. 网页设计与制作：HTML+CSS+JavaScript[M]. 3 版. 北京：高等教育出版社，2021.
[3] 黑马程序员. 网页设计与制作项目教程：HTML+CSS+JavaScript[M]. 北京：人民邮电出版社，2017.
[4] 黑马程序员. HTML5+CSS3 网站设计基础教程[M]. 3 版. 北京：人民邮电出版社，2023.
[5] 翟宝峰，邓明亮. HTML5+CSS3 网页设计与制作[M]. 北京：清华大学出版社，2024.
[6] 传智播客高教产品研发部. HTML5+CSS3 网站设计基础教程[M]. 北京：人民邮电出版社，2016.
[7] 传智播客高教产品研发部. HTML+CSS+JavaScript 网页制作案例教程[M]. 北京：人民邮电出版社，2016.
[8] 黑马程序员. HTML+CSS+JavaScript 网页制作案例教程[M]. 北京：人民邮电出版社，2021.
[9] 温谦. HTML5+CSS3+JavaScript Web 开发案例教程[M]. 北京：人民邮电出版社，2022.
[10] 温谦. HTML5+CSS3 Web 开发案例教程：在线实训版[M]. 北京：人民邮电出版社，2022.